XIANDAI ZHIHUI PEIDIANWANG JIANSHE
TANSUO YU SHIJIAN

现代智慧配电网建设探索与实践

国网宁夏电力有限公司　组编

中国电力出版社
CHINA ELECTRIC POWER PRESS

内 容 提 要

本书全面探讨了现代智慧配电网的建设探索与实践，主要内容包括配电网发展历程及形式挑战、现代智慧配电网建设现状、建设思路、建设路径、自动化发展建设、关键技术以及宁夏现代智慧配电网发展提升策略七个部分，从分析历史演进与当下难题切入，提出现代智慧配电网建设的清晰思路与切实可行的实施路径，对韧性评估、设备优化配置等关键技术深入挖掘，为配电网相关的技术和管理人员提供参考。

图书在版编目（CIP）数据

现代智慧配电网建设探索与实践 / 国网宁夏电力有限公司组编 . -- 北京：中国电力出版社，2025. 2.
ISBN 978-7-5198-9708-6

Ⅰ. TM727

中国国家版本馆 CIP 数据核字第 20258VD913 号

出版发行：中国电力出版社
地　　址：北京市东城区北京站西街 19 号（邮政编码 100005）
网　　址：http://www.cepp.sgcc.com.cn
责任编辑：孙建英（010-63412545）　鲁　爽
责任校对：黄　蓓　马　宁
装帧设计：赵姗姗
责任印制：吴　迪

印　　刷：三河市万龙印装有限公司
版　　次：2025 年 2 月第一版
印　　次：2025 年 2 月北京第一次印刷
开　　本：787 毫米 ×1092 毫米　16 开本
印　　张：12.25
字　　数：294 千字
印　　数：0001—1000 册
定　　价：80.00 元

本书编委会

主　　任：薛丽华

副 主 任：彭建宁　赵小平　张　波

委　　员：相中华　崔　凯　李渊文　田宏梁　薛少华
　　　　　张韶华　余　蕾　马　剑　马　钊　马海忠

本书编写组

主　　编：康　健

副 主 编：郑　伟　袁　昊　宁永龙

编写人员：姚宗溥　张金鹏　张仁和　黄　鹏　赵　亮
　　　　　张鹏程　殷鹏飞　段晓庆　芦　翔　全英灵
　　　　　郭　宁　霍思远　岳　超　戈　君　赵利宁
　　　　　宫建锋　张　斌　韩一鸣　靳盘龙　张诗豪

前　言

建设新型电力系统，是习近平总书记着眼加强生态文明建设、保障国家能源安全、实现可持续发展作出的重大部署，也是践行"四个革命、一个合作"能源安全新战略和落实"双碳"目标的重要举措。2023年7月，习近平总书记主持召开中央全面深化改革委员会第二次会议上强调，要深化电力体制改革，加快构建清洁低碳、安全充裕、经济高效、供需协同、灵活智能的新型电力系统，更好推动能源生产和消费革命，保障国家能源安全。

配电网是传统电网的末端环节，但在能源转型的背景下，配电网愈发成为电网发展的前沿阵地。推动配电网绿色智慧转型，既是承接新型电力系统建设的应有之义，也是更好地践行"双碳"目标、推动电网安全、绿色、经济高效发展的必然选择。当前，国家电网有限公司正以习近平总书记重要讲话和重要指示批示精神为根本遵循，积极探索与行业转型和地方经济社会发展相适应的现代智慧配电网建设路径。

国家电网有限公司2023年职代会上提出，要加快建设现代智慧配电网，更好地适应分布式能源、电动汽车等发展需要。在2023年出版的《新型电力系统与新型能源体系》专著中，对电网理论、形态、技术、产业、组织创新进行了前瞻性的论述，明确了电网"五化"路径，指导配电网从传统向现代升级、从数字向智慧升级。国家电网有限公司对现代智慧配电网的细致安排，为配电网实践探索确立了重点。

基于上述背景，国网宁夏电力有限公司进一步提高了对配电网重要性的认识，以宁夏配电网现有研究成果和实践工作为基础，从电网建设运行实际出发，积极探索传统配电网向现代智慧配电网转型，以提高宁夏地区供电安全保障能力。

本书主要内容包括配电网发展历程及形势挑战，现代智慧配电网建设现状、建设思路、建设路径、关键技术，以及宁夏现代智慧配电网发展提升方案，涉及配电网韧性评估、配电网结构灵活性设备优化配置等，可以为配电网相关的技术和管理人员提供参考。

目　录

前言

第一章　配电网发展历程及形势挑战 ················· 1
 第一节　发展历程 ······························· 1
 第二节　形势挑战 ······························ 10

第二章　现代智慧配电网建设现状 ················ 14
 第一节　现代智慧配电网概述 ················· 14
 第二节　建设背景 ······························ 26
 第三节　建设现状 ······························ 29

第三章　现代智慧配电网建设思路 ················ 40
 第一节　现代智慧配电网发展机遇与挑战 ····· 40
 第二节　建设目标 ······························ 41
 第三节　建设原则 ······························ 42
 第四节　关键问题 ······························ 43
 第五节　重点领域 ······························ 45
 第六节　总体形态 ······························ 56
 第七节　实施阶段 ······························ 58

第四章　现代智慧配电网建设路径 ················ 59
 第一节　绿色转型 ······························ 59
 第二节　低碳发展 ······························ 60
 第三节　网架形态 ······························ 63
 第四节　装备水平 ······························ 65
 第五节　数字透明 ······························ 66
 第六节　智能调控 ······························ 67
 第七节　灵活互动 ······························ 69
 第八节　市场开放 ······························ 70

第九节　保障措施 ……………………………………………………… 72

第五章　现代智慧配电网自动化发展建设 ……………………… 77

第一节　技术研究重点 ………………………………………………… 77

第二节　配电网自动化应用发展分析 ………………………………… 78

第三节　配电网自动化建设现状 ……………………………………… 81

第四节　配电网自动化建设要求 ……………………………………… 89

第五节　配电网自动化建设提升方案 ………………………………… 105

第六节　高可靠性示范区自动化配置标准 …………………………… 120

第七节　技术经济评估 ………………………………………………… 129

第六章　现代智慧配电网关键技术 ……………………………… 132

第一节　电网韧性提升关键技术 ……………………………………… 132

第二节　配电网投入效率与投资模式优化 …………………………… 162

第七章　宁夏现代智慧配电网发展提升策略 …………………… 180

第一节　精益规划，筑牢建设基础 …………………………………… 180

第二节　优化管理，健全支撑体系 …………………………………… 182

第三节　卓越服务，提升客户体验 …………………………………… 183

第四节　创新发展，驱动低碳转型 …………………………………… 185

第五节　深化研究，激发技术动能 …………………………………… 187

第一章

配电网发展历程及形势挑战

20 世纪 90 年代以来，人类对化石能源短缺和枯竭的预期，以及全球气候变化的现实威胁，使得利用清洁能源和可再生能源的呼声日渐高涨，其目标是以新能源（如核能、氢能等）和可再生能源（如水能、生物质能、太阳能、风能、地热能、海洋能等）逐步代替化石能源，保证人类能源的可持续供应。此发展趋势可称为新能源变革或新能源革命。

新能源革命的目标是建设可持续发展的未来能源体系，许多国家将发展新能源与可再生能源作为缓解能源供应矛盾、应对气候变化的重要措施。这种形势下，能源结构将发生重大变化，而可再生能源、核能以及化石能源的清洁利用绝大部分要通过转化为电能来实现，因此电网的重要性日益突出，电网将成为全社会重要的能源输送和配给网络，这对电网的安全性、适应性、资源优化配置能力提出了更高的要求。迎接能源革命的挑战，加快电网转型，发展新一代电网技术，成为当前电力系统发展的主要任务。

第一节 发 展 历 程

一、世界配电网发展历程

回顾 100 多年来电网的历史发展，对不同阶段电网模式和技术进步进行科学总结，从不同阶段之间的传承和创新发展的视角，预测新条件下未来电网和电网技术的发展方向，对指导当前电力系统长期规划研究和电网技术的前瞻性研究具有重要意义。电网作为承载国民经济电气化的载体，是根据不同时代经济发展的需求和技术进步的程度分阶段发展的。

19 世纪中叶，物理学中关于电磁现象的科学发现和技术发明，以及工业化升级对能源动力的强烈需求，催生了 19 世纪末 20 世纪初的电力工业。经过数十年时间的发展，形成了以交流发电和输配电技术为主导的电网。然而直到第二次世界大战结束，电网的发展状况，从发电机组的单机容量、输电电压等级、电网规模、运行技术等方面的特征看，都还属于初级阶段。本阶段电网发展历程中的标志性事件包括：

（1）1882 年，爱迪生在纽约建成世界上第一座商用发电厂（660kW，110V 直流电缆送电，1.6km）；1885—1886 年威斯汀豪斯建成第一个交流输电系统，1895 年建成尼亚加拉大瀑布电厂（3 台 3675kW 水电机组）至布法罗 35km 的输电线路，交流输电确定了主导地位。

（2）1916 年，美国建成第一条 132kV 线路，1923 年开始使用 230kV 线路，1937 年建成 287kV 线路。

（3）1918 年，美国制造了第一台容量 6 万 kW 的汽轮发电机。

（4）1929 年，美国制造了第一台容量 20 万 kW 的汽轮发电机。

1

（5）1932年，苏联第聂伯水电站单机容量6.2万kW，1934年大古力水电站单机容量10.8万kW，美国1935年胡佛水电站单机容量8.25万kW。

第二次世界大战后，全球经济快速发展。规模化工业生产对能源电力的巨大需求和廉价的化石能源，推动了电力工业的大发展和电网技术的空前进步与创新。以大机组、超高压输电和大电网为主要技术经济特征的电网在世界主要经济大国和国际间相继建成，带来了规模经济的巨大效益，满足了社会和经济发展日益增长的需要。本阶段电网发展历程中的标志性事件包括：

（1）1952年，瑞典首先建成380kV超高压输电线路，全长620km，输送功率45万kW。

（2）1954年，美国建成345kV电压等级线路。

（3）1956年，苏联从古比雪夫到莫斯科的400kV输电线路投入运行，全长1000km，并于1959年升压至500kV，首次使用500kV输电。

（4）1965年，加拿大首先建成735kV输电线路。

（5）1967年，苏联建成750kV试验线路。

（6）1969年，美国实现765kV超高压输电。

（7）1984年，建成从苏联到波兰的750kV输电线路。

（8）1985年，苏联建成1150kV特高压输电线路。

欧美发达国家及苏联从20世纪50年代开始建设大型水电、火电和核电站，向以大机组、超高压和大互联电网为特征的电网阶段过渡。

自20世纪末以来，新能源革命在世界范围内悄然兴起，世界各国能源和电力的发展都面临空前转型挑战。以接纳大规模可再生能源电力和智能化为主要特征的下一代电网，成为未来电网发展的趋势和方向。

20世纪80、90年代开始，发达国家开始研究分布式发电、可再生能源电力、微电网、高速光纤通信和电力市场，研究开发电力电子装置在电力系统中的应用（如灵活交流输电技术FACTS、定制电力技术等），新一代电网的前景初步显现。

二、我国配电网发展历程

改革开放以来，我国经济社会发展取得巨大进步，人民生活水平逐步提高。在此过程中，电力工业也取得了显著成就，我国电网实现了从小到大、从弱到强、从分散孤立到互联互通的蜕变。在经济社会发展和科技进步的持续推动下，一张以特高压为骨干网架、坚强智能的交直流互联大电网逐渐形成，在提供电力保障、资源优化配置、助力绿色发展等方面发挥着巨大作用。

1971年，刘家峡水电站及刘家峡至关中330kV线路（长535km，送电42万kW）建成，中国第一个跨省区域电网（甘肃、陕西、青海）形成。1981年，建成第一条500kV线路（平顶山—武汉），开始以500kV输电线为骨干的大区电网建设。世纪之交，全国电网互联。2005年，西北电网750kV线路投入运行。2009年1月，中国第一条1000kV特高压输电线路投入运行。

（1）从薄弱分散到全国联网，实现世界领先。我国电力工业发展起步于1882年，是世界上较早有电的国家之一。但因历史原因，直到改革开放之前，我国电网整体还很薄弱、分散，主要以相对孤立的省级电网、城市电网为主，相互联系很少，并且很多地区没有电网覆盖，落后于世界电网发展进程。

1978年，改革开放的重大决策开启了中国奋进的新征程。一批大型水电站、坑口火电站陆续兴建。电网作为中间环节，需要同步升级。1979年5月，中国电力工业会议明确了电力工业的发展思路——走联网道路。温州在全国率先掀起创业潮，以家庭为单位的个体经济迅速成长，温州的第一次电力建设高潮也随之到来。1983年，温州第一个220kV输变电工程——慈湖变电所及台—临—温输电线路建成，华东电网的电力送入温州。慈湖变电所是温州电网与华东电网连接的枢纽，而220kV台—临—温输变电工程投产，对缓解温州电力紧缺局面起了关键作用。

之后，全国各地效仿"温州模式"，实现经济腾飞，电网发展也随之提速。从1981年的第一条500kV超高压输电线路河南平顶山至湖北武昌输变电工程投产，到1989年第一条±500kV超高压葛洲坝至上海直流输电工程拉开跨区联网帷幕，再到2009年我国第一条特高压线路1000kV晋东南—南阳—荆门特高压交流试验示范工程建成，华北电网和华中电网联结成一个同步大电网。

回顾发展足迹，改革开放以来，我国电网实现了规模从小到大，输电能力从弱到强，电网结构从孤立到互联。2011年11月，±400kV青藏联网工程投运，标志着除台湾外全国联网格局基本形成。

40年来，我国电网整体实现了由"追赶"到"引领"。如今，我国已经建成世界上规模最大的全国互联互通的电网，拥有世界上最高电压等级的特高压交流直流输电线路，且迄今没有发生过像美洲、欧洲电网曾经发生过的大面积停电事故。

（2）全国一张网，高效优化配置资源。21世纪是发展日新月异的互联网时代，互联共享是这一时代的核心特征，人们足不出户即知天下事。电力网络也需要像互联网一样，更高效快捷地调配资源，助力经济社会发展。进一步提升大范围跨区输电能力，是时代发展的必然要求。

2003年，全国大部分区域都遭遇了缺电，充分反映出"重发轻供"以及电网发展仍然满足不了经济发展需求的问题。一举扭转这种困局的正是特高压。2004年，国家电网公司经过充分调研和论证，提出建设特高压，充分发挥其远距离、大容量送电的优势，将西北部各类大型能源基地与中东部主要负荷中心相互连接，大范围优化能源资源。1000kV晋东南—南阳—荆门特高压交流试验示范工程于2006年开工，2009年1月建成。从此，华北地区的火电可以送往华中地区，丰水期时华中地区的水电则可以送往华北地区，能源互济作用显著。

该工程的起点山西是煤炭大省，每年输出煤炭4亿t以上。如何转变煤炭消费模式，实现煤炭资源效益最大化，是山西转变发展方式的重要课题。发展特高压既符合国家能源战略需要，又符合山西转型跨越实际，利国利民，意义重大。

2010年7月，±800kV向家坝—上海特高压直流工程建成投产，标志着我国全面进入特高压交直流混合电网时代。这条特高压将华中地区清洁水电送入华东地区，为保障上海平稳度过用电高峰提供了有力支撑。

党的十八大以来，特高压工程建设进一步加速，全国电力联网进一步加强，跨省跨区送电能力显著提升。随着哈郑直流、宾金直流、宁浙直流、锡泰直流、扎青直流等重点工程投产，全国形成了大规模西电东送、北电南送的能源配置格局。

（3）助力绿色发展，加紧建设外送通道。我国已形成以特高压为骨干网架的坚强智能电网，不仅能保证电网安全经济运行，还在输送清洁能源、助力污染防治多方面都发挥着显著作用。

特高压输电技术是一项资源节约型、环境友好型的技术，具有输送容量大、节约线路走廊、降低损耗、节省工程投资、提高系统稳定性等优点。近十年以来，我国大电网保持了长期的安全稳定运行，从未发生过大面积停电事故。不仅促进了安全经济稳定运行、资源优化配置，在推动清洁能源消纳、助力节能减排和大气污染防治等方面，发挥的作用也越来越明显。

进一步加紧建设外送通道至关重要。依靠大电网把西部、北部大型水电、风电、太阳能基地的电能经济高效地输送到东中部负荷中心，不仅能降低新能源发电企业的损失，也将大大减少负荷中心的本地燃煤排放。

2014 年 1 月投运的 $\pm800kV$ 哈密南—郑州特高压直流工程是实施"疆电外送"的首个特高压直流输电工程，有效推动了西北煤电、风电、太阳能的集约化开发。自 2014 年起，国家电网公司在内蒙古投资建设了"三交三直"特高压外送通道，不仅提高了发电企业的收入，也有力缓解了我国东北地区电力供大于求的压力。

特高压不仅给西部、北部地区发电企业带来了效益，也为东中部地区送去了清洁电能，助力区域节能减排和绿色发展。

2013 年，国务院发布实施《大气污染防治行动计划》。2016 年，国家能源局批准了12 条跨区输电通道，纳入《大气污染防治行动计划》，其中包括"四交四直"共 8 条特高压线路。

落点在用电大省江苏 $\pm800kV$ 锡盟—泰州特高压直流输电工程就是输电通道的其中一条。该工程于 2017 年 9 月投运，每年可从内蒙古向华东负荷中心输送 550 亿 kWh 的电力，减少燃煤运输 2520 万 t，减排烟尘 2.0 万 t、二氧化碳 4950 万 t、氮氧化物 13.1 万 t。

以下是配电网发展历程的几个阶段：

1. 一代电网（1949—1970 年）

特点为发电单机容量小，电网规模小，输电电压偏低。从源侧来看，一代电网机组容量不超过 100 ～ 200MW；从网侧来看，一代电网以城市电网、孤立电网和小型电网为主。

2. 二代电网（1971—2020 年）

特点为发电机组单机容量提高，电网规模不断扩大，超高压交流、直流输电系统建成。从源侧来看，二代电网的电源结构以化石能源为主，机组容量达到 300 ～ 1000MW；从网侧来看，二代电网以分层分区结构的大型互联电网为主。

1971 年，我国首条 330kV 超高压输电线路投运；1981 年，我国首条 500kV 超高压输电线路投运；2005 年，我国首条 750kV 超高压输电线路投运；2009 年，我国首条 1000kV 特高压输电线路投运；2021 年，新型电力系统正式提出。

随着电网的规模化发展，适应二代电网发展的技术也发生了重大变化。除了装备和硬件技术的大型化和高参数化，在超高压远距离输电和互联电力系统关键问题攻关的过程中，电力技术与同时代的数学理论、系统科学技术、计算机和信息科学技术、材料科学与技术广泛结合，极大地丰富和改变电力系统理论和技术的面貌，形成了电气装备、高压输电、系统运行与控制三个领域的关键技术。

（1）装备和硬件技术。高效大型发电机组技术，包括超临界、超超临界燃煤机组（60万、100万kW），100万kW核电机组，70万～80万kW水电机组；超/特高压交直流输变电设备和线路技术（交流500、750、1000kV断路器、变压器、互感器，±500、±660、±800kV直流换流阀、换流变压器）；高速继电保护和安全稳定控制装置；光纤通信技术等。

（2）超/特高压输电技术。在建设750kV及以下电压等级的超高压输变电工程，±660kV及以下电压的高压直流输电工程，以及1000、±800kV特高压交直流输电工程的过程中，借助材料科学技术和高压试验技术的进步，提高了超/特高电压条件下空气及其他介质的绝缘强度特性，促进了输电线路及输电设备绝缘配合与绝缘水平的合理设计；借助科学试验和仿真计算，提高了输电系统过电压（包括内部过电压和外部过电压）预测及防护水平；广泛采用线路并联电抗器补偿以及电抗器中性点小电抗补偿潜供电流的措施；各种运行方式下的调压和无功功率补偿提高了输电系统电压控制水平；对超/特高压输电线路引起的电磁环境干扰，如电晕放电造成的无线电干扰、电视干扰、可听噪声干扰，以及地面电场强度对人体影响等问题进行了大量研究并最终解决。

（3）电力系统运行与控制技术。解决大型互联电网经济运行和系统安全问题的需求带动了对电力系统运行优化和控制技术的研究，包含安全约束的经济调度理论和方法、低频振荡（动态稳定）和暂态稳定控制的理论方法得到充分研究和广泛应用；采用先进计算机和计算方法的电力系统分析和仿真技术，开发了大规模电力系统计算分析软件，包括详细动态建模的大规模电力系统机电/电磁暂态计算分析、可靠性计算分析等；采用先进理论和技术开发并广泛应用了快速继电保护和安全稳定控制系统；基于电力系统远程测量、同步相量测量装置和光纤通信、离线和在线分析的调度自动化能量管理系统成为电网安全经济运行的重要保障。到21世纪初，结合超/特高压输电系统建设以及大区电网/全国联网实践，我国通过研究开发和工程实践，从一次设备和系统，到二次控制、保护，以及安全稳定运行技术、仿真分析技术都得到迅速的发展，全面掌握了二代电网技术，总体达到国际先进水平，部分技术（如特高压输电）水平居国际前列。

3.三代电网（2021年至今）

三代电网是现代电网、广义的智能电网，是100多年来一、二代电网在新形势下的传承和发展。适应国际能源和电力发展趋势，我国以煤为主的能源结构和电源结构需要在今后几十年内逐步改变，可再生能源和核能、天然气等清洁能源电力将逐步成为主力电源，电网的发展将经历重大转型。

三代电网的主要特征：电源组成上，以非化石能源为主的清洁能源发电应占较大份额，大型骨干电源与分布式电源相结合；电网结构方面，国家级（或更大范围）主干输电网与地方电网、微电网协调发展；采用大容量、低损耗、环境友好的输电方式（如特高压架空输电、超导电缆输电、气体绝缘管道输电等）；智能化的电网调度、控制和保护；双向互动的智能化配用电系统等。

清洁能源发电占比高，主配微（主干网、配电网、微网）协调发展，电网调控智能化，配用电系统双向互动智能化。从源侧来看，三代电网的清洁能源发电占比大，集中式与分布式并举；从网侧来看，三代电网立足于主配微融合发展。

三代电网传承二代电网规模化发展的某些特征，将在未来大型骨干电源建设、国家级主干电网建设、电网运行控制和调度的数字化信息化智能化等方面进一步创新发展。但要实现主导三代电网发展两大特征的功能，即大规模可再生能源电力的集中和分散接入以及电网运行控制和用电的全面智能化，则对电源和电力网发展模式、电网装备的创新、电网运行控制、仿真计算分析、智能用电以及用户与电网双向互动等多个方面，提出了前所未有的技术挑战，可概括为装备硬件和系统集成两个方面。

（1）装备和硬件。高效、节能、环保的硬件装备是新一代电网发展的基础。主要包括：经济高效的可再生能源发电装备（风力、太阳能、生物质能等）；新型高效的输配电技术和装备（特高压输电、超导输电、地下输电，智能化绿色电器）；新型电力电子元器件、装备和技术；大容量和分布式储能技术和装备；各类传感器和信息网络。

（2）系统集成。融合先进信息通信技术、电力电子技术、优化和控制理论和技术、新型电力市场理论和技术等的系统集成是未来新一代电网构建和安全经济运行的基础。具体包括：大容量集中式和分布式可再生能源电力接入技术；基于先进传感、通信、控制、计算、仿真技术，涵盖各类电源和负荷的智能化能量管理和控制；新一代电网的建模和分析技术；电网运行的能量流和信息流可靠性评估和安全防护；支持各类电源与用户广泛互动的电力市场理论、模式和运作方式；资产管理和综合服务系统；智能化的配用电系统，实现电力需求侧响应和分布式电源、电动汽车、储能装置灵活接入；覆盖城乡的能源、电力、信息综合服务体系。

三、配电网自动化发展

配电网自动化是指以配电网一次网架和设备为基础，综合利用计算机、信息及通信等技术，并通过与相关应用系统的信息集成，实现对配电网的监测、控制和快速故障隔离，为配电管理系统提供实时数据支撑。通过快速故障处理，提高供电可靠性；通过优化运行方式，改善供电质量、提升电网运营效率和效益。

在 20 世纪 50 年代以前，英、美、日等发达国家开始利用人工方式进行操作和控制配电变电站及线路开关设备。50 年代初期，时限顺序送电装置得到应用，该装置用于自动隔离故障区间，加快查找馈线故障地点。70—80 年代，电子及自动控制技术得到发展，西方国家提出了配电自动化系统的概念，各种配电自动化设备相继被开发和应用，如智能化自动重合器、自动分段器及故障指示器等，实现了局部馈线自动化。80 年代进入了系统监控自动化阶段，实现了包括远程监控、故障自动隔离及恢复供电、电压调控、负荷管理等实时功能在内的配电自动化技术，但也由于计算机技术的限制，当时的配电自动化系统多限于单项自动化系统。80 年代后期至 90 年代，进入了配电网监控与管理综合自动发展阶段，配电自动化受到广泛关注，地理信息系统技术有了很大的发展，开始应用于配电网的管理，形成了离线的自动绘图及设备管理系统、停电管理系统等，并逐步解决了管理的离线信息与实时 SCADA/DA 系统的集成问题。在一些发达国家，出现了涉及配电自动化领域的系统设备厂家及其各具特色的配电自动化产品。

进入 21 世纪以来，随着计算机技术的迅猛发展，欧美等发达国家提出了高级配电自动化及智能化电网的概念，把配电网自动化提升到了一个新的高度。新技术的发展要求配电网具有互动化、信息化、自动化特征，同时具备接纳大量分布式能源的能力，配电网开始向智能化方向发展。

我国配电自动化起步于 21 世纪初，经历了起步阶段、反思阶段以及发展阶段。随着配电自动化技术标准的逐步完善以及相关技术成熟度的不断提高，我国配电自动化的实用化程度也在不断提高，在现场测试技术上取得了长足进步，但在系统实现模式的适应性以及系统信息集成的一致性等方面依然存在一些亟待解决的关键问题，如何应对分布式电源广泛接入配电网所带来的新问题与挑战成为未来配电自动化的发展方向。

配电自动化利用现代电子技术、通信技术、计算机及网络技术与电力设备与系统应用技术，实现配电网正常及事故情况下的监测、保护、控制以及计量功能，并与配电管理工作有机融合，与用户密切互动，改善供电质量，提高供电可靠性和经济性，使得企业管理更为高效。配电自动化是提高供电可靠性和供电质量，扩大供电能力，实现配电网高效经济运行的重要手段，也是实现智能电网的重要基础之一，电网现代化管理中不可缺少的组成部分。

随着我国城网、农网改造的不断深入，在供电可靠性和供用电指标已有很大提高的基础上，要继续提高供用电质量水平，提高对电力用户的服务质量，进行配电自动化改造是必由之路。

1. 人工配电网（1949—2000 年）

特点为无自动化手段，人工电话调度，现场人工操作。2000 年，完成配电自动化试点示范。

2. 自动化配电网（2001—2020 年）

特点为配电自动化从试点示范到全面建设，人工调度向数字化调度发展，离线运维向数字化运维发展。2008 年，国际大电网会议首次提出主动配电网概念；2009 年，配电自动化全面建设，坚强智能电网概念提出。

（1）起步阶段。由于试点初期对配电自动化的认识不到位、配电网架和设备不完善、技术和产品不成熟、管理措施跟不上等原因，许多早期建设的配电自动化系统没有发挥应有的作用。但是，通过起步阶段对配电自动化的探索，为下一步工作的健康开展打下了基础。比较有典型代表性的项目：

2002—2003 年，世界银行贷款的配电网项目——杭州、宁波配电自动化系统和南京城区配网调度自动化系统，是当时投资规模最大的配电自动化项目。

2003 年，青岛配电自动化系统通过当时的国家电力公司验收，并在青岛召开了配电自动化实用化验收现场会。

（2）反思阶段。从 2004 年开始，国内许多省市电力公司和供电企业都对前一轮的配电自动化进行反思和观望，慎重地对待配电自动化工作的开展。2005 年，国家电网公司生技部委托上海市电力公司牵头研究适合于城市配电网自动化的建设模式，该项目于 2008 年通过验收；国家电网公司还委托中国电力科学研究院的配用电与农电研究所牵头研究适合于县城配电网自动化的建设模式。

全国电力系统管理及信息交换标准化委员会的配网工作组，积极进行 IEC 61968 系列标准的翻译工作和相应行业标准 DL/T 1080《电力企业应用集成 配电管理的系统接口》的制定，以规范配电自动化系统与各个系统之间的接口和信息集成。

与此同时，相关自动化企业对配电一次设备、配电自动化终端和配电自动化主站系统的制造水平也在快速提高，为配电自动化的建设奠定了良好的设备基础；相关研究单位与高校对配电网分析与优化理论的研究也取得了一定的进展，为配电自动化的建设奠定了良好的理论基础。城乡配电网的建设与改造也取得了丰硕成果，网架结构趋于合理，这为进一步发挥配电自动化系统的作用提供了条件。

技术反思阶段主要对以下方面的问题进行了思考：

1）技术方面。

配电网网架薄弱且存在缺陷。早期配电网网架十分薄弱，辐射状配电网架比较普遍，馈线分段数较少且分段不够合理，转供容量不足，这些一次网架的缺陷削弱了配电自动化系统的作用。

配电自动化技术与设备不成熟。早期配电自动化系统没有很好考虑配电系统自身的特点，主站系统的馈线故障处理不完备，配电终端设备经不起时间和恶劣环境的考验。

对工程实施难度估计不足。配电自动化系统对于设备的运行环境要求高，必须考虑雷击过电压、低温和高温工作、雨淋和潮湿、风沙、振动、电磁干扰等因素的影响，而且施工以及运行维护规模大，涉及的部分多，还面临通信方式多样、操作电源可靠提取等问题。

缺少信息集成的相关技术。配电自动化的点多量大、涉及面广，信息集成难度大，对相关系统和信息的整合和关联缺乏整体的考虑，没有统一的信息模型与交互规范。

2）管理方面。

对配电自动化的认识不足。表现在对配电自动化的定位不清楚，应用主体不明确，建设完的系统没有一个部门可以真正使用起来，满足不了配电生产、运行和管理的实际需要。

系统规划不够科学。配电自动化初期建设缺少统一细致的整体规划，建设目标和功能定位不明确，没有以实用化为导向、因地制宜地选择符合本地区实际情况的建设模式，系统功能与管理模式不相适应，导致系统不能全面发挥作用。

系统建设不够规范。一是缺少整体配电自动化规划设计和建设及验收的标准或规范，未形成有序的建设机制，无法有计划、分步骤地指导配电自动化建设；二是工程管理不规范，施工水平参差不齐，导致后期运行、维护困难；三是系统建设延续性不够，后劲不足，不能发挥规模效益。

运行、维护保障不够。一是没有对应调整组织结构，管理存在脱节现象，机构不健全、缺乏有效的规章制度保障；二是缺少配电自动化的运行维护的技术手段与运行维护的高水平技术队伍，人员保障与测试工具不到位；三是资金持续投入不够，仅仅将配电自动化工程当成试点工程、面子工程，重建设而轻维护。

（3）发展阶段。

2009年，国家电网公司开始全面建设智能电网，提出了"在考虑现有网架基础和利用现有设备资源基础上，建设满足配电网实时监控与信息交互、支持分布式电源和电动汽车充电站接入与控制，具备与主网和用户良好互动的开放式配电自动化系统，适应坚强智能配电网建设与发展"的配电自动化总体要求，并积极开展试点工程建设。

第一批配电自动化试点建设项目从2009年开始启动，包括了北京城区、杭州、厦门和银川4个基础较好的供电公司，在2011年又安排部署了上海、南京、天津、西安等19个重点城市作为第二批配电自动化试点。

第一批试点单位利用配电自动化系统共减少停电16402.15时户，平均配网故障处理时间由 68.25min 降低至 9.5min，进一步加强了配网生产专业化、精益化管理，进一步提升了供电可靠性和优质服务水平，实用化工作取得了显著成效。如何进行现场配电自动化设备功能的有效性验证一直是一个难题，在本轮配电自动化试点建设中，馈线自动化系统逻辑测试技术取得突破，配电自动化主站注入测试法和终端注入测试法得到广泛应用，通过设置各种故障现象和运行场景，对故障处理性能进行测试，大大减少了对用户用电的影响以及降低了现场测试的工作量。

南方电网公司提出以配电自动化和配用电智能化应用为突破口，研究制订相关方案，全面推进智能电网建设。2009 年先期在深圳、广州两个重点城市进行了配电自动化试点，取得了初步成效，随后又扩大到中山、佛山、贵阳、南宁、昆明、玉溪、东莞等 15 个城市。其中深圳供电局和广州供电局实施规模最大，如广州供电局整个配电自动化建设分为 4 个阶段，从 2008 年 7 月开始启动，至 2013 年结束，完成主要城区 A 类、B 类、部分 C 类供电区自动化覆盖率达到 100%。

国家电网公司在配电自动化建设中贯彻"统一标准、统筹规划、协调推进"的方针，强化系统顶层设计，建立常态投资机制，统筹推进配电网与配电自动化系统建设，提高系统功能实用性，强化工程管控和运行指标监督，确保配电自动化建设投资合理、系统功能实用、运行安全可靠。

1）完善"一个体系"。配电自动化技术标准体系以标准为引领编制《配电自动化发展规划》。

2）加强"两项管理"。配电自动化项目管理、系统实用水平和运维质量管理，规范项目审批流程，强化运维质量管控。

3）加快实施"三个重点项目"。完善信息交互和数据共享、研发标准化配电终端、建设配电自动化培训体系，进一步提高系统先进性、实用性、可靠性和安全性，全面支撑现代配电网精益化管理。

配电自动化建设的主要经验以及遵循的原则有：

1）在系统设计中体现先进性，准确定位配电自动化与配网管理系统之间的关系。

2）在建设中注重实用性，针对不同区域供电可靠性需求，采取差异化技术策略，不一味追求高标准建设，充分考虑街区成熟度，避免因配电网频繁改造而造成重复建设，杜绝浪费，体现投资效益。

3）在应用中体现可靠性，进一步提高终端及通信设备运行可靠性；优化、简化主站功能，广泛采用分布式部署方式，有效降低网络结构频繁变化、通信不稳定等因素对系统主要功能的影响。

4）确保运行控制安全性，严格按信息系统安全防护要求，加强生产控制大区和管理信息大区之间的信息安全管理；落实公司中低压配电网安全防护规定，规范接入配电终端等设备，确保系统运行控制和数据采集信息安全。

3. 现代智慧配电网（2021 至今）

特点为大规模分布式新能源，分层分群多形态并存，智能化运维、市场化运营。2021 年，新型电力系统正式提出；2022 年，分布式智能电网正式提出，现代智慧配电网正式提出。

现代智慧配电网的发展目标是建成高效、灵活、合理的配电网架结构，提升配电网灵活重构、潮流优化能力和可再生能源接纳能力,提升配电网在紧急状况时对主网的支撑能力。未来的配电网将更加智能,具备可控性、灵活性、自愈性、经济性等内涵和特征,能够满足不同用户对电能质量供应的要求。

配电自动化技术的发展趋势展望如下:

(1)基于 IEC 61968 系列标准,将多个与配电有关的实时、准实时系统和非实时的应用系统集成起来,基于 IEC61850 的配电终端实现终端的自描述与自动识别,以及 IEC 61850 和 IEC 61968 的融合实现配电信息交互,将是配电信息集成的主要发展方向。

(2)虽然馈线自动化集中智能模式目前仍是国内配电自动化的主流,但智能分布式馈线自动化模式已在上海、天津等经济发达地区应用,并将逐步影响到其他地区。

(3)建设更加灵活与主动的配电网将是未来配电网自动化的发展方向,实现越来越多的分布式电源,包括光伏发电、风电和小型燃气轮机等,以及先进的电池系统等多种不同类型的发电和储能装置安全、无缝地接入配电系统,并做到"即插即用"式投、退控制和管理。

第二节 形 势 挑 战

中国式现代化要求配电网向现代化升级。党的二十大报告指示,中国式现代化有 5 个特征,即人口规模巨大的现代化、全体人民共同富裕的现代化、物质文明和精神文明相协调的现代化、人与自然和谐共生的现代化、走和平发展道路的现代化,锚定了 2035 年目标为达到中等发达国家水平,新型工业化、信息化、城镇化、农业现代化基本实现,基本公共服务实现均等化,美丽中国目标基本实现。

要实现配电网现代化,首先要提高供电保障能力,提升可及性和充裕性;其次要提高城乡供电服务水平,提升可靠性和均衡性;最后要提高承载能力,保证经济性和可持续性。

一、内部需求

1. 供电能力方面

1980—2020 年,我国人均用电量和人均装机容量分别增长了 18 倍和 22 倍,但仍低于美国、日本和德国等主要发达国家;2020 年,我国电能在终端能源消费占比达 25.5%,超过美国、英国和法国。建筑、农业农村领域的电气化水平分别达到 45% 和 35%;在经济高质量发展要求下,未来人均用电量、电气化水平都将持续攀升,电力保供要求更高。

2. 供电可靠性方面

配电网建设目标是提高配电网的可靠性、系统运行效率及终端电能质量,目前我国配电网供电可靠性与发达国家仍有较大差距,国内不同城市配电网发展也存在差异。

2016—2020 年国家电网公司经营区户均停电时间从 15.35h 下降至 12.2h,供电可靠性稳步提升。但我国整体户均停电时间仍远高于美日欧等发达国家;在中等发达国家水平建设目标下,供电质量要求更高,需要持续提升供电可靠性。

3. 供电均衡性方面

受城乡二元结构、经济发展布局影响,我国配电网发展仍存在不平衡不充分问题,整体呈现东中西不均衡、城农网差异大。全体人民共同富裕的现代化，要求持续提高城乡供电服务水平，缩短中西部差距，增强供电均衡性。从供电能力来看，除西藏因政策扶持大，东南沿海地区户均配电变压器容量远高于中西部地区；从供电质量来看，城农网供电可靠性差距较大但逐年缩小，中东部地区户均停电时间远低于西北部；从网架结构来看，2022年我国东南沿海地区 10kV 线路 N-1 通过率、10kV 线路标准化接线率均远高于中西部地区；从装备水平来看，城网供电区老旧设备占比略小于农网，东北地区 110kV 老旧主变压器、线路占比偏高；天津、上海、北京 10kV 架空线绝缘化率均超过 90%，而蒙东、甘肃则由于农网覆盖面广、负荷密度低，10kV 架空绝缘化率低于 25%。

建设新型能源体系要求配电网向智慧升级。高比例新能源、高比例电力电子设备、配电网加速有源化、储能规模化应用、虚拟电厂、电动汽车、新型用电设备等海量分散新要素新业态接入，物理、数字、商业形态加速演变……，种种变化对配电网发展提出了新要求：要求多元主体灵活交易、聚合各类调节资源、可调可控智慧调控、可观可测数字透明。为应对这些发展需求，配电网需全面提高资源优化配置能力、全面提高清洁能源消纳能力、全面提高多元负荷承载能力、全面提高安全供电保障能力，以实现智慧化升级的目标。

二、外部环境

1. 分布式新能源广泛接入

2022 年国家电网公司经营区分布式新能源装机达到 1.34 亿 kW，约是 2013 年的 47 倍。预计 2025、2030 年分布式新能源装机规模将跃升至 2.7 亿、4.5 亿 kW。

规模化分布式新能源接入，带来配电网有源化根本改变。2022 年，河北、山东、陕西分布式电源渗透率均超过 20%，占用系统备用和调节资源，降低系统惯量。春节期间，山东地区系统调峰资源不足，导致分布式光伏参与调峰、降低出力。

随着分布式能源装机不断增加，其对电网运行的影响呈现"局部向全局发展，配电向主网延伸"的趋势，给电网电力平衡、无功调节、电能质量控制等都提出了更高要求，给配电网调度运行带来新挑战。尤其随着分布式光伏接入，使得配电网从无源网变为有源网，配电网运维管理更加复杂，局部地区甚至出现倒送现象。

目前分布式电源建设及运维存在的问题较多，集中体现在并网技术水平参差不齐、电站建设不规范、管理运维水平低等方面，给配电网运行带来较大的安全隐患。因此，一定要以"技术＋管理＋服务"手段来提高分布式电源接入的可靠性，通过在合理规划、技术提升、性能检测、信息安全等方面对分布式电源进行主动管控及服务，实现分布式电源友好接入及主动支撑电网，有效提升配电网可靠性及清洁能源利用率。

（1）局部平衡方面。我国光伏资源与负荷中心在空间上不匹配，部分县域乃至省域分布式光伏实际开发规模将超出本地消纳能力，导致局部地区出现"潮流反送，消纳困难"的问题。以我国农村为例，农村地区用电负荷较小，户用光伏装机容量可达 8～20kW，远超户均配电变压器容量 2.8kVA，难以实现就地就近消纳。

另外，电网还面临实时平衡问题。新能源发电具有随机性、波动性和间歇性，新能源高比例接入电力系统后，增加了系统调节的负担，常规电源不仅要跟随负荷变化，还要平衡新能源的出力波动。

（2）电压质量方面。分布式新能源的出力呈现间歇性、波动性、不确定性，导致城高电缆化率地区电压越上限、乡村分布式新能源高渗透率地区电压"日高夜低"问题，高比例末端接入容易引起电压越限。

2. 电动汽车及充电桩规模化快速发展

配电侧用电负荷复杂化、互动化，包括以电动汽车充电桩、换电站为代表的互动式负荷，以智能楼宇、智能家居为代表的柔性负荷，都需要电网实现可观、可测、可控，满足多元化负荷灵活接入，实时监测和柔性控制。近五年，我国电动汽车规模增长迅猛，2022年底，电动汽车保有量超过1000万辆、充电桩520万台。预计到2025年、2030年，国家电网公司经营区电动汽车保有量2000万辆、6400万辆，充电桩1000万个、3400万个，年充电量约占全社会用电量的1.0%、2.4%。

电动汽车充电需求主要集中在夜间，无序充电将加剧晚高峰负荷波动，增大峰谷差。

由于市场机制和调控技术仍不完善，电动汽车的储能潜力尚未充分挖掘，随着有序充电与V2G模式日益成熟，电动汽车的灵活互动能力有待激活。

配电侧用电负荷复杂化、互动化，包括以电动汽车充电桩、换电站为代表的互动式负荷，以智能楼宇、智能家居为代表的柔性负荷，都需要电网实现可观、可测、可控，满足多元化负荷灵活接入，实时监测和柔性控制。

3. 新型储能规模化发展

2022年底，我国新型储能规模约870万kW。预计2025和2030年，国家电网公司经营区新型储能接入配电网容量分别为2000万、4000万kW，分别占全社会最大负荷1.6%、2.4%。

新型储能呈现"规模较小、多点分散、各自为营"特征，存在利用率低、布局不合理、运行管理困难等问题，在配电网中的配置原则尚不明晰。随着市场机制的日益完善，新型储能作为源荷特性一体化的关键要素，有助于提升就地就近平衡能力，支撑主网调峰调频。

随着配电侧能源供给日趋多元化，以分布式光伏、微型燃气轮机为代表的分布式发电技术，以蓄电池、超级电容为代表的储能技术，以冷热电联产、余热发电为代表的综合能源技术与配电网高度融合，这就要求提升多种能源综合效率，提高配电网承载能力。

4. 数字管控智慧升级

（1）可观可测。范围大：中低压源网荷储全感知；种类多：运行、气象、环境、市场数据全覆盖；频次高：分钟级、秒级、毫秒级高频采集；交互密：系统间实时数据海量交互。

（2）可调可控。范围广：多要素、多主体广泛控制；智能化：人工智能和数字孪生知识驱动；本地化：云边协同、聚合互动、主动支撑；柔性化：价值驱动的柔性自主调节。

（3）可交易。可准入：新兴主体准入规则日益健全；可持续：新兴主体交易机制日趋成熟。

5. 采集传输存储面临挑战

（1）采集终端方面。中压配电网电源终端、配自终端有效覆盖率不足；低压台区存在终端重复部署问题，基于智能电表的采集频次低。亟须提升采集广度、深度、实时性。

（2）通信网络方面。承载涉控业务的中压通信方式技术路线尚不明确，无线公网承载配自遥控业务安全性有待论证；低压通信方式可靠性及稳定性无法支撑涉控业务。亟须提升对海量涉控业务的通信支撑能力。

（3）数据存储方面。配电网调度运行、设备管理、用电计量等实时数据分散存储于不同系统，存在数据壁垒，数据交互困难。亟须建立实时数据和历史数据统一存储交互模式。

6. 调控业务面临挑战

电网运行控制特征日益复杂。"十四五"期间，华东、华中电网成为典型的多直流馈入电网，受端地区电网受入直流落点密集，交直流耦合日趋紧密；另一方面，新能源装机占比提升，其调峰、调频、调压特性与常规机组存在差距。电网发展需有针对性地加强交流系统承载能力，提高系统调节控制能力。

（1）控制链条方面。目前调自、配自、用采和负控系统均可对源网荷储各要素实现控制，可能引发控制链条交叉重复等问题。亟须建立源网荷储一体、省地配微协同的调控机制。

（2）控制安全方面。目前部分省公司通过管理信息大区开展低压分布式光伏调控，但该控制模式安全性有待验证。虚拟电厂、微电网内部网络安全防护缺乏约束。亟须规范配电网新业态控制业务网络安全标准。

（3）控制技术方面。面向弱通信弱模型的海量分散异质资源和复杂多变的市场信号，亟须研究局部自治边缘控制技术及分散聚合灵活互动技术，探索物理—信息—价值耦合的知识驱动型智能调控技术。

7. 市场交易面临挑战

随着能源交易的市场化水平提升，以电力市场为核心的能源市场逐步放开，供给侧与消费侧市场主体广泛参与、充分竞争，分时电价、峰谷电价、多方互动、综合能源交易等市场机制不断丰富，对配电网的服务水平提出了更高的要求。因此，也需要进行电力体制改革，放开增量配电市场。

（1）市场准入方面。分布式电源、储能、虚拟电厂等新兴主体的运行特性与常规电源差异较大，参与不同交易品种的市场对调度控制、信息通信和计量的要求区别大，需要差异化制定不同市场的准入标准，明确市场准入条件。

新兴主体入市存在问题。在装机环节，规模小，不具备并网条件；在通信环节，信息通信设施不满足要求；在调控环节，不能及时响应调度指令；在计量环节，表计不能实现分时计量。

（2）市场交易方面。目前新兴主体可参与的交易品种有限，相应的市场申报、出清、结算等交易机制还不健全，分时电价、容量补偿等价格机制尚待完善。亟须健全交易品种、交易机制及价格机制。

新兴主体市场化交易存在问题。已有的电能量市场、调峰市场、调频市场交易品种，品种较为单一。此外，交易机制未考虑新主体响应迅速、响应准确、成本特性等运行特性。

（3）交易责权利方面。涉及分布式电源、储能等新兴主体的交叉补贴、政府性基金及附加费用分摊标准还未明确，占用容量备用、调峰等公共电网资源而未承担相应成本。亟须平衡好新兴主体的责权利。

责权利不均衡存在问题。社会责任、公共资源成本承担机制不明确，包括交叉补贴，政府性基金及附加费，容量备用、调峰成本等。

第二章

现代智慧配电网建设现状

第一节　现代智慧配电网概述

　　现代智慧配电网是以中国式现代化为指引，以智慧化赋能为路径，以网络高度自愈、主动支撑调节、用户即插即用、能源自由转换为主要特征，以绿色低碳、安全可靠、透明智慧、开放互动为发展重点，从传统向现代升级、从数字向智慧升级的配电网。其功能定位为保障供电安全的基础平台、推动能源转型的配置平台、承载多元用户的服务平台、创造多维价值的支撑平台。概念图如图 2-1 所示。

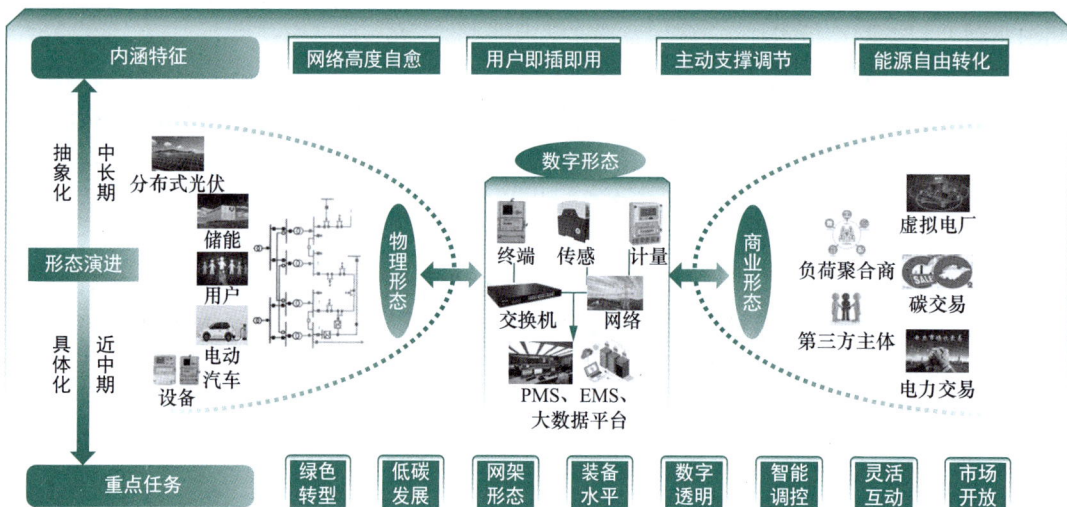

图 2-1　现代智慧配电网概念图

　　现代智慧配电网基于配电网高级自动化技术，借助应用和融合先进的测量和传感技术、控制技术、计算机和网络技术、信息与通信等技术，利用智能化的开关设备、配电终端设备，在坚强电网架构和双向通信网络的物理支持以及各种集成高级应用功能的可视化软件支持下，允许可再生能源和分布式发电单元的大量接入和微网运行，鼓励各类不同电力用户积极参与电网互动，以实现配电网在正常运行状态下完善的监测、保护，控制、优化和非正常运行状态下的自愈控制，最终为电力用户提供安全、可靠、优质、经济、环保的电力供应和其他附加服务。智慧配电网主要包括核心构件能量与通信系统以及用户管理系统、分布式电源管理系统、高级电力电子设备、高级传感器、电能质量优化与评估系统。

智能电网概念的发展有三个里程碑：

第一个是在 2006 年，美国 IBM 公司提出的"智能电网"解决方案。IBM 的智能电网主要是解决电网安全运行、提高可靠性，从其在中国发布的《建设智能电网创新运营管理——中国电力发展的新思路》白皮书可以看出该方案提供了一个大的框架，通过对电力生产、输送、零售的各个环节的优化管理，为相关企业提高运行效率及可靠性、降低成本描绘了一张蓝图，是 IBM 的一个市场推广策略。

第二个是奥巴马上任美国总统后提出的能源计划，除了已公布的计划，美国还将着重集中对每年要耗费 1200 亿美元的电路损耗和故障维修的电网系统进行升级换代，建立横跨四个时区的统一电网；发展智能电网产业，最大限度发挥美国国家电网的价值和效率，将逐步实现美国太阳能、风能、地热能的统一入网管理；全面推进分布式能源管理，创造世界上最高的能源使用效率。

可以看出美国政府的智能电网有三个目的，一是由于美国电网设备比较落后，急需进行更新改造，提高电网运营的可靠性；二是通过智能电网建设将美国拖出金融危机的泥潭；三是提高能源利用效率。

第三个是中国能源专家武建东提出的"互动电网"。互动电网，英文为 Interactive Smart Grid，它将智能电网的含义涵盖其中。互动电网定义为：在开放和互联的信息模式基础上，通过加载系统数字设备和升级电网网络管理系统，实现发电、输电、供电、用电、客户售电、电网分级调度、综合服务等电力产业全流程的智能化、信息化、分级化互动管理，是集合了产业革命、技术革命和管理革命的综合性的效率变革。它将再造电网的信息回路，构建用户新型的反馈方式，推动电网整体转型为节能基础设施，提高能源效率，降低客户成本，减少温室气体排放，创造电网价值的最大化。

此外，一些国内外研究机构也对智能电网进行了定义。

美国能源部《Grid2030》：一个完全自动化的电力传输网络，能够监视和控制每个用户和电网节点，保证从电厂到终端用户整个输配电过程中所有节点之间的信息和电能的双向流动。

中国物联网校企联盟：智能电网由很多部分组成，可分为智能变电站、智能配电网、智能电能表、智能交互终端、智能调度、智能家电、智能用电楼宇、智能城市用电网、智能发电系统、新型储能系统。

欧洲技术论坛：一个可整合所有连接到电网用户所有行为的电力传输网络，以有效提供持续、经济和安全的电力。

国家电网中国电力科学研究院：以物理电网为基础（中国的智能电网是以特高压电网为骨干网架、各电压等级电网协调发展的坚强电网），将现代先进的传感测量技术、通信技术、信息技术、计算机技术和控制技术与物理电网高度集成而形成的新型电网。它以充分满足用户对电力的需求和优化资源配置、确保电力供应的安全性、可靠性和经济性、满足环保约束、保证电能质量、适应电力市场化发展等为目的，实现对用户可靠、经济、清洁、互动的电力供应和增值服务。

一、基本内涵

电网企业坚定不移推动能源生产和消费革命，加快建设新型电力系统，核心要义之一就是以"大云物移智链"等现代信息技术为驱动，深入探索建设新型电网。建设现代智慧配电网，既是推动构建新型电力系统、建设新型能源体系的关键之举，也为新型电力系统建设提供了新范式、探索了新路径、拓展了新空间。因而需要站在能源安全新战略的高度上，深度把握现代智慧配电网的内涵特征，加深对现代智慧配电网"是什么"的系统性认识。

1. 形态内涵

现代智慧配电网的形态内涵：交直流混联，大电网、配电网、微电网等多种电网形态有机衔接，集中式、分布式能源系统相互补充。

在碳中和目标的宏观战略与数字化赋能的转型机遇下，新型电力系统结构形态正在发生系统性变化。新型电力系统源端汇集接入组网形态从单一的工频交流汇集接入电网，逐步向工频/低频交流汇集组网、直流汇集组网接入等多种形态过渡；输电网络形态从交流骨干网架与直流远距离输送为主过渡到交流电网与直流组网互联。

新形势下，电网作为连接能源电力生产和消费的枢纽平台，在实现资源优化配置的同时，面临着支撑新能源规模化开发、高比例消纳和新型负荷广泛接入的直接挑战。面向从电力资源优化配置平台向能源转换枢纽转变，现代智慧配电网建设将加速构建适应高比例可再生能源广域输送和深度利用的电力网络体系。一是加速电网形态由"输配用"单向逐级输电网络向多元双向混合层次结构网络转变，交直流混联，大电网、配电网、微电网等多种电网形态有机衔接，以大电网为主导、多种电网形态相融并存的网络形态。二是电网形态加速由以具有转动惯量的常规电源、单向供电为主，向具有高比例电力电子化新能源、双向供电的方向转变，集中式、分布式能源系统相互补充，形成源网荷储协调互动的平衡形态。

2. 技术内涵

现代智慧配电网的技术内涵：人工智能、边缘计算、数字孪生、区块链、安全防护等数字技术、先进信息通信技术、控制技术与柔性直流、可再生能源友好接入、源网荷储协调控制等能源电力技术深度融合。

随着新型电力系统在电源构成、电网形态、负荷特性、技术基础、运行特性等方面的新变化，当前构建新型电力系统的物质技术基础相对薄弱，未来发展路径存在较大不确定性，特别是未来电力系统演变将面临技术不确定性高、发展路径复杂等一系列挑战。

增强电力技术能力，是提升我国电力产业现代化生产力水平的关键，现代智慧配电网建设势必在技术融合创新、核心技术攻关上取得创新性突破。一是坚持循序渐进原则，遵循系统观念和技术规律，充分认识电力行业技术资金密集、存量系统庞大的实际特点，持续优化新型电网科技创新资源配置，积极推动重大科技基础设施和平台建设，促进电网技术创新进步与新型电力系统发展齐头并进。二是坚持问题导向与系统思维，持续推进新型电网基础支撑技术融合创新，着力统筹数字技术、先进信息通信技术、控制技术与能源电力技术创新突破，加大技术创新应用及典型场景试点力度，为新型电力系统路径影响技术与重大颠覆性技术探索提供物质基础与技术支撑。

3. 要素内涵

现代智慧配电网的要素内涵：电力流、业务流、数据流、价值流等多流合一，多形态、多主体协同互动，大范围柔性互联、新能源广域时空互补、多品种电源能量互济。

随着新型电力系统构建的深入推进，各类要素内涵不断丰富、外延不断拓展，要素属性、功能及边界正在进行系统性重新界定与深度整合。现代智慧配电网既为打造适应新型电力系统的新型电网提供了发展方案，也势必带动能源电力产业链供应链重组整合，推动电网运行特性、市场主体关联、要素配置模式等呈现全新形态。

建设现代智慧配电网离不开能源电力产业链要素整合，也必将为能源电力转型升级提供创新驱动力。一是要素配置互动性显著增强，电力流、业务流、数据流、价值流等多流合一，新型电网不同要素将在不同维度下被赋予特殊功能，土地、资本、劳动力等传统要素功能将被重新界定，创新、管理、数据、人才等新要素将被大量吸纳整合，显著提升新模式新业态的创新孵化潜力。二是系统开放性进一步提升，创新要素在新资源配置模式下跨界流动更加畅通，微电网、新型储能等电网形态丰富性明显提升，多主体协同模式将加快从"源网荷储"向"源网荷储碳数"演化，大范围柔性互联、新能源广域时空互补、多品种电源能量互济等运行特性将更加突出。

二、典型特征

现代配电网是智慧化升级的集中体现，智慧配电网是现代化发展的必然要求。其中，"现代"是落实国家发展战略和党的二十大精神的具体表征，相较于"传统"主要体现在三方面：一是充分支撑大规模可再生能源消纳；二是更多满足个性化多元化用能需求；三是满足新型储能、微电网、分布式等多要素共存。"智慧"是实现电网向能源互联网转型升级的基础支撑，相较于"智能"主要体现在三方面：一是更广泛的数据采集、更快速的数据传输、更智慧的数据处理；二是更注重基于大范围交互主体互动的调控与管理；三是充分体现系统级的自愈、自趋优、自决策。

现代智慧配电网的特征为：网络高度自愈、主动支撑调节、用户即插即用、能源自由转换。

1. 网络高度自愈

"自愈"指的是把电网中有问题的元件从系统中隔离出来，并且在很少或不用人为干预的情况下使系统迅速恢复到正常运行状态，从而几乎不中断对用户的供电服务。从本质上讲，自愈就是智能电网的"免疫系统"。这是智能电网最重要的特征。自愈电网进行连续不断地在线自我评估以预测电网可能出现的问题，发现已经存在的或正在发展的问题，并立即采取措施加以控制或纠正。自愈电网确保了电网的可靠性、安全性、电能质量和效率。

一次系统坚强可靠，二次系统成熟完善，各环节可观可测可调可控。要素主体自我管理，故障快速恢复，系统自我诊断，供电可靠性显著提升。自愈电网将尽量减少供电服务中断，充分应用数据获取技术，执行决策支持算法，避免或限制电力供应的中断，迅速恢复供电服务。基于实时测量的概率风险评估将确定最有可能失败的设备、发电厂和线路；实时应急分析将确定电网整体的健康水平，触发可能导致电网故障发展的早期预警，确定是否需要立即进行检查或采取相应的措施。和本地及远程设备的通信将帮助分析故障、电压降低、电能质量差、过载和其他不希望的系统状态，基于这些分析，采取适当的控制行动。自愈电网经常应用连接多个电源的网络设计方式。当出现故障或发生其他的问题时，在电网设备中的先进的传感器确定故障并与附近的设备进行通信，以切除故障元件或将用户迅速地切换到另外可靠的电源上，同时传感器还有检测故障前兆的能力，在故障实际发生前，将设备状况告知系统，系统就会及时地发出预警信息。

2. 主动支撑调节

储能广泛应用，微电网规模化发展，主配微多级协同。市场高度开放，各主体灵活参与，源储主动支撑，需求侧主动响应，系统多时间尺度主动平衡。

储能已广泛应用于电力系统发输配用等各个环节，将主要在以下几个方面发挥重要作用：一是提升新能源利用水平。储能通过平抑波动、跟踪出力和电能量时移三种途径提高新能源消纳能力。二是提高常规电源涉网性能。通过在常规电厂内部装设储能系统，利用储能快速、稳定、精准的充放电功率调节特性，可提高常规电源调峰调频能力。三是提升系统调节能力。储能可充分发挥参与系统调峰、参与系统调频、参与系统主动支撑等功能，有效提高系统调节能力。四是保障输配电功能。储能可缓解或替代因负荷增大而引起的输配电改造升级；可解决大电网无法延伸覆盖的偏远山区、海岛等地区的供电问题；可为未来先进柔性直流配电网提供功率调节支撑。五是拓展需求侧应用。通过在需求侧（用户侧）安装储能，除了为用户提供削峰填谷、需量管理等功能外，还可实现光储一体化、充换储一体化等多种利用模式。

3. 用户即插即用

智能配电变压器终端的即插即用功能让主站侧不再需要配置点表，使设备接入时间从4h缩短到5min。智慧配电网能够承载资源优化配置，可有效支撑可再生能源大规模开发利用和各种用能设施"即插即用"，从环节上实现"源网荷储"协调互动，从服务上保障个性化、综合化、智能化服务需求，促进能源生态圈形成新业态、新模式发展。

凭借"即插即用"技术，配电网承载能力和运行灵活性显著增强，分布式电源、新型储能、多元负荷等各类用户便捷接入，用户满意度、获得感显著提升。

4. 能源自由转换

在能源互联模式下，将打破各能流系统之间的壁垒，电、气、热、冷等能源系统互联互通，能源系统与信息、交易、交通等深度融合。从规划、运行、交易、核心装备等方面，开展相关关键技术研究。以配电网为核心，基于不同能源形式的多时间尺度、可替代存储、需求时移等特性，利用电—热（冷），电—气—热（冷）等互补技术，实现多种能源的相互转换、联合控制、互补应用。结合不同电压等级的配电网，通过分布式冷热电三联供、电—气/电—热耦合等能源转换环节，实现电、气、热网的互联互通，并依靠能源枢纽为不同类型用户提供各种能源，其供能范围可覆盖城市、城镇、工业园区、社区、楼宇等不同层级。依托各类能源的灵活转换与互通互济，优化提升能源综合利用效率，提升可再生能源消纳能力与清洁能源占比，支撑能源电力清洁低碳转型，提升社会能源供应的可靠性与经济性。

电、气、热、冷自由转换、高效利用，电氢技术不断完善，电碳市场趋于协同，能源多元主体价值创造、共享共赢局面广泛建立，以电为中心的能源互联网开放互动生态基本形成。

三、关键内容

1. 智能发电

智能发电主要涉及常规能源、清洁能源和大容量储能应用等技术领域。在常规能源方面，主要开展常规电源网厂协调关键技术（参数实测、常规机组快速调节技术以及常规电源调峰技术等）研究及应用；研制大型能源基地机组群接入电网的协调控制系统及设备，水电、火电、核电机组优化控制系统，机组和设备状态监测与故障诊断系统等。

在清洁能源方面，主要开展风电场、光伏电站的建模、系统仿真、功率预测和并网运行控制等先进技术的研发及推广应用；研制大规模可再生能源接入电网安全稳定控制系统、可再生能源发电站综合控制及可靠性评估系统、可再生能源功率预测系统、风光储互补发电及接入系统等。

在储能应用方面，需要研制大容量储能设备。结合各种储能技术的特点，在抽水蓄能电站的智能调度运行控制系统、化学电池储能装置（如钠硫电池、液流电池、锂离子电池）等方面实现突破。

2. 智能输电

准确掌握所有线路的运行情况并进行实时监控，降低维护成本，缩短维护周期，从而大幅度减少由于输电线路故障造成的损失，确保电网安全稳定运行。

智能输电主要是输电线路状态监测技术：准确掌握所有线路的运行情况并进行实时监控，降低维护成本，缩短维护周期，从而大幅度减少由于输电线路故障造成的损失，确保电网安全稳定运行。此处，它也包含决策分析和 GIS 等平台，强调阻塞管理和降低大规模停运风险，其中主要包括输电阻塞管理、输电 SCADA、WAMS、输电 GIS 技术、EMS 高级报警可视化、输电系统仿真与模拟等。

3. 智能变电站

智能变电是现代智慧配电网中的关键环节，它的核心体现之一便是智能变电站。智能变电站的建设与运行直接关系到智能变电的整体效能发挥。

智能变电站是采用先进、可靠、集成和环保的智能设备（一次设备 + 智能组件），以全站信息数字化、通信平台网络化、信息共享标准化为基本要求，自动完成信息采集、测量、控制、保护、计量和检测等基本功能，同时，具备支持电网实时自动控制、智能调节、在线分析决策和协同互动等高级功能的变电站。

智能变电站分为过程层、间隔层和站控层，过程层的一次设备为智能化设备，采用电子式或光电式互感器，站控层高度集成，三层之间通过光纤以太网传输信号。一次设备智能化，例如 PASS 模块：采用 HGIS 组合电器，将断路器、隔离开关、电流互感器四合一集合成一个 PASS 模块，可以极大减少设备占用空间。

智能变电站是智能变电在物理层面的关键载体，而智能变电则是智能变电站所承载的更广泛的电力技术与管理理念的集成。

4. 智能配电

国内配电自动化系统的三种类型：

（1）配电自动化系统（DA）：以馈线自动化（FA）为主的实时应用系统。国内第一轮配电自动化绝大多数试点项目都属于这类系统。

（2）调 / 配一体化系统：将调度自动化和配电自动化合为一体的实时应用系统。最近几年各级供电企业的配电调度得到较多的应用，有较好的实用性。

（3）配电管理系统（DMS）：实时应用和管理应用相结合，面向供电企业所辖的整个配电网的自动化及管理系统。发达工业国家的配电自动化项目基本属于这类系统。国内大中型供电企业已开始应用。

5. 智能用电

智能用电目前主要集中在电动汽车充放电设备和智能小区领域。

（1）电动汽车充放电设备。

电动汽车的充放电设备主要有交流充放电桩和直流充放电机。交流充放电桩又称交流供电装置，指采用传导方式为具有车载充电机的电动汽车提供交流电源的专用供电装置。交流充放电桩采用交流 220V 单相供电，额定电流不宜超过 32A。主要是为带有车载充放电机的小型电动乘用车服务。交流充放电桩主要具有手动设置定电量、时间以及自动充放电等功能，能够对远程接受的充放电管理系统加以控制，具有较为完善的安全防护功能，这些功能主要包括一些急停开关、输出侧的剩余电流保护以及过流保护等。

直流充放电机主要适用于在停车场所建设的集中充放电站，因为部分社会公共服务用车的车载电池容量比较大，所以其所具有的充电功率也相对较大，这就需要使用地面直流充放电机来对其进行充放电的操作设置，并对电池的类型进行判断，从而获得动力电池的系统参数以及在充电前或者在充电的过程当中动力电池所具有的参数状态。

此外还涉及非车载充电机、充电站、电池更换站等基础设施。非车载充电机：固定安装在地面，将电网交流电能变换为直流电能，采用传导方式为电动汽车动力蓄电池充电的专用装置。充电站：由三台及以上充电设备（至少有一台非车载充电机）组成，为电动汽车进行充电，并能够在充电过程中对充电设备、动力蓄电池进行状态监控的场所。电池更换站：指采用电池更换方式为电动汽车提供电能供给的场所。

（2）智能小区。

智能小区的综合服务及管理系统内集成了先进的互联网技术、5G 通信技术和自动控制技术等，包括小区监控系统、联网报警系统、照明及消防安全系统、智能计量系统、HEMS 和电子商务系统等一系列功能明确的子系统，为住户提供更加安全、舒适、便捷的家居生活。家庭用电设备智能化是实现小区整体智能化的基础。

电力光纤到户通信网络：构建覆盖小区的电力光纤到户（PTTH）网络，实现小区住宅用户的电视、电话、互联网的三网合一。小区建设统一的网管系统，对通信网络的各个节点进行管理，实现网络和设备的实时监测，故障快速定位。

自助缴费终端：安装自助缴费终端，通过小区电力光纤接入电力公司内网的营销系统，实现自助缴纳电费、预付费电表卡自助充值等功能。

电动汽车充电设施：包括充电桩、计量装置、控制装置、电能质量治理设施并部署充电控制系统。

用电信息采集系统：利用已建成的 PTTH 网络，在小区全部安装智能电表和相关采集设备，以此为小区各种信息的综合应用提供基础用电信息支撑。

分布式电源建设：选择光伏发电和风能发电，合理配置同步计量、控制装置及分布式电源管理系统，实现分布式电源并网控制，满足就地吸纳要求。

智能家居样板间建设：通过部署智能交互终端、智能插座、智能家电等，利用电力光纤和电力线载波通信，实现对家用电器用电信息自动采集、分析、管理，使家电经济运行和节能控制；通过智能交互终端与小区电力光纤网络互联，通过电话、手机、互联网等方式实现对家居的远程控制等服务。开展水表、气表等的自动采集与信息管理工作等，为用户提供电力光纤到户及智能小区的直接体验。

6. 智能调度

目前大的电网调度中心都配置十余套各自独立的自动化业务系统，如能量管理系统（EMS）、水调自动化系统、电能量计量系统、调度计划系统、广域相量测量系统（WAMS）等，难以支持横向集成和纵向贯通，难以支持多级电网的协调控制和优化调度，难以满足纵深安全防护和等级保护的要求。因此，迫切需要结合最新信息技术，研发新一代的智能电网调度控制系统。

7. 智能通信

没有经过集中处理的电网实时数据就谈不上电力网络和信息技术的结合，也就谈不上智能。这其中的关键就是用可靠、安全的通信手段，将分布的实时数据传输并集中分析、处理。

从电力传输的过程方面，智能电网分为发电、输电、变电、配电、售电和调度等环节，每一个环节对数据传输的要求不一样。电力通信网的建设不但要满足主网的业务需求，同时需要满足配网业务的需求。具有通信需求的站点不仅仅是调度中心、变电站、电厂，还包括新能源发电站、分布式电源、微网、用户电表等，将对现有电力通信网络体系产生较大的不同需求。另外，集中式数据中心的建设为集中分析与管理提供基础，同时也对通信需求提出了更高要求。

我国目前信息化水平已初步达到建设智能电网的要求。电力通信基本实现主干通道光纤化、数据传输网络化。

四、主要功能

现代智慧配电网作为新型电网的重要形态，是推进新型电力系统、新型能源体系建设的核心环节和主要抓手，不仅在改造电网形态、增强电网功能方面发挥重要作用，还将依托数智化深度嵌入、广泛连接、高频互动的内在特征，在全行业全社会中发挥不可忽视的支撑赋能功能，集中体现在数智赋能赋效、电力算力融合、主配协调发展和结构坚强可靠四方面。

1. 数智赋能赋效

现代智慧配电网以数据跨系统协同与深度应用有力支撑电网高质量发展，进一步推动能源转型深入、碳管理体系优化、经济社会监测完善与国际竞争主动。

现代智慧配电网是数字化智能化技术深入融合嵌入电网生产运行与管理运营过程的新型电网形态，能够增强以电网为枢纽的能源电力系统互联互通能力、供需匹配能力、风险应对能力和综合服务能力。以数据流在源网荷储各环节的充分共享流动，承载信息流、能量流、价值流的交换互动，一是提升可再生能源智能化配置能力，支撑解决可再生能源大规模并网、大范围配置问题。二是提升电力供需灵活匹配能力，适应新能源高比例接入、大规模消纳及由此带来的供需匹配要求。三是增强风险自动监控与响应能力，实时监测并超前预警电网安全稳定运行控制状态与风险。四是培育数智化新兴服务能力，为电动汽车、虚拟电厂、共享储能、灵活负荷等多方能量资源共享与交易提供更加智能高效的服务。

此外，电网数字化智能化水平提升对能源转型、环境保护、经济发展和国际竞争等都能够产生显著的外部溢出效应。

（1）现代智慧配电网增强能源物理系统、产业系统、治理系统的连接融合与协同互动水平。依托电网在能源系统中的枢纽地位，通过跨区域、跨企业、跨设备的多源异构数据高频或实时对齐、协同与融合，牵引供应端智慧电厂、智慧矿山、智慧油田发展壮大，需求端智能用能设备、虚拟电厂等新兴模式培育，以及输送端自适应调控多品类能源供需匹配。这不仅带动能源产供储销物理系统的高效经济运行，还通过更高水平的跨企业、跨行业数智化治理能力，将产业链延伸至先进制造、数字技术等新兴产业中，丰富产业生态，增强上下游协同联动能力。

（2）现代智慧配电网以精细、准确、实时的用能数据采集计量支撑我国碳系统高质量发展，助力"双碳"目标实现。数智化能够深刻应用并充分放大电网广泛连接、准确反映我国生产生活活动的优势，通过电碳计量转换，以电力数据为基础支撑碳计量、碳交易、碳管理体系建设。

（3）现代智慧配电网支撑我国经济社会运行态势跟踪监测，辅助政府决策、行业分析与企业发展。各行业现代化水平逐步提高，电力数据反映三大产业发展状态的完整与准确程度也越来越高，电网数智化水平的提升将能够更细致、更广泛、更精准地采集存储传输各行业用电数据，同时配合电力数据在多主体间的流通应用，更加充分地发挥电力数据的决策支撑价值。

（4）现代智慧配电网助力更好把握能源转型国际标准规范发展的先行优势，增强我国关键基础设施安全稳定运行能力。当前国际形势下，加强现代智慧配电网建设有利于我国抢抓将数字化建设经验推广成国际标准规范的先机。同时，电网作为关键基础设施，电网数智化水平的提升能够增强对网架安全风险的监测预警能力和主动防御能力。

2. 电力算力融合

现代智慧配电网以电力和算力在技术、设施和机制多方面深度融合发展，催生电力算力一体化资源供给调配服务发展，推动"东数西算"战略落地，培育全新发展空间和动能。

现代智慧配电网将有力支撑电力算力融合发展，实现算力支撑电力运行、电力保障算力用能，并通过融合电力算力技术、设备与机制，形成一体化的资源供给与调配服务。

（1）算力深度服务电力数智化发展，提升电力系统运行质效、创新发展模式。算力赋能自动化供电网络、智能化输电调度与智慧化电力服务发展，支撑发电到用电各环节之间的能量流、信息流和价值流的双向流动与交互，提升电力系统全环节的高效经济运行水平。

（2）电力保障包括数据存储、网络传输、计算分析在内的算力稳定快速供给。近年，我国算力基础设施规模保持大幅增长，数据中心规模年均增速20%。据中国信息通信研究院测算，到2030年，我国数据中心耗电量将超过3800亿kWh，如果不采用可再生能源，碳排放量将超过2亿t，快速增长的算力需求对绿色安全稳定电力提出更高要求。

（3）电力算力交织形成新型综合服务形态，支撑满足全社会关于经济、安全、便捷电力算力服务的需求。复合聚合商、虚拟电厂、储能公司、分布式能源交易等新型服务提供商不仅提供直接的能源电力供应服务，更会提供综合算力的咨询规划服务。

此外，现代智慧配电网推进电力算力融合，还在支撑国家战略落地、扩展发展空间和培育发展动能方面发挥重要作用。

（1）电力算力融合推进"东数西算"工程深入落地。算力枢纽节点和数据中心集群对安全可靠的电力供应具有较高需求。因此，配套电网建设是推进"东数西算"工程的内在要求。现代智慧配电网通过杆塔融合、多站融合等方式实现算力与电力的相近协同建设，支撑"东数西算"工程切实落地。

（2）电力算力融合将催生区别于传统电力、算力行业的全新发展空间。电力算力融合涉及电力技术与数字技术、电力设施与算力设施、电力市场与数据市场、电网运行机制与数智创新规律等多方面的深度耦合，将进一步为一批专精特新企业开辟创新应用空间，形成电力行业与算力行业之外的市场化"蓝海"，或将在电力算力规划布局、演进模拟、服务撮合、模式创新、节能测算等方面发力。

3. 主配协调发展

现代智慧配电网顺应能源转型和新型电力系统构建的新形势新需求，推进主配网协同控制能力建设，结合主配网实时运行方式，实现能源的全域、全息把控，调度指挥管理能力显著提升。

主配网协调发展能通过建立主配电网图模数据交互机制、建立主配电网风险分析、合环分析、故障处置等业务协同机制，推动主配网多源数据融合应用及故障信息共享，提升事故处置效率，提升主配网运行状态的全景感知能力，提高多业务、跨部门间协作处理效率，提高电网安全运行控制水平，提升电网运行控制效率。

（1）提升电力系统整体性能。通过构建有机的骨干结构，确保主网和配网在时空上紧密衔接，优化结构和运行方式，提高系统的整体稳定性和可靠性，确保电力系统在不同环境下能够保持卓越性能。

（2）提高传输效率。通过系统化的电能传输路径优化，确保电能传输的经济性，提高能源传输效率，增强系统灵活性，更好地适应动态变化的运行环境。

（3）助力新能源快速发展。实现新能源与传统能源的协同融合，提升新能源消纳水平，更高效地利用新能源，引领电力系统迈向可持续、清洁的未来。

（4）加强主配网协同故障处置能力。通过建立主配网故障处置协同机制，推动主配网多源数据融合应用及故障信息共享，实现主配网协同的故障恢复策略分析，根据故障后潮流和配网自动化负荷全停全转、馈线自动化等功能，实现电网故障快速隔离与供电恢复。

同时，主配网协同的故障追忆与评估功能，对故障处置操作进行全过程反演，评估设备、装置、系统应用有效性和正确性，以实现处置策略的优化提升，提高电力系统在面对故障时的响应速度和处理效能，确保系统持续稳定供电。

主配网协调发展不仅对电力系统内部产生深远影响，更在整合行业和社会方面发挥重要作用。

（1）优化能源供应链的协同效应。主配网协调发展使能源的生产、传输和分配更加高效和协调，提高能源行业的整体效益，推动了更广泛的产业协同发展，促进了全能源行业链的健康发展。

（2）助力经济社会可持续发展。通过提升电力系统整体性能，降低能源波动对经济的影响，有助于经济结构优化，提升社会韧性，为可持续发展奠定坚实基础。

4. 结构坚强可靠

电网安全可靠是基本前提，要始终把保障安全可靠供电作为电网的首要任务，推进网架韧性、安全质效升级，实现网架结构清晰坚强、供电能力合理充裕、设备设施健康可靠、供电质量持续提升。

现代智慧配电网，"坚强可靠"是基础，"数智化"是关键，需维持自身安全稳定运行，保障用户安全可靠用能，维护电力产业链供应链安全稳定性，助力能源安全。

（1）提高电网的保障能力。通过建设坚强可靠的结构，电力系统在面临各种挑战和突发情况时能够保持持续供电的能力，提高电网的抗灾能力和稳定性。

（2）提升本地支撑作用。随着新能源大规模高比例开发利用，以及新型负荷的不断攀升，电力负荷峰谷差越来越大，长周期、短周期灵活调节资源的需求不断增加。送端地区兼顾电力送出和就地消纳两种需求，补强"只出不进"布局短板，提升本地支撑作用。

（3）充分发挥资源优化配置能力。受端地区充分预估新能源时空分布特性，提升电网布局整体化水平和覆盖密度，充分发挥网络化配置优势。

（4）优化电力系统的调节能力。通过引入先进的调节技术和策略，使电力系统具备灵活调节的能力，能够迅速适应负荷变化和新能源波动，提高系统的调节柔性。

结构坚强可靠的现代智慧配电网具有广泛的外部效应，涵盖了能源行业、环境保护和国际竞争等方面。

（1）行业协同效应提升。电力系统的坚强可靠性直接关系能源生产、传输和分配的协同性，为能源行业链的健康发展提供有力支撑。

（2）提高清洁能源的有效利用。以坚强可靠的电网结构为基础，更好地适应新能源波动，减少对传统能源的依赖，降低碳排放，助力"双碳"目标实现。

（3）提升国际竞争力。稳定的电力供应是国家基础设施和产业发展的支柱，能够吸引投资、促进技术创新，使国家在全球能源市场中更具竞争力。同时，以清洁高效的电力系统履行国家在可持续发展方面的承诺，有助于提升国际形象。

五、重要意义

1. 生活方便

现代智慧配电网的建设，将推动智能小区、智能城市的发展，提升人们的生活品质。

（1）让生活更便捷。家庭智能用电系统既可以实现对空调、热水器等智能家电的实时控制和远程控制；又可以为通信网、互联网、广播电视网等提供接入服务；还能够通过智能电能表实现自动抄表和自动转账交费等功能。

（2）让生活更低碳。智能电网可以接入小型家庭风力发电和屋顶光伏发电等装置，并推动电动汽车的大规模应用，从而提高清洁能源消费比重，减少城市污染。

（3）让生活更经济。智能电网可以促进电力用户角色转变，使其兼有用电和售电两重属性；能够为用户搭建一个家庭用电综合服务平台，帮助用户合理选择用电方式，节约用能，有效降低用能费用支出。

2. 产生效益

坚强智能电网的发展，使得电网功能逐步扩展到促进能源资源优化配置、保障电力系统安全稳定运行、提供多元开放的电力服务、推动战略性新兴产业发展等多个方面。作为我国重要的能源输送和配置平台，坚强智能电网从投资建设到生产运营的全过程都将为国民经济发展、能源生产和利用、环境保护等方面带来巨大效益。

（1）在电力系统方面。可以节约系统有效装机容量；降低系统总发电燃料费用；提高电网设备利用效率，减少建设投资；提升电网输送效率，降低线损。

（2）在用电客户方面。可以实现双向互动，提供便捷服务；提高终端能源利用效率，节约电量消费；提高供电可靠性，改善电能质量。

（3）在节能与环境方面。可以提高能源利用效率，带来节能减排效益；促进清洁能源开发，实现替代减排效益；提升土地资源整体利用率，节约土地占用。

（4）其他方面。可以带动经济发展，拉动就业；保障能源供应安全；变输煤为输电，提高能源转换效率，减少交通运输压力。

3. 改进系统

（1）能有效地提高电力系统的安全性和供电可靠性。利用智能电网强大的"自愈"功能，可以准确、迅速地隔离故障元件，并且在较少人为干预的情况下使系统迅速恢复到正常状态，从而提高系统供电的安全性和可靠性。

（2）实现电网可持续发展。坚强智能电网建设可以促进电网技术创新，实现技术、设备、运行和管理等各个方面的提升，以适应电力市场需求，推动电网科学、可持续发展。

（3）减少有效装机容量。利用我国不同地区电力负荷特性差异大的特点，通过智能化的统一调度，获得错峰和调峰等联网效益；同时通过分时电价机制，引导用户低谷用电，减小高峰负荷，从而减少有效装机容量。

（4）降低系统发电燃料费用。建设坚强智能电网，可以满足煤电基地的集约化开发，优化我国电源布局，从而降低燃料运输成本；同时，通过降低负荷峰谷差，可提高火电机组使用效率，降低煤耗，减少发电成本。

（5）提高电网设备利用效率。首先，通过改善电力负荷曲线，降低峰谷差，提高电网设备利用效率；其次，通过发挥自我诊断能力，延长电网基础设施寿命。

（6）降低线损。以特高压输电技术为重要基础的坚强智能电网，将大大降低电能输送中的损失率；智能调度系统、灵活输电技术以及与用户的实时双向交互，都可以优化潮流分布，减少线损；同时，分布式电源的建设与应用，也减少了电力远距离传输的网损。

4. 分配资源

我国能源资源与能源需求呈逆向分布，80%以上的煤炭、水能和风能资源分布在西部、北部地区，而75%以上的能源需求集中在东部、中部地区。能源资源与能源需求分布不平衡的基本国情，要求我国必须在全国范围内实行能源资源优化配置。建设坚强智能电网，为能源资源优化配置提供了一个良好的平台。坚强智能电网建成后，将形成结构坚强的受端电网和送端电网，电力承载能力显著加强，形成"强交/强直"的特高压输电网络，实现大水电、大煤电、大核电、大规模可再生能源的跨区域、远距离、大容量、低损耗、高效率输送显著提升电网大范围能源资源优化配置能力。

5. 能源发展

风能、太阳能等清洁能源的开发利用以生产电能的形式为主，建设坚强智能电网可以显著提高电网对清洁能源的接入、消纳和调节能力，有力推动清洁能源的发展。

（1）智能电网应用先进的控制技术以及储能技术，完善清洁能源发电并网的技术标准，提高了清洁能源接纳能力。

（2）智能电网合理规划大规模清洁能源基地网架结构和送端电源结构，应用特高压、柔性输电等技术，满足了大规模清洁能源电力输送的要求。

（3）智能电网对大规模间歇性清洁能源进行合理、经济的调度，提高了清洁能源生产运行的经济性。

（4）智能化的配用电设备，能够实现对分布式能源的接纳与协调控制，实现与用户的友好互动，使用户享受新能源电力带来的便利。

6. 节能减排

坚强智能电网建设对于促进节能减排、发展低碳经济具有重要意义。

（1）支持清洁能源机组大规模入网，加快清洁能源发展，推动我国能源结构的优化调整。

（2）引导用户合理安排用电时段，降低高峰负荷，稳定火电机组出力，降低发电煤耗。

（3）促进特高压、柔性输电、经济调度等先进技术的推广和应用，降低输电损失率，提高电网运行经济性。

（4）实现电网与用户有效互动，推广智能用电技术，提高用电效率。

（5）推动电动汽车的大规模应用，促进低碳经济发展，实现节能减排。

第二节 建 设 背 景

一、国际智慧电网建设背景

2005 年，坎贝尔发明了一种技术，利用的是（Swarm）群体行为原理，让大楼里的电器互相协调，减少大楼在用电高峰期的用电量。他发明了一种无线控制器，与大楼的各个电器相连，并实现有效控制。比如，一台空调运转 15min，已把室内温度维持在 24℃；而另外两台空调可能会在保证室内温度的前提下，停运 15min。这样，在不牺牲每个个体的前提下，整个大楼的节能目标便可以实现。这个技术赋予电器智能，提高能源的利用效率。

2006 年欧盟理事会的能源绿皮书《欧洲可持续的、竞争的和安全的电能策略》（A European Strategy for Sustainable、Competitive and Secure Energy）强调智能电网技术是保证欧盟电网电能质量的一个关键技术和发展方向。这时候的智能电网应该是指输配电过程中的自动化技术。

2006 年中期，一家名叫"网点"（Grid Point）的公司开始出售一种可用于监测家用电路耗电量的电子产品，可以通过互联网通信技术调整家用电器的用电量。这个电子产品具有了一部分交互功能，可以看作智能电网中的一个基础设施。

2006 年，美国 IBM 公司曾与全球电力专业研究机构、电力企业合作开发了"智能电网"解决方案。这一方案被形象比喻为电力系统的"中枢神经系统"，电力公司可以通过使用传感器、计量表、数字控件和分析工具，自动监控电网、优化电网性能、防止断电、更快地恢复供电，消费者对电力使用的管理也可细化到每个联网的装置。这个可以看作智能电网最完整的一个解决方案，标志着智能电网概念的正式诞生。

2007 年 10 月，华东电网正式启动了智能电网可行性研究项目，并规划了从 2008 年至 2030 年的"三步走"战略，即：在 2010 年初步建成电网高级调度中心，2020 年全面建成具有初步智能特性的数字化电网，2030年真正建成具有自愈能力的智能电网。该项目的启动标志着中国开始进入智能电网领域。

2008年，美国科罗拉多州的波尔得（Boulder）已经成为全美第一个智能电网城市，每户家庭都安装了智能电表，人们可以很直观地了解当时的电价，从而把一些事情，比如洗衣服、熨衣服等安排在电价低的时间段。智能电表还可以帮助人们优先使用风电和太阳能等清洁能源。同时，变电站可以收集到每家每户的用电情况。一旦有问题出现，可以重新配备电力。

2008年9月，谷歌与通用电气联合发表声明对外宣布，他们正在共同开发清洁能源业务，核心是为美国打造国家智能电网。

2009年1月25日，美国白宫最新发布的《复苏计划尺度报告》宣布：将铺设或更新3000英里输电线路，并为4000万美国家庭安装智能电表——美国将推动互动电网的整体革命。同年2月2日，能源专家武建东在《全面推动互动电网革命拉动经济创新转型》的文章中，明确提出中国电网亟须实施"互动电网"革命性改造。

2009年2月4日，地中海岛国马耳他公布了和IBM达成的协议，双方同意建立一个"智能公用系统"，实现该国电网和供水系统数字化。IBM及其合作伙伴将会把马耳他2万个普通电表替换成互动式电表，这样马耳他的电厂就能实时监控用电，并制定不同的电价来奖励节约用电的用户。这个工程价值高达9100万美元（合7000万欧元），其中包括在电网中建立一个传感器网络。这种传感器网络和输电线、各发电站以及其他的基础设施一起提供相关数据，让电厂能更有效地进行电力分配并检测潜在问题。IBM提供搜集分析数据的软件，帮助电厂发现机会，降低成本以及该国碳密集型发电厂的排放量。

2009年2月10日，谷歌表示已开始测试名为谷歌电表（PowerMeter）的用电监测软件。这是一个测试版在线仪表盘，代表着谷歌正在成为信息时代的公用基础设施。

2009年2月28日，作为华北公司智能化电网建设的一部分——华北电网稳态、动态、暂态三位一体安全防御及全过程发电控制系统在北京通过专家组的验收。这套系统首次将以往分散的能量管理系统、电网广域动态监测系统、在线稳定分析预警系统高度集成，调度人员无需在不同系统和平台间频繁切换，便可实现对电网综合运行情况的全景监视并获取辅助决策支持。此外，该系统通过搭建并网电厂管理考核和辅助服务市场品质分析平台，能有效提升调度部门对并网电厂管理的标准化和流程化水平。

2009年3月3日，美国谷歌向美国议会进言，要求在建设"智能电网（Smart Grid）"时采用非垄断性标准。

二、国内智慧电网建设背景

中国政府将智能电网建设作为电网升级的一项重要内容，将电网智能调度、配电网智能化升级、分布式能源与可再生能源消纳作为智能电网的重要任务，兼顾了大电网与微电网的发展要求。

2015年7月，国家发展改革委、能源局发布《关于促进智能电网发展的指导意见》，定义智能电网是在传统电力系统基础上，通过集成新能源、新材料、新设备和先进传感技术、信息技术、控制技术、储能技术等新技术，形成的新一代电力系统，发展智能电网是发展能源互联网的重要基础。文件提出了提升电网智能化水平、提高新能源消纳能力、引导用户参与和节能减排等10项任务。

2016 年 2 月，国家发展改革委、能源局、工信部联合下发《关于推进"互联网＋"智慧能源发展的指导意见》指出："互联网＋"智慧能源是一种互联网与能源生产、传输、存储、消费以及能源市场深度融合的能源产业发展新形态，具有设备智能、多能协同、信息对称、供需分散、系统扁平、交易开放等主要特征。

2020 年 9 月，习近平总书记在第七十五届联合国大会一般性辩论上正式宣布中国碳达峰碳中和的目标，对于能源电力绿色低碳转型提出了总目标。2021 年 3 月，中国提出构建新型电力系统的目标以支撑新能源的发展和绿色低碳转型目标，而智能电网建设是新型电力系统的重要构成。

2022 年，国家发展改革委、能源局发布《"十四五"现代能源体系规划》。针对电网智能化发展要求，提出推动新一代调度自动化系统、配电网改造和智能化升级等示范应用；针对分布式电源发展，提出推动智能配电网、主动配电网建设，提高配电网接纳新能源和多元化负荷的承载力和灵活性，促进新能源优先就近开发利用；积极发展以消纳新能源为主的智能微电网，实现与大电网兼容互补。在智能电网新技术和新业务创新方面，要求进行柔性直流、直流配电网、V2G、虚拟电厂、微电网等技术研发及示范应用，勾画出了智能电网的主要技术发展方向。

党的二十大报告明确提出"深入推进能源革命""加快规划建设新型能源体系"。能源发展呈现出低碳化、电力化、智能化趋势。构建新型电力系统和建设新型能源体系是统筹能源绿色、安全、高效的迫切要求，建立安全、高效的智能配电网是构建新型电力系统的关键环节，需要实现技术融合创新、资源优化协同。

中央财经委先后提出"构建新型电力系统""建设分布式智能电网"，党的二十大要求"推动绿色发展""积极稳妥推进碳达峰碳中和""加快规划建设新型能源体系"。

三、国内电网企业的智慧电网建设

作为中国电网建设运行最重要的成员，国家电网公司主要从保电网安全角度出发，注重特高压电网的建设，以及采用数字化技术提升大电网的调度运行水平。

2009 年 5 月 21 日，国家电网公司首次公布了《中国智能电网计划》，其内容有：以坚强智能电网以坚强网架为基础，以通信信息平台为支撑，以智能控制为手段，包含电力系统的发电、输电、变电、配电、用电和调度各个环节，覆盖所有电压等级，实现"电力流、信息流、业务流"的高度一体化融合，是坚强可靠、经济高效、清洁环保、透明开放、友好互动的现代电网。国家电网公司智能电网规划的产生，既是对我国电力工业规模进入快速发展阶段的预判和准备，也成了接下来近十年电网投资不断创新高的前奏。

2014 年，国家电网公司首次提出"全球能源互联网"的概念，该概念是在原来"坚强智能电网"基础上的提升。根据国家电网公司的阐述，全球能源互联网由智能电网、特高压电网和清洁能源三方面内容构成，强调建立以特高压电网为骨干网架、全球互联的坚强智能电网作为推动清洁能源发展和电能替代的核心。

2016 年起，为应对可再生能源的快速发展，国家电网公司对智能电网的概念逐步过渡到"能源互联网"的表述，以增强现代信息技术、物联网技术、智能控制技术等新技术的应用，实现电网与热网、燃气网、交通网的互联、互通，提升能源系统的韧性与调节能力。

国家电网公司第四届职工代表大会第三次会议暨 2023 年工作会议明确，以"一体四翼"高质量发展全面推进具有中国特色国际领先的能源互联网企业建设,要"加快建设现代智慧配电网,更好适应分布式能源、微电网、电动汽车等发展需要"。

为深入贯彻党的二十大精神,高质量推动现代智慧配电网规划建设,国家电网公司系统梳理配电网面临的发展形势,锚定服务中国式现代化发展一个核心,围绕传统向现代转型、数字向智慧转型两条主线,深入剖析现代智慧配电网的内涵特征和发展重点,明确基本原则,提出三阶段建设实施路径,提出了推进绿色转型、低碳发展、网架形态、装备水平、数字透明、智能调控、灵活互动、市场开放八个升级,以及强化优质服务、管理提升、科技创新、政企联动四大保障,按照"十四五"夯实基础、"十五五"全面推进、"十六五"巩固提升,有序推进现代智慧配电网建设。

第三节 建设现状

一、我国智慧配电网发展成就

近年来,配电网建设日益成为我国电力系统建设的重点领域。国家发展改革委、国家能源局于2022年发布《"十四五"现代能源体系规划》,明确提出加快配电网改造升级,推动智能配电网、主动配电网建设。

从市场规模来看,随着我国智能电网的投资规模不断增加,近年来我国智能配电行业市场规模保持稳定增长,市场规模从2018年的142.63亿元增长至2022年的155.74亿元。

从供应情况来看,近年来我国智能配电行业产值保持总体上涨态势,2018年我国智能配电行业产值为147.47亿元,2021年达到近年来最高,为165.53亿元,2022年回落至162.74亿元。

从需求情况来看,在2009年特高压输电技术国际会议中,我国首次提出"智能电网"概念,并在此后不断加大投资支持智能电网发展。"十二五"期间,国家电网公司投资5000亿元,建成连接大型能源基地与主要负荷中心的"三横三纵"的特高压骨干网架和13回长距离支流输电工程,初步建成核心的世界一流的坚强智能电网。同时国家电网公司制定的《坚强智能电网技术标准体系规划》明确了坚强智能电网技术标准路线图,这是世界上首个用于引导智能电网技术发展的纲领性标准,使电网的资源配置能力、经济运行效率、安全水平、科技水平和智能化水平得到全面提升。

1.时间历程

(1)"十二五""四直两交"集中启动,特高压投资启动。

2006年,经过多年的技术攻关后,3条特高压项目获得核准并开工;2009年1月,第一条特高压交流实验示范工程(晋东南—南阳—荆门)投运;2010年7—10月,两条特高压直流示范工程(向家坝—上海、云南—广东)投运,到"十二五"第一年,已经安全运行了数月,标志着我国掌握了具有自主知识产权的特高压交直流输电技术。因此,"十二五"期间成为特高压项目启动的第一段高潮期。

"十二五"规划启动,特高压锋芒初露,共有"四直两交"6条特高压项目投运。2011—2013年,仅国家电网公司就规划了1.7万亿元电网投资,比"十一五"的1.2万亿元投资增加了40%。在国家能源局印发的能源发展"十二五"规划中提到:稳步推进西南能源基地向华东、华中地区和广东省输电通道，鄂尔多斯盆地、山西、锡林郭勒盟能源基地向华北、华中、华东地区输电通道，鄂尔多斯盆地、山西、锡林郭勒盟能源基地向华北、华中、华东地区输电通道。在"十二五"期间投运的 6 条特高压项目中，3 条特高压直流项目集中于西南水电基地，四川、云南地区，外送至江苏、广东、浙江等地。另有 1 条特高压直流项目，新疆哈密南至河南郑州为西北风电基地外送通道。交流特高压工程中，皖电东送、浙福线建成投运，进一步加强了华东电网内部的连接。

国家电网公司特高压"十四五"规划在前期特高压新增线路长度、新增容量相比"十三五"增长 20% 左右的基础上，新增建设 5 条特高压直流。"十四五"期间，建成特高压规划数量达到直流 12 条和交流 9 条，相比于"十三五"特高压的建设规模增长明显，尤其是特高压直流"十四五"建成数量相比"十三五"增加约 50%。

（2）可再生能源跨越式发展。

中国是世界上最大的能源生产国与消费国。由于中国"富煤、缺油、少气"的能源资源禀赋，造成中国单位能耗排放高于世界平均水平。2020 年，中国能源消费产生的二氧化碳排放的全球占比达到 30%，能源排放在中国全口径排放占比超过 85%，而电力生产产生的排放占能源排放的 40% 以上。大力发展可再生能源，推动电力行业低碳转型，是中国实现"双碳"目标的关键。

2014 年以来，中国可再生能源发电实现跨越式发展，装机规模、利用水平、技术装备、产业竞争力迈上新台阶，取得了举世瞩目的成就。截至 2021 年底，中国可再生能源装机规模突破 10 亿 kW，而 2013 年底可再生能源总装机仅约 4 亿 kW。2021 年，中国可再生能源发电量达 2.48 万亿 kWh，占全社会用电量的 29.8%。中国可再生能源非电利用规模超过 5000 万 t 标准煤。总计可再生能源使用量超过 7.5 亿 t 标准煤，占中国 2021 年总能耗比接近 15%。

风电、太阳能为主的新能源仍是发展可再生能源最重要领域。目前风电、太阳能装机均处于世界第一。截至 2021 年底，中国风电装机达到 3.29 亿 kW，是 2013 年底的 4 倍，2014 年至今年复合增长率为 19%：太阳能装机达到 3.08 亿 kW，是 2013 年底的 19 倍，2014 年至今年复合增长率为 44%；新能源装机比例占全国装机比例接近 27%。

与此同时，中国新能源消纳情况也取得了巨大的成效。2015 年弃风弃光比例达到 15%，经过几年的努力，2021 年中国弃风弃光比例已不高于 3%，而这是在新能源总装机同步增长了接近 3 倍的情况下取得的。2021 年中国新能源发电量达到 9785 亿 kWh，占全社会用电量的 11.7%。虽然中国新能源整体占比低于欧洲，但由于分布不均匀，青海、河北、宁夏、甘肃等省份新能源已成为第一大电源，其中青海的新能源发电装机占比超过 60%，形成了局部的以新能源为主体电源的情况。

新能源技术、产业取得了长足进步，促进风电、光伏发电成本的显著下降。21 世纪初，中国主要采用可再生能源补贴加上保障性消纳等政策手段促进风电、光伏产业的发展，在新能源产业壮大中发挥了重要的作用，当前中国可再生能源产业链在世界处于重要的地位。中国风电产业链完整，7 家风电整机制造企业位列全球前十。光伏产业占据全球主导地位，多晶硅、硅片、电池片和组件分别占全球产量的 76%、96%、83% 和 76%。产业链的发展实现了新能源的快速降成本。当前，中国陆上风电平准化度电成本为 0.21 ~ 0.34 元 /kWh，比 2014 年降低了 50% 左右：光伏发电平准化度电成本为 0.17 ~ 0.30

元/kWh，下降了80%以上。由于成本的下降，2019年开始，中国逐步进入新能源发电平价时代。

（3）分布式电源发展迅速，电网去中心化趋势增强。

1）电力系统去中心化。

由于可再生能源具有资源分散的特点，可再生能源的快速发展必然带来分布式电源的增长。分布式电源包括分布式光伏、分布式储能以及带有储能功能的电动汽车等。

尽管坚强大电网是中国电力系统的显著特点，但分布式可再生能源发展产生的去中心化效果仍不可阻挡。

分布式光伏是分布式电源重要构成，由于光照资源的分布式特性，分布式光伏具有接近用户的特点。且其所发电量不需要缴纳输配电价、政府性基金与附加费，显著降低了用户的用电成本。随着光伏建设成本的下降，近年来分布式光伏发展迅速。2021年新增分布式光伏2928万kW，占中国新增光伏装机总量的53.4%，历史上首次突破50%，其中又以户用光伏为主要增长。2021年户用光伏新增装机量2160万kW，同比增长113.3%，体现了分布式光伏与用户的深度结合及向更加分散的趋势发展。

此外，用电侧分布式储能的发展速度加快。储能是应对可再生能源发电随机波动性的有效手段，同时能借助"峰谷价差套利"以及削减用户最大用电功率需求（此举可以减少用户向电网公司支付的容量电费）的方式获得收益，同时增强用户侧供电可靠性，与分布式光伏形成光储系统，在电价峰谷差大的城市用户中推广。

除光储系统之外，由于电动汽车具有类似储能的特性，成为分布式电源的重要组成部分。近年来，全球电动汽车产业取得了重大进展，其中中国引领了电动汽车的发展。2021年，中国电动汽车销量达到330万辆，占全球销量的52%，中国电动汽车总保有量超过780万辆。2021年底，中国拥有261.7万台充电设施和1298座换电站充换电设施具有明显的尖峰负荷特性，如果充换电设施无序充电，可能导致电网峰值负荷增长超过1000万kW。预计到2030年，中国将有超过1亿辆电动汽车，这将对电网运行带来更大的冲击，如何引导电动汽车有序充电实现需求响应的作用，已经成为业界广泛探讨的话题。

此外，随着电能替代的推进，热泵、空调设备等具有明显季节性、尖峰性等特点的负荷快速增长，会显著增加电网最大负荷，对电力系统充裕度和调节能力带来挑战采用技术手段将此类负荷进行聚合控制，形成电网调节的分布式参与主体，成为一个重要的发展方向。

2）用户侧主动参与电网调节。

分布式电源大量接入配电网，使用户侧负荷从单一用电向发用电一体化方向转变，造成负荷的不确定性更加明显，对用户主动参与电网调节提出了更高的要求。用户侧采用数字化技术，聚合可调资源，以虚拟电厂和需求响应的模式参与电网调节，在智能电网中已初见雏形。

虚拟电厂是一系列分布式发电、储能及可控负荷等资源的集合，各类分散式的资源利用物联网技术实现对电网运行的统一响应，从而形成了小型调控单元。电网调度机构和交易中心只需要对虚拟电厂进行统一调控，虚拟电厂的调控单元根据协议对各个分布式电源进行调整降低了调度机构和交易中心的压力，提高了用户的参与度。由于储能调节性能最优，虚拟电厂中的储能将发挥核心作用。通过引导虚拟电厂发挥调节作用，能有效提升智能电网的灵活性，增强可再生能源的消纳能力和电网安全水平。

3）智能微电网的发展。

智能微电网指包含分布式电源、用户和局部能量管理系统的小型发配电系统，智能微电网形成了统一的发、配用电的功能，内部的发电单元和负荷及配电网络形成一个相对独立的微型电网，通过接口与公用电网联系。智能微电网尽量利用内部分布式发电能力，在完成内部用户发用电平衡之后，与公共电网进行电力交互，接受公共电网调度机构调度和管理。对用户来说，微电网可根据用户个性化需求提供相应的服务。在供电侧有效引入竞争，提升供电服务质量，降低用电成本。

2015 年 7 月，国家能源局发布《关于推进新能源微电网示范项目建设的指导意见》，随后也发布相关文件推进微电网试点示范。

在智能微电网中，直流配电技术将快速发展。在分布式电源普遍存在的微电网中采用直流配电技术，可以让新能源发电、储能、负荷都只需一级变换器即可并入母线，为整个系统节省了大量变流器，既减少成本又降低损耗，同时提高了微电网的可靠性。直流配电技术在分布式光伏、储能光伏分布的区域具有明显的技术优势。

（4）数字技术在智能电网中广泛应用。

数字技术在电力系统中的应用是构建智能电网的主要技术手段。随着互联网技术的快速发展，智能电网去中心化和多场景应用的特点，形成了电网数字化、自动化、智能化的发展趋势。随着新能源的大规模发展，电网调度和运行模式发生了重大改变，用户侧的广泛参与使调节主体数量的大规模增加。在此基础上，以提升电网在感知、通信、调度、控制、响应等方面能力的"电力物联网"的概念和应用得到快速推广。数字技术和信息技术在智能电网的应用主要体现在以下几个方面：

1）数字技术将促进传统能源设备智能融合。传统一次电力设备关注的是载流量、电压承受能力、可靠性等方面的性能，在各种电气量、环境变量的自动监测、传输、接收，以及边缘计算和决策方面考虑较少，而未来一次设备与二次设备的融合成为设备设计、生产的主要方向，5G、工业互联网、数据中心、人工智能等信息基础设施也与能源基础设施深度融合，支撑传统能源转型升级，推进能源生产和消费方式更加智能化。

2）破解新型电力系统"双高"难题。中国电力系统"双高"问题体现在：高比例新能源（可变可再生能源）电力带来电网灵活性不足的问题，以及高比例电力电子设备接入对传统交流同步电网的稳定性带来严重挑战。新能源的随机波动和数量巨大的特性及电力电子设备的电气特性，增加了电网规划和运行的复杂度。而数字技术是解决这些难题的主要手段：在规划层面，大数据技术应用可以考虑多维复杂因素，与实际模型相结合，使新能源发展规划更具科学性。在运行层面，数字技术可以提高新能源电站的"可观、可测、可控"水平，解决新型电力系统中的电力和电量平衡问题，提高新能源的消纳能力。数字技术在更高算力、更精准控制的基础上，能提高智能调控中心能力，实现对海量分布式主体、可控负荷的优化调度，提升电网安全稳定水平。

3）数据赋能，实现电力企业运营的提质增效。通过在线故障诊断和巡检等技术，提高对电力系统运行状态的感知能力，提升电网运维部门的智能水平，节约更多人力、物力。智能电网的数字化建设，可以增加电网运行的数据资源的共享，既降低政府的监管成本，也降低企业的管理成本，完整重塑电力企业内部的生产管理流程，提升生产效率和服务质量。

4）促进能源市场建设。数字技术有利于市场出清结果回归电力的真实价值。以数据共享共通为核心构建共享开放的电力交易平台，可以减少市场信息差，有效防范市场活力。市场信息被最大程度地公开，有助于提升中小用户交易策略及选择能力，促进市场出清结果回归电力的真实价值。数字技术在市场中的广泛使用，也提高了零售端的分布式电源和需求响应参与市场的积极性，进一步释放需求侧的活力，实现更多商业模式的创新。

（5）智能化终端发展。

配电自动化是智能配电网和泛在电力物联网建设的重要组成部分，配电自动化终端设备承担着智能感知、控制和边缘计算的角色。配电终端把传感器监测到的设备状态、运行环境、配电网运行状态等测控信息上传至主站系统，同时通过就地边缘计算实现设备状态评估、配电网运行状态评估、运行环境调控、故障预警/保护、故障隔离/恢复等智能感知和控制功能，并将结果上送至主站。配电终端作为配电自动化系统不可或缺的重要组成部分，在坚强智能电网和泛在电力物联网建设中起着至关重要的作用。

为保障供电可靠性，江苏在全省范围大力开展配电自动化建设，配电终端需求量显著增长。2017—2018 年，国网江苏电力安装配电线路故障指示器超 3 万组，安装 15 万台智能配电变压器终端（TTU）。

当前，配电自动化终端设备制造厂家众多，质量参差不齐。原国家电网公司设备部在 2017 年发出通知，要求夯实本质安全物质基础，强化设备质量源头保障，严防设备"带病入网"，加强配电终端设备质量管控，严把设备入网关，确保设备零缺陷投运。然而，目前国内外针对配电终端检测，主要是采用人力搬运、手工接线、手动加量、人工读取记录以及人工判断检测结果。国内虽有在故障指示器检测上采用半人工半机械臂挂取的方式，自动化程度稍有提升，但整体上仍需要大量的人工参与，检测效率低、成本高、存在安全风险，自动化水平十分有限，检测业务全过程管控水平低，难以满足大批量配电自动化终端的全检需求。

按照国家电网公司及国网江苏电力公司的建设要求，江苏电科院积极探索检测新技术，严把质量关，提高检测效率，满足生产建设需要。江苏电科院新能源及配网技术室专业技术团队经过充分调研，反复研究论证，提出了采用视觉识别和人工智能先进技术来建设配电终端检测流水线的构思，从而实现配电终端检测的高效率、低成本、零风险。

2019 年 2 月 25 日，世界首套基于视觉识别和人工智能技术的配电终端一体化检测流水线投运。该套流水线由智能配电变压器终端（TTU）检测线、故障指示器（FI）检测线、智能立体仓储硬件设施和终端检测系统、检测业务管理软件系统构成，可满足年检智能配电变压器终端 30 万台、故障指示器 12 万组的检测需求，实现了配电终端全过程、全项目、批量化并行检测，以及配电终端全业务一体化管控。

配电终端全业务一体化管控完成了终端检测系统、检测业务管理系统、配电自动化运维管理系统之间的关联和互动，实现了从检测申请、审批、受理、发货、运输、收货、入库、检测、报告出具、出库、配送、投退役、运行跟踪、状态评估等全过程、全流程、全寿命周期综合智能化管理。

智能配电终端是智能配电网"智能感知、数据融合、智能决策"的基础设备，承载着状态全面感知、数据高效处理、应用便捷灵活的作用，是建设坚强智能电网和泛在电力物联网的重要组成部分。

该套流水线充分采用了人工智能、物联网等先进技术，在检测关键技术上进行了创新，首次使用视觉识别定位系统实现了智能配电变压器终端接口微米级误差的精准定位和自适应插接，突破了多形状接口、位置偏移差、2.5毫米针孔智能精准插接的技术瓶颈；首次通过人工智能将故障指示器弹簧压片智慧拨开，通过多维精准定位，实现自动挂取，解决了多形状采集单元兼容、压片4毫米缝隙定位、双向拉力均匀分配的技术难题。其核心技术具有完全自主知识产权，填补了国内外配电终端智能化检测的空白。

（6）调度自动化。

实行调度自动化，可以使得调度人员更好地进行工作，及时发现问题，并做出处理，避免因处置不当造成重大损失；还可以对每个用户的用电量和主要时间进行监控，通过不同时间段的不同电价来调整用户的用电量，从而减少在用电高峰的用电。

1）智能电网调度自动化的概念。

智能电网调度自动化系统是指电网基于高速、集成的通信网络技术，实现智能化、科技化、自动化的一种先进系统。它通过传感器全面地监控发电、输电、配电等设备；网络系统对监控得到的数据进行收集整理；最后综合分析、探讨数据信息，实现对整个电力系统进行优化管理。

2）当前智能电网调度自动化的应用。

调度自动化综合监控系统。电网安全可靠的操作主要依赖于智能电网调度自动化系统的自愈性。自愈性是指不需要或仅需要少数人为操作就可以完善电力网络中的不足，消除隐患。采用智能电网的自愈性能够实现电网调度自动化综合监控系统的应用。通过对网络不同设备实施情况的信息进行收集整理，报警系统在设备出现异常时及时报告给系统值班人员，值班人员对这些警告做出分析判断，进而实现在电力调度自动化系统中电网运行状态的监控以及监控系统在整体安全状态上的全面反馈。

对集控站系统进行设计。利用智能电网调度自动化系统的交互性及兼容性，集控站系统在设计上针对以往的难点进行了技术攻关，避免因内部标准不同而导致的系统接口上的信息转换失败而不能顺利工作，集控站系统在应用功能、操作方法、软件性能等方面均有了显著的提高。标准化的电网集控装置设计了一个符合标准要求的实时信息系统平台，该系统是一个可以单独或同时支持集控系统与公共信息的应用系统。

2. 行业细分

（1）智能配电主站建设。

智能变电站是采用先进、可靠、集成和环保的智能设备（一次设备＋智能组件），以全站信息数字化、通信平台网络化、信息共享标准化为基本要求，自动完成信息采集、测量、控制、保护、计量和检测等基本功能，同时，具备支持电网实时自动控制、智能调节、在线分析决策和协同互动等高级功能的变电站。

配电主站构建在标准、通用的软硬件基础平台上，具备可靠性、实用性和可扩展性，并根据各地区的配电网规模、实际需求和配电自动化的应用基础等情况选择并配置软硬件。

1）基本功能。

① 数据采集与监控系统负责数据采集（支持分层分类监测）、状态监视、远方控制、

人机交互、防误闭锁、图形显示、事件告警、事件顺序记录、事故追忆、数据统计、报表打印、配电终端在线管理和配电通信网络工况监视等；②与调度自动化系统（一般指地区调度）和生产管理系统（或电网地理信息系统平台）等互联，建立完整的配电网拓扑模型。

2）扩展功能。

①馈线故障处理：与配电终端配合，实现故障的识别、定位、隔离和非故障区域自动恢复供电。②电网分析应用：模型导入/拼接、拓扑分析、解合环潮流、负荷转供、状态估计、网络重构、短路电流计算、电压/无功控制和负荷预测等。③智能化功能：配电网自愈控制（包括快速仿真、预警分析等）、分布式电源/储能装置/微电网的接入及应用、经济优化运行以及与其他应用系统的互动。

2018年我国智能配电主站建设市场规模为34.15亿元，2022年我国智能配电主站建设市场规模增长至39.87亿元。

（2）智能配电子站建设。

配电子站分为通信汇集型子站和监控功能型子站。通信汇集型子站负责所辖区域内配电终端的数据汇集、处理与转发；监控功能型子站负责所辖区域内配电终端的数据采集处理、控制及应用。

2018年我国智能配电子站建设市场规模为53.79亿元，2022年我国智能配电子站建设市场规模增长至58.43亿元。

3. 典型案例

（1）国网新能源云（新能源数字经济平台）。

为加速推进能源转型，服务绿色发展和"双碳"目标，国家电网公司聚焦市场化、透明度、高效率，创新建设国网新能源云（新能源数字经济平台），推动构建智慧能源体系，打造新能源生态圈，促进产业链上下游共同发展。自2018年10月启动新能源云建设以来，国家电网公司抽调内外部专家300余人，组建柔性工作团队开展平台建设，完成了15个子平台、63个一级功能、278个二级功能的设计研发，并在公司经营区27家省电力公司全面部署和应用，得到政府部门、企业和用户的广泛关注和普遍认可。截至2022年底，新能源云已形成包含环境承载、资源分布、电网服务等子平台，可提供信息分析和咨询、全景规划布局和建站选址、全流程一站式接网、全域消纳能力计算和发布、全过程补贴申报管理等多项服务的一体化平台体系，实现了将新能源业务办理由线下转为线上的转变，以流程驱动、数字驱动的方式实现了新能源管理数字化转型。累计接入风光场站超过283万座，装机4.59亿kW，注册用户超过25万个，入驻企业1万余家，为推动构建产业生态、促进新能源产业链上下游协同发展提供了有效支撑。同时，新能源云已归集了国家电网公司经营区接入的198万座新能源场站分布、装机、发电量、利用小时数等信息，可滚动监测国家电网公司经营区内各区域、省、地市的风电、光伏发电发展和消纳情况，并归集了全国各地区过去30年的风能、太阳能资源数据，具备了风速、气温、风功率密度等关键指标监测预报能力，为支撑政府部门新能源信息监测及开发规划提供了数据支持。

（2）企业级气象数据服务中心。

气象数据结构多维复杂，且更新频率快、数据体量大，传统气象数据存储共享方式存在数据存储分散、查询效率低和传输不够高效等情况。南瑞集团通过自主技术创新，完成

現代智慧配電網建設探索與實踐

了技術原型研發，全面支撐國家電網公司建成企業級氣象數據服務中心，實現從中國氣象局、水利部、地震局等外部機構統一匯聚 5 大類公共氣象數據，從國家電網公司七大災害中心匯聚 7 大類電力專業氣象數據，沉澱多項公共氣象服務功能，大幅提升氣象對電網設備影響的分析計算速度，首次實現電力行業超大規模海量氣象數據統一匯聚管理。系統已在國家電網公司總部及 27 家省公司部署應用。

（3）國網北京電力打造城市副中心新型電力系統示範區。

國網北京電力以數智化堅強電網為統領推動核心競爭力提升，以"引綠、賦數、提效、匯碳"為路徑，加快建設北京城市副中心新型電力系統示範區，全力打造數字透明、靈活智能、堅強韌性、綠色共享的數字化低碳一流城市電網，服務首都能源綠色低碳轉型和可持續發展。制定 2023—2035 城市副中心電網發展和能源綠色低碳發展兩項行動計劃，在供給側圍繞綠電調入、本地可再生能源發電雙向發力，在消費側聚焦能源、建築、交通三大重點領域，持續提升能源利用效率，降低能耗和碳排放強度。應用環保設備建設首座綠建融合零碳 110kV 大營變電站，打造"數字化電纜隧道"無人化巡檢示範區，政企合作拓展首都碳排放監測服務平台多場景應用，掛牌成立"國家綠色發展示範區新型電力系統實驗基地"，深入推進車網互動、物聯網等技術落地應用，提升電氣量、機械量、監測量、環境量四維感知水平，建成全國首條充電樁自動化檢定檢測流水線，2023 年 4 月獲得第48 屆日內瓦國際發明展最高"特別嘉許金獎"。

（4）國網寧夏電力推動全國首個新能源綜合示範區建設。

作為國家"西電東送"的重要送端，國網寧夏電力借助寧夏"地域小、風光足、電網強、送出穩"的獨特優勢，著力打造"強電網、大送端"為特點的骨幹電網網架，區內形成了以 750kV 雙環網為主網架，打通了向山東、浙江送電的兩大直流外送大通道，奠定了如今寧夏"強電網、大送端"格局，形成了"內供""外送"兩個市場，在全力保障寧夏電力可靠供應的同時，將電力通過直流外送大通道送至全國十幾個省份，累計外送電量突破 6600 億 kWh。國網寧夏電力持續攻關以輸送新能源為主的特高壓直流送電技術難題，推進"新能源＋儲能"、源網荷儲互動等新技術示範應用，新能源利用率連續 6 年保持在97% 以上，有力推動了寧夏作為全國首個新能源綜合示範區建設。

（5）國網江蘇電力現代智慧配電網建設。

國網江蘇電力積極推動現代智慧配電網建設，將現代智慧配電網視為服務江蘇現代化建設和高質量發展的重要新型基礎設施。聚焦主幹網和配電網，緊扣"加大力度推進主幹網升級，服務集中式新能源消納"和"加快建設現代智慧配電網，引導海量分布式新能源、多元負荷互動"兩條主線，高標準構建江蘇新型電力系統。圍繞推動物理電網、數字電網、微能源網、調度運行、政策創新等"五個突破"，系統謀劃現代智慧配電網建設。在鎮江揚中新壩鎮，國網江蘇電力應用中、低壓柔性互聯這一新技術，為配網承載能力升級改造提供了新的解決方案。

為提升工業用戶和居民用戶用電體驗，國網江蘇電力通過開拓虛擬電廠、需求響應、共享儲能等方式，運用市場化手段，讓配電網與居民用戶、工業用戶的需求"同頻共振"。國網江蘇電力依託配電網絡已經聚合了分布式光伏、儲能、電動汽車、工商業等 6 類靈活可調資源，並促成地方政府出台有序充電、空調可調可控改造、新型儲能建設補貼政策，推動用戶光儲充、冷熱電以微能源網形式聚合參與電網調節。精準、快速、多元的現代智慧配电网使得以往单一的电源、电网、负荷等角色转型升级，拥有了更加丰富的功能。

（6）国网冀北电力实施新型电力系统全域综合示范行动。

国网冀北电力发布《新型电力系统全域综合示范行动》，建设"新能源 + 储能 + 分布式调相机"、柔性直流换流站智慧运维、塞罕坝智慧配电网区域级自治技术、新型储能试验检测创新平台等示范应用项目，统筹推进源网荷储等全要素先进技术、装备材料的科研攻关和示范验证，推动能源资源全域优化配置，提升全社会综合用能效率，为我国能源转型提供样板工程。

二、宁夏智慧配电网发展现状

1. 发展现状

近年来，国家电网公司不断加快配电网智慧升级步伐，持续优化电网运行水平，推动构建新型电力系统，支撑能源转型发展。国网宁夏电力有限公司持续加大配电网投资建设力度，配电网安全保供能力、承载力、智能化水平持续提升。

至 2022 年底，110、35kV 容载比分别达到 1.97 和 2.03，农网户均配电变压器容量 2.79kVA/ 户，城、农网供电可靠率分别达到 99.9779%、99.8952%（根据网上电网统计，在国网排名分别为第 11、第 9），如图 2-2 所示，可靠供电水平持续提升。

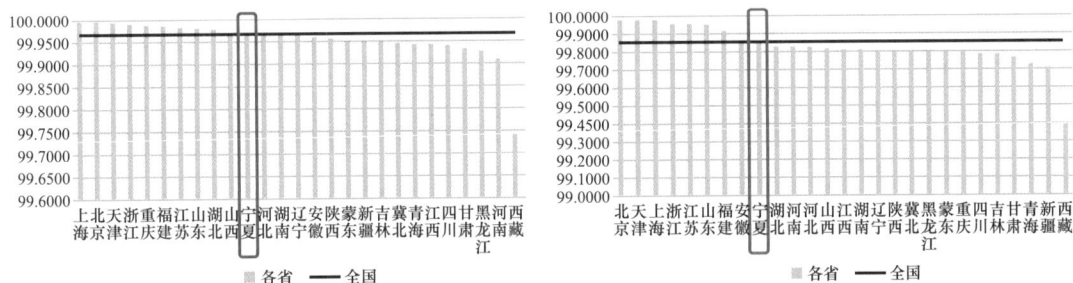

图 2-2　2022 年城市、农村配电网供电可靠率

110kV 主变压器、线路 N-1 通过率分别达到 93.61%、97.36%（根据网上电网统计，在国网排名第 7），如图 2-3 所示；35kV 主变压器、线路 N-1 通过率分别达到 84.35%、92.49%（根据网上电网统计，在国网分别排名第 8、第 9），如图 2-4 所示；10kV 线路联络率、N-1 通过率分别达到 94.61%、87.94%（根据网上电网统计，在国网排名第 7），如图 2-5 所示，网架结构逐步完善。

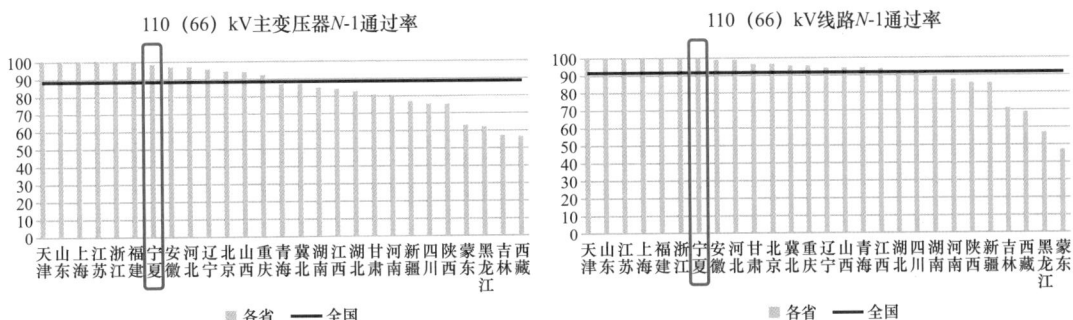

图 2-3　2022 年 110kV 主变压器、线路 N-1 通过率

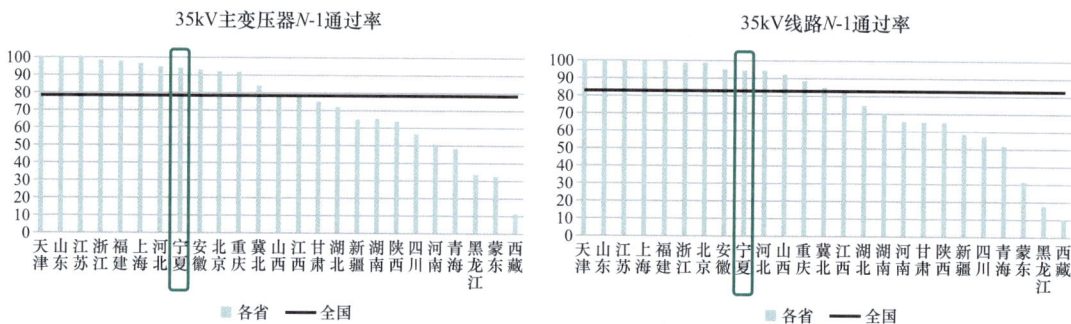

图 2-4 2022 年 35kV 主变压器、线路 N-1 通过率

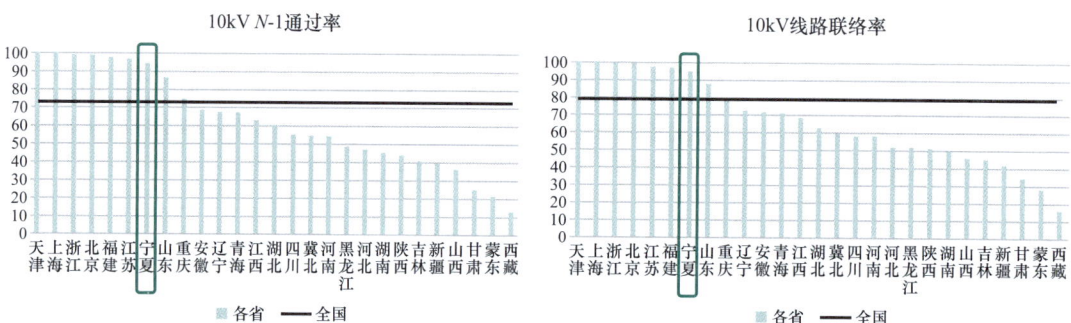

图 2-5 2022 年 10kV 线路 N-1 通过率、联络率

高损配电变压器基本消除，中压线路绝缘化率达到 88.97%，低压四线占比达到 68%，装备水平有效提升。

光缆规模达到 1.77 万 km，实现城区光纤通信全覆盖，农村无线通信全覆盖；配电自动化覆盖率、关键节点暂态指自动化覆盖率、公用变压器台区融合终端覆盖率均位列国家电网公司首位，智能化水平不断提升。

并网分布式光伏 107.6 万 kW；接入电动汽车充电桩 10620 个；完成 7.8 万户"煤改电"配套电网建设，新能源及多元化负荷有序接入。

2. 典型案例

国网银川供电公司加快建设黄河流域生态保护和高质量发展先行区示范市，围绕城市发展需求推进配电网建设。充足的电力为城市发展注入澎湃动力，推动区域高质量发展。

（1）绿电让小镇用电更智慧。

闽宁镇地处宁夏贺兰山东麓，天气干燥、日照充足，风光资源禀赋优越，酿酒葡萄、设施农业等主导产业实现了集约化和规模化发展。2023 年 8 月，银川供电公司在闽宁镇启动西北首个"绿电小镇"建设，推进绿色能源、绿色电网、绿色产业 3 个方面共 33 项重点工程项目，计划到 2024 年年底全面实现闽宁镇 24 小时绿电供应。

在配电网侧，银川供电公司在闽宁供电所打造了"闽宁源网荷储互动示范工程"。项目作为"绿电小镇"的重要组成部分，集中展示了光伏发电、风电、充电桩、智慧路灯、储能等的技术协同和应用控制，实现了多种能源与负荷的集中接入、能量与信息的交互。

银川供电公司正在建设"源荷储充"一体化全景监测系统，将以可视化方式加强"闽宁源网荷储互动示范工程"的优化调整和监测控制，助力提升新能源项目接入能力和电量消纳能力。

2023年11月底，闽宁"绿电小镇"现代智慧配电网示范项目入选国家电网有限公司第一批现代智慧配电网综合示范清单。项目面向新能源富集的农村地区，以促进分布式新能源就地、就近消纳为目标，示范建设高度自治的村镇新能源微电网。

（2）补强基础让城市电网更可靠。

金凤区是银川市的政治、经济、文化中心。银川市"十四五"发展规划中指出，金凤区要聚焦现代都市风貌打造和城市品质提升，重点发展总部经济、金融服务等"四新"经济，打造银川经济增长极。经济增长离不开完善的电力设施。2022年8月，国网银川供电公司按照国家电网公司发展提升型城市配电网建设目标，印发工作方案，在金凤区建设发展提升型城市配电网示范区。该公司围绕夯实规划设计基础、优化运行控制方式、满足互动用能需求、推进业务模式优化4个方面，在示范区内推进19项重点建设任务。

2023年11月7日，金凤区贺兰山路开关站改造工程顺利完工。开关站投运于2005年，保护装置和自动化功能已不能满足现代化智慧配电网发展需求。在更换设备后，开关站实现了自动化"三遥"功能，提升了所带区域供电可靠性。此次开关站改造也是高质量推进城市配电网建设中"保障配电网高品质供电"重点任务的配套举措。

2023年11月中旬，银川供电公司在阅海经济核心区北部片区建成了长1.6km的阅海路（宁安北街—正源北街）段电缆通道，为银川阅海湾中央商务区哈尔滨路两侧未来的新增负荷接入提供了充足空间。

（3）5G技术让故障处置更迅速。

国网银川供电公司于2021年开始在亲水北街1号环网柜开展5G差动保护业务验证，并于2022年4月启动5G电力虚拟专网承载电力控制类业务规模试点应用，为5G通信技术在配电网的规模化应用积累了宝贵经验。

此前，使用差动保护配合分布式馈线自动化技术能够实现故障区间的就地快速定位与隔离，但这种方式对就地实时的通信技术要求较高。银川供电公司结合工作实际，综合考虑银川现有5G基站覆盖情况，在银川市区和永宁县开展分布式电源调控等5类34个业务试点，验证5G电力虚拟专网承载电力控制类业务技术路线的可行性。

在5G配网区域保护建设方面，国网银川供电公司在6个试点区域的配电自动化环网箱内分别安装外置5G通信终端。在供电正常的情况下，保护设备仅发送周期性的报文信息；在发生故障后，外置5G通信终端切换至实时通信模式，在大幅降低5G通信流量的情况下仍能保证故障快速隔离。故障隔离完成后，保护设备快速闭合联络开关，可在500ms内恢复非故障区的供电。

第三章

现代智慧配电网建设思路

第一节　现代智慧配电网发展机遇与挑战

一、发展机遇

1. 推动能源转型

智慧电网行业正处于快速发展的阶段，市场规模不断扩大。随着全球对清洁能源的需求增加，智慧电网将促进可再生能源的大规模接入和高效利用，通过智能监控和调度，可以实现电网与分布式能源、储能设备的协同运行，提高能源效率，降低能源消耗和碳排放。

2. 促进电力市场改革

智慧电网可以促进电力市场的竞争与开放，提高市场交易的透明度和效率。通过智能化的电力调度和定价机制，可以实现供需平衡，优化电力资源配置，鼓励能源消费者参与电力市场交易。

3. 电网运行管理

智慧电网提供了实时的电力数据和监测手段，能够更加准确地预测和应对电力负荷波动，提高电网的稳定性和可靠性。通过智能设备和智能传感器的应用，可以实现电力设备的远程监控和故障预警，提高电网的运行效率和安全性。

4. 信息技术发展

智慧电网的建设离不开信息技术的支持，而信息技术的快速发展也为智慧电网的进一步发展提供了机遇。例如，人工智能、大数据、云计算等技术的应用，可以实现对电力系统的智能化管理和优化。

总体来说，智慧电网行业的机遇巨大，能够推动能源转型、提高电力市场效率、改善电网运行管理，其发展还将带动相关产业的兴起，创造就业机会和经济增长。

二、面临挑战

智慧电网行业在发展过程中面临一些挑战，包括以下几个主要方面：

1. 技术标准和互操作性

智慧电网涉及多个技术领域，不同技术标准之间的互操作性是一个挑战。智慧电网需要制定统一的技术标准，以确保各个系统和设备之间能够无缝协同工作。

2. 数据安全和隐私保护

智慧电网涉及大量的数据采集、传输和分析，数据的安全和隐私保护是一个重要的挑战。智慧电网需要建立安全可靠的数据传输通道，加强数据的加密和隐私保护，以防止数据泄露和滥用。

3. 投资和成本

智慧电网的建设需要大量的投资和成本，尤其是在基础设施和技术更新方面。这对于电力企业和政府而言都是一个挑战，需要找到合适的资金来源，确保项目的可行性和可持续发展。

4. 消费者参与和接受度

智慧电网需要广泛的消费者参与，但目前消费者对于智慧电网的认知和接受度还相对较低。需要通过普及教育和信息宣传，提高消费者对智慧电网的认知和理解，并提供具有吸引力和实际效益的智能用电服务。

5. 政策和监管环境

智慧电网的建设需要政策和监管的支持和引导。智慧电网是一个涉及多个领域的综合性技术体系，需要大量的研发和创新，一方面需要经济政策的支持，以此来鼓励企业和研究机构在智慧电网相关技术领域进行创新和研发。另一方面，缺少行业规范政策的支持，使得智慧电网行业得不到健全的监管，无法此保障市场的公平竞争和消费者的权益。

第二节　建设目标

一、总体思路

以习近平新时代中国特色社会主义思想为指导，以党的二十大精神为指引，坚决贯彻中国式现代化的本质要求，紧扣"一体四翼"发展布局，构建配电网新发展格局，按照顶层设计与实践探索协同联动、守正与创新相辅相成、活力与秩序相融共进的工作思路，围绕"三类场景"（城市配网、农村配网和园区配网），立足"两重要"（中国式现代化的重要组成、能源现代化的重要环节）、"三基础"（电力优质供应的基础保障、能源绿色转型的基础载体、资源优化配置的基础平台）功能定位，聚焦"三态演进"（配电网网架结构演进、数字管控演进、商业运营演进），推动"四化提升"（管理、服务、网架、技术），深化源网荷储多元主体运行与运营管理机制，促进分布式能源、储能、电动汽车、微电网发展，加快现代智慧配电网建设，实现配电网建设向能源互联网转型升级。

二、工作目标

以中国式现代化本质要求为统领，全面推进配电网高质量发展，着力"网架结构、数字管控、商业运营"三个形态演进，构建具备"安全可靠、透明高效、清洁绿色、智慧融合"内涵特征的现代智慧配电网，助力"一体四翼"战略布局落地，服务国家"双碳"目标实现和新型电力系统建设。

1. 安全可靠

首先，智能配电网的规划建设工作应以安全、可靠、经济为首要工作目标，同时秉持着服务民生、服务经济、绿色发展的工作理念。旨在规划建设出结构牢固耐用、运行模式灵活方便以及能够与智慧城市发展环境相协调的智能配电网。具体工作中，应针对现有配电网结构进行空间资源的优化改造配置，逐渐消除现有配电网中经常出现的布局不合理、线路过长、分段不足等问题。使现有配电网网架结构、供电模式与规划的目标网架结构协同发展，加快形成电力设施网格化布局，为居民和企业提供更加可靠的电力服务。

配电网供电能力充裕、结构坚强韧性、运行柔性灵活、设备优质可靠，预防抵御事故灾害和自愈能力显著提升，为中国式现代化建设提供坚强的供电保障。

2. 经济高效

在智能配电网的规划与建设过程中，应始终坚持"四个统一"（统一规划、统一建设、统一运维、统一服务）模式，并将之在工作细节中进行更深层次的完善和推广。通过"统一规划、统一建设"的方式进行智能配电网的建设和规划，能够促使相关管理机构全面统筹、综合管理停电问题，最大限度避免重复停电的情况出现，从而为创造出更多的经济效益提供有力支持。

配电网智能终端精准覆盖，通信网络高效传输，业务资源开放共享，支撑配电网透明可观可测、状态在线分析、业务智能决策。

3. 清洁低碳

配电网设备绿色环保，综合承载能力显著增强，高比例清洁能源充分消纳，全社会电气化水平和能源综合利用效率大幅提升，服务国家"双碳"目标和能源转型。

4. 智慧融合

由于智能电网的主要特征表现为信息化、自动化、互动化，所以在智能配电网的规划建设过程中，需要更加注重智能化技术的应用，建成具有高级自动化的配电应用系统，实现信息化、自动化的供电网络全覆盖，利用配电 SCADA、馈线自动化等功能实现电力信息的集成与共享。通过采用电力调配控一体化的智能管理模式实现电力分布式能源接入、设备整体运行监控、用电情况智能分析评估、资源优化调配等功能，最终构建出"安全、高效、清洁"的智能配电系统。

配电网数据驱动生产运行和商业运营全面变革，客户多元化、互动化、个性化用能需求充分满足，能源与数字技术深度融合，设备、数据、业务有效融通，源网荷储智慧协同，打造互利共赢新业态、新模式。

第三节　建　设　原　则

1. 坚持顶层设计，全局统筹

统筹主配微各层级、源网荷储各主体、采传存用各环节，兼顾外部发展需求和内部管理要求，清晰新要素与电网间的物理及安全管理界面，突出规划引领作用，强化各专业协同推进，注重规划落地见效。

2. 坚持因地制宜，协调发展

深刻认识配电网有源化、电力电子化的特性变化，打破对传统配电网的惯性认知，着重提升网侧灵活调节能力，加快适应农村分布式电源与城乡新型负荷的快速发展，协调源网荷储互支撑技术同步发展、协调城乡配电系统融合地域特色高质量发展。

3. 坚持创新驱动，示范引领

聚焦智慧配电网关键技术、重大问题，应用新技术、新装备、探索新模式，推进网架形态、装备水平、智能调控升级，发挥市场在资源配置中的主要作用，推动各方合作共赢。

第四节 关 键 问 题

配电网直接面向用户，构成复杂、电压等级多样、设备建设投资巨大，其供电可靠性和智能化水平直接影响到经济社会的发展。智能电网背景下的配电网规划应考虑区域发展定位和资源、环境约束、考虑抗灾变能力、考虑灵活互动的配电网自动化技术、考虑分布式能源友好接入等，研究智能配电网规划的模式与方法，开发综合支持软件平台。

一、坚强可靠的网架结构规划

坚强可靠的网架结构是电网安全稳定运行的基础。为保证配电网安全稳定运行、防止连锁故障造成大停电事故。因此，必须对配电网网架结构进行精细化规划。配电网接线应根据地区周边负荷水平、电网发展目标定位、资源环境承载能力因地制宜地选取，满足安全性、可靠性、经济性的要求，考虑抗灾变能力，具有较强的灵活性和适应性，接线清晰可靠，满足 $N-1$ 准则，重要用户满足 $N-2$ 要求，$N-1$ 合格率达到 100%。高可靠性示范区内打造网格化配电网，坚持电网新建一次设备一次建成，坚持新建与改造相结合，加强现状环网改造，以相连两条馈线的总期望停电户数最少为目标，结合地理接线图，确定环网间最优联络点，分析其可行性，对联络点适当改造，促进配电网多电压等级协调发展。

二、灵活互动配网自动化技术

灵活互动配电自动化技术是智能配电网运行控制技术的核心部分，以实时量测与监视数据为基础，将电力电子技术、信息通信技术、分布式计算技术结合，通过快速仿真、短路电流计算、保护定值配合等技术，可实现配电网实时监控、故障及时定位、隔离和自动恢复供电，有效地减少停电时间、提高供电可靠性。配电自动化规划侧重于线路的自动化监控，包括线路上的开闭站、环网柜等重要节点，达到与上级变电站的信息交互通信，同时注重细化监控对象和扩展功能，延伸到线路上的分段和分支开关，通信网扩展到台变，实现双环自愈。建设配电自动化高级应用系统，实现配电 SCADA、馈线自动化、全景实时监控、分布式能源控制、配网高级分析等功能，达到智能调控一体化要求。

三、清洁分布式能源接入技术

接纳清洁分布式电源、储能系统灵活接入是智能电网的重要特征之一。研究分布式能源接入及微电网技术在配电网中的应用，对智能配电网低碳化发展具有重要的现实意义。根据示范建设区"生态、绿色、低碳"的发展定位，考虑分布式能源的并网需求，充分评估分布式能源接入的风险和不确定因素，提高对分布式能源的需求预测能力，优化电源布局和网络结构，实现含分布式能源的配电网规划，为光伏发电、风力发电、冷热电三联供、垃圾发电等清洁分布式能源预留并网接口，在智能调控一体化系统的统一管理下，实现灵活接入、运行与控制。充分考虑电动汽车充电需求，预留充电桩、充换电站的电源接口，为地区电动汽车规模化接入配电网提供电源支撑，实现配电网、分布式能源、电动汽车协调发展。

四、配电网感知能力提升

提升配电网的感知能力是智能电网的重点任务。通过引入先进的感知技术，如传感器、智能电表和监控设备，可以实时获取配电网各个环节的电流、电压、功率等数据，并将其进行集中监控和管理。这种感知能力的提升可以帮助更好地了解电网的运行状态，及时发现和解决问题，提高电网的可用性和稳定性。此外，配电网感知能力的提升还可以支持更精确的负荷预测和调度。通过对用户用电行为的分析和数据挖掘，可以准确预测不同时间段的负荷需求，从而合理调配电力资源，避免负荷不均衡和供电紧张的情况发生。同时，感知技术也可以帮助监测电能质量，及时发现并解决供电异常、谐波污染等问题，提高用户的用电品质。在配电网感知能力提升的基础上，还可以通过应用人工智能和大数据分析技术实现智能化的运维管理。对大量的运行数据进行分析和挖掘，可以建立预测模型，提前发现潜在故障，并进行精准维修，避免故障扩大化。同时，通过优化运行策略和调度算法，可以实现更高效的供电管理，降低运行成本，提高系统的可持续发展能力，为未来智能电力系统的发展奠定坚实的基础。

五、配电网智慧物联平台能力提升

电网智慧物联平台的能力提升是建设智能电网的关键一环。配电网智慧物联平台是指通过物联网技术实现配电设备之间、设备与系统之间的互联互通，构建起一个全面感知、高效协同、智能管理的平台。该平台通过接入各种感知设备、智能终端和数据采集装置，实现对配电网各个环节的综合监测和集中管理。在配电网智慧物联平台的能力建设中，首先需要确保设备的互联互通。通过部署传感器、智能电表等设备，可以实时采集电流、电压、功率等数据，并将其传输到平台进行分析和处理。这样可以实现对配电网的全面感知，及时发现异常情况并采取相应措施。

其次，配电网智慧物联平台需要具备数据收集和存储的能力。大量的数据需要进行采集、整理和存储，以便后续的分析和决策支持。因此，建设物联平台应具备高效的数据处理和存储能力，以确保数据的及时性和可靠性。通过分析负荷预测数据，优化调度策略，合理配置供电资源，从而提高供电效率和质量。配电网智慧物联平台，支持智能化的运维管理。通过将监测设备、维修人员、运维系统等各个环节连接在一起，实现信息的共享和协同，可以提高故障诊断和修复的响应速度，降低维修成本，提高供电系统的可靠性和可持续性。

最后，配电网智慧物联平台的能力建设还需要注重数据安全和隐私保护。在数据传输和存储过程中，应采取相应的安全措施，保障数据的机密性和完整性，防止数据泄露和被篡改。通过物联网技术的应用，可以实现对配电网的全面感知和智能管理，提高供电效率、质量和可靠性，满足未来电力发展的需求。

六、与智能配电网相适应的负荷预测

在进行配电网规划时，负荷预测工作非常关键，也是进行配电网规划的重要基础。具体来说，其需要对变电站的位置、容量等信息拥有明确的了解，并在此基础上科学预测未来负荷和负荷类型。电力负荷会受到分布式电源和电力负荷的影响，导致预测结果的准确性无法得到保证。所以，在运用智能配电网预测负荷时，需要结合不同地区的用电性质，构建合理的配电网模型。

七、配网自动化与供电区域、网络结构的关系

作为智能配电网建设的基础内容，配电网的自动化水平对于配电网络结构和运行方式也会产生较大影响。如何实现配电网自动化与地区规划相协调，切实确保配网自动化水平与配电网整体设计协调发展是智能配电网规划工作中的主要内容。在实际工作中，配电网

自动化水平高低与通信、信息等相关技术的应用程度，以及电网结构、设备质量有着很大关系。由于各个地区的发展水平、网络结构和设备使用情况各不相同，导致每个地区对于配电网的自动化要求不同。

八、分布式电源和储能装置、微电网技术下的配电网优化规划

电网配电网负荷预测之所以会出现变化，主要就是因为接入了大量的储能装置，导致电网配电网负荷预测面临一定的阻碍，不确定性较强。所以如果想要对分布式发电和储能装置进行全面的优化，必须不断加强智能配电网规划建设。在进行智能配电网优化建设时，需要保证电源结构的合理性，并对不同类型的电源进行协调，使其可以进一步提高利用效率。首先，与以往发电方式相比，传统发电方式与可再生能源发电具有一定的差别，可再生能源发电的分布式电源虽然可以输出较大的电流，但是其输出量变化性也比较强，自然条件会直接影响输出量，所以需要针对地区特有的气象条件变化规律进行统计分析，从而建立相应的智能配电网使用模型。其次，由于每个地区所处的发展阶段不同。所以在解决分布式电源的规模、电网扩展规划制定以及选定最优布点等问题时，需要在智能配电网规划的初步阶段，通过对电网设备的容量裕度及增容方式进行探讨，并对所用技术、经济评价方法和体系进行研究，最后分析得出配电网分布式电源、储能装置最终配合容量。

第五节　重点领域

一、微电网

1. 概念定义

微电网（Micro-Grid，MG）由分布式电源（分布式光伏、分散式风电、燃气轮机、电化学储能、超级电容等）、用电负荷（重要、可调等不同类负荷）、能量管理系统（监控、保护和自动化装置）等组成，是一个能够基本实现内部电力电量平衡的供用电系统。

按照运行模式的不同，微电网可以分为离网型和并网型，并网型微电网在正常条件下与主网并网进行能量的双向交流，一旦电网的品质或者质量不符合规定，就能及时切断主网，实现自给自足。而离网型微电网是完全独立的，不需要与主网进行任何的连接，一般建设在偏远的边境或者海上的孤岛，满足当地基础的供电的需求。

当前国内的微电网主要是并网型的，建设在小规模的一定区域内，根据实际的用电负荷水平，周边的新能源开发条件和电网条件通过新建的分布式新能源、新型储能、电力电子设备等装置形成一个稳定可靠的区域性综合智慧能源管理系统。

2. 发电原理

由于风电、光伏发电等分布式电源具有分散性和间歇性的特点，对电网的电能质量、控制保护、运行可靠性带来不利影响，随着储能和运行控制等技术的进步，21世纪初欧美部分学者提出了微电网概念。

总结美国、欧洲、日本等国20个微电网试点工程，具备以下四个基本特征：

微型：微电网电压等级一般在10kV以下；系统规模一般在兆瓦级及以下；与终端用

户相连，电能就地利用。

清洁：微电网内部分布式电源以清洁能源为主，或是以能源综合利用为目标的发电形式。天然气多联供系统综合利用率一般应在 70% 以上。

自治：微电网内部电力电量能实现基本自平衡，与外部电网的电量交换一般不超过总电量的 20%。

友好：微电网对大电网有支撑作用，可以为用户提供优质可靠的电力，能实现并网 / 离网模式的平滑切换。

3. 核心技术

智能微电网的核心技术主要包含以下几点：

（1）可再生能源发电技术。

目前智能微电网主要以多种可再生能源为主，电源输入主要为光伏、风力、氢能、天然气、沼气等多种成熟发电技术。

（2）储能关键技术。

储能是微电网中不可缺少的一部分，它在微电网中能够起到削峰填谷的作用，极大地提高间歇式能源的利用效率。随着科技的不断发展，现在的储能主要有蓄电池储能、飞轮储能、超导磁储能、超级电容器储能，目前较为成熟的储能技术是铅酸蓄电池，但有寿命短和铅污染严重的问题。

未来高储能、低成本，优质性能的石墨烯电池市场化将给储能行业带来春天。储能技术目前发展成本较高，世界各国都在攻关这项技术，但是都有一个共同目的，那就是实现"低成本＋高储能"的目标。

（3）智能微电网能量优化调度技术。

与传统电网调度系统不同，智能微电网调度系统属于横向的多种能源互补的优化调度技术，可充分挖掘和利用不同能源之间的互补替代性，不仅可以实现热、电、冷的输出，同时可以实现光 / 电、热 / 冷、风 / 电、直 / 交流的能源交换。各类能源在源储荷各环节的分层实现有序梯级优化调度，达到能源利用效率最优。

（4）智能微电网保护控制技术。

智能微电网中有多个电源和多处负荷，负载的变化、电源的波动都需要通过储能系统或外部电网进行调节控制。这些电源的调节、切换和控制就是由微网控制中心来完成的。

微网控制中心除了监控每个新能源发电系统、储能系统和负载的电力参数、开关状态和电力质量与能量参数外，还要进行节能和电力质量的提高。

4. 优缺点

（1）优点。

1）可再生能源发电：微电网采用可再生能源发电，如太阳能、风能等，可以减少对传统能源的依赖，降低能源消耗和碳排放，具有明显的环保和节能效果。

2）高可靠性：微电网是由多个分布式发电源、负荷和储能设备组成的，因此具有多重备份、多重冗余的特点，整个微电网的供电可靠性较高，可以有效降低停电的风险。

3）高灵活性：微电网可以灵活地配置和扩展发电、负荷和储能设备，已经适用于多种场景，如城市商业区、山区、岛屿、石油钻井平台等，可以根据当地电力需求和资源情况，灵活地调整微电网的运行模式和组成结构。

4）适用面广：微电网适用于各种规模的电力系统，可以为远离电网的偏远地区、海洋平台、城市中心商业区等提供可靠的供电服务，是传统电网的有益补充。

（2）缺点。

1）并网难度较高：微电网并网的技术问题较为复杂，与传统电力系统达成互联互通的难度较大，需要通过严格的技术标准和合格的技术人员实施。

2）投资成本较高：微电网的建设投资成本较高，特别是在可再生能源发电方面，需要购置昂贵的太阳能、风能等设备，增加了建设成本。

3）运维费用较高：微电网是一个复杂的能源系统，需要专业的技术人员进行管理、维护和运营，运维成本较高。

4）能量储存和平衡问题：由于微电网中涉及的发电、负荷和储能设备是分散的，管理人员需要进行有效的计划和控制，以确保微电网能量平衡，防止电力中断和事故发生。

总之，微电网在能源开发和环境保护等方面具有诸多优点，但与传统电力系统相比还存在一些技术难题和投资难度，需要通过技术创新和政策扶持等措施，促进微电网的发展和应用。

5. 现状前景

（1）发展现状。

目前，美国已确立了微电网在远程和军事领域应用的领导地位。同时，欧洲也将成为微电网技术进一步被采用的地区。由于快速增长的能源需求、较低的电网连通性和间歇性断电，亚太地区的新兴经济体将是微电网最大潜在市场。

新技术正在使电力能够通过更加分散的网络提供，因为光伏和电池能源储存的成本持续大幅下降，远程连接、控制和数据分析扩大了可用的选择范围。整合了光伏和其他DER（s）（分布式能源）的太阳能混合微型电网可以在电力成本和部署速度方面与主电网扩展进行互补和竞争。

近年来，国内商业性微电网的工程标准取得了重大进步，有力推动微电网技术成本下降，使微电网市场在未来几年内增长加快。以国家电网公司和南方电网公司为代表的中国电网企业在微电网技术应用方面做了大量工作，已经建成了多个具有国际先进水平的微电网技术应用示范工程。

从2016年至今，国家能源局以综合能源、微电网为抓手推动各类试点示范工程发展。我国微电网关键技术已步入实践，河北、天津、河南、浙江等多地开展了示范项目，出台了管理办法。

目前微电网行业主要集中于公共机构、工商业区和社区领域3个细分领域市场，在2021年市场占比分别为33%、31%和19%，相比之下军队和孤岛领域占比较低，约为11%和6%。

（2）发展前景。

国家电力规划全面推广智能调度控制系统，应用大数据、云计算、物联网、移动互联网技术，提升信息平台承载能力和业务应用水平。调动电力企业、装备制造企业、用户等市场主体的积极性，开展智能电网支撑智慧城市创新示范区，合力推动智能电网发展。

微电网是智能电网的有机组成部分，随着国家加大对智能电网的投资力度，微电网也面临良好的发展机遇。未来随着微电网技术不断成熟、可再生能源成本下降、储能产业发展以及未来化石能源价格的持续上涨，微电网将爆发式增长。

二、新型电力系统

2014 年，习近平总书记在中央财经领导小组第六次会议上提出"四个革命、一个合作"国家能源安全新战略，成为指导我国能源转型的行动纲领，引领能源行业发展进入了新时代。基于"十三五"期间能源发展取得的阶段性成果，党中央审时度势提出"双碳"目标，为能源革命制定了具体时间表。构建以新能源为主体的新型电力系统，是"四个革命、一个合作"能源安全新战略的最新实践与发展，是"双碳"目标背景下能源革命内涵的深化，为电力发展指明了方向。

1. 概念内涵

构建新型电力系统的概念于 2021 年 3 月 15 日召开的中央财经委员会第九次会议上正式提出，会议指出要"构建以新能源为主体的新型电力系统"。后续出台的文件中，关于新型电力系统有两种最新表述：一是《国家发展改革委、国家能源局关于加快建设全国统一电力市场体系的指导意见》〔发改体改（2022）118 号〕中指出要"推动形成适合中国国情、有更强新能源消纳能力的新型电力系统"。二是《"十四五"现代能源体系规划》在分析全球能源体系深刻变革时，提出"构建新能源占比逐渐提高的新型电力系统蓄势待发"；在展望 2035 年发展目标时，指出"可再生能源发电成为主体电源，新型电力系统建设取得实质性成效"。从开始提出时的"以新能源为主体"到"适合中国国情、有更强新能源消纳能力"再到"新能源占比逐渐提高和可再生能源发电成为主体"，是新型电力系统构建过程中结合实际对目标的不断修正和完善。总体来看，最终实现碳达峰碳中和的远景目标不变，科学规划新型电力系统的构建路径是"双碳"目标实现的基础，也是新型电力系统中各主体发展的边界和指南。

2. 主要特征

新型电力系统区别于传统电力系统的突出特点就是"双高"特征（高比例可再生能源和高比例电力电子装备），以及由此带来的结构、形态、技术和机制特征的一系列改变。综合来看可以把新型电力系统的特征总结为安全可控、绿色低碳、经济高效。

（1）安全是新型电力系统的基本要求。

随着新能源大规模接入，系统惯量降低、调频能力下降、无功支撑不足、电压稳定问题突出、功角稳定特性复杂，不确定性增加。新型电力系统必须在理论分析、控制方法、调节手段等方面创新，以应对日益增加的各类风险和挑战，保持高度的安全性。

（2）低碳是新型电力系统的核心目标。

电力系统作为能源转型的中心环节，面对高比例新能源大规模接入，将承担着更加迫切和繁重的清洁低碳转型任务，仅依靠传统的电源侧和电网侧调节手段，已经难以满足新能源持续大规模并网消纳的需求。新型电力系统亟须激发负荷侧和新型储能技术等潜力，形成源网荷储协同消纳新能源的格局，适应新能源的持续开发利用需求。

（3）经济是新型电力系统的关键因素。

未来高比例新能源与海量用户接入电力系统，会给能源资源优化配置的效率带来重大挑战。为实现更高的资源优化配置效率与更大的能源优化空间，新型电力系统的构建作为能源转型重构的重要手段，需要从政策和市场两个方面进行双轨驱动。要同时发挥政策对新的能源体系构建的引导规范作用，以及市场在资源优化配置中起到的基础调节和优化配置作用。

3. 新型电力系统与电网之间的关系

电力系统是由发输变配用各领域、源网荷储各环节、技术体制各层面紧密耦合形成的有机整体。电网是连接电能生产与消费的基础平台设施，是电力系统的中枢环节。新型电力系统各方面的变化将更加凸显电网的平台作用，对未来电网的物理形态和技术特征提出了新的要求，具体表现为高度的安全性、开放性、适应性。

安全性方面，新型电力系统中各级电网协调发展，多种电网技术相互融合，广域资源优化配置能力显著提升，电网安全稳定水平可控、能控、在控，能够承载高比例新能源、直流等电力电子设备接入，有效保障国家能源安全、电力可靠供应与电网安全运行。

开放性方面，新型电力系统的电网具有高度多元、开放、包容特征，兼容各类新电力技术，满足各种新设备便捷接入需求，支撑各类能源交互转化、新型负荷双向互动，是各能源网络有机互联的链接枢纽。

适应性方面，新型电力系统的电网与源荷储各环节紧密衔接、协调互动，通过应用先进技术并扩展控制资源池，形成较强的灵活调节能力和高度智能的运行控制能力，适应海量异构资源广泛接入并密集交互的应用场景。

4. 实现路径

（1）煤电的稳妥有序退减。

在满足电力电量平衡的情况下，从经济指标来看，如果电力碳预算相同，如果按照先慢后快的"上凸型"路径退减，技术经济评价相对较好；如果按照先快后慢的"下凹型"曲线进行，将需要更高水平的新能源规模和脱碳技术来配合。因此，制定煤电退减的具体路径应统筹考虑关键技术成熟度和经济社会发展规律等因素，考虑到煤电目前仍是我国的主要能源，在电力系统中起到"压舱石"的作用，建议按照先慢后快的路径有序退减。

（2）新能源的科学高速渗透。

我国风电、光伏发电产业链成熟，制造能力强，从"十四五"初期风电光伏的增长趋势来看，完全有能力以更快的速度发展新能源。但在高速发展过程中应充分考虑系统消纳能力，深入挖掘系统灵活性资源，包括煤电灵活性改造、燃气发电、抽水蓄能和新型储能配套建设、需求侧响应能力、区域间电量互济等，避免由于新能源过速增长、系统调节能力不足造成的弃风、弃光资源浪费。

（3）系统灵活性资源的合理高效配置。

新能源占比逐步提高导致的供电不稳定性问题将越发突出，亟须大量灵活性调节资源来解决，未来灵活性调节资源将成为新型电力系统中的重要需求。灵活性调节资源包括火电灵活性调节、气电、抽水蓄能和新型储能等；其中火电灵活性调节和气电属于化石能源，未来开发规模有限；抽水蓄能是目前应用最广泛、技术最成熟且经济性优的储能方式；以电化学储能为代表的新型储能也在不断成熟和完善。因此未来新型电力系统中，抽水蓄能和新型储能将成为灵活性调节的主力军。

三、电动汽车

电动汽车（新能源汽车）通过充换电设施与供电网络相连，构建新能源汽车与供电网

現代智慧配电网建设探索与实践

络的信息流、能量流双向互动体系，可有效发挥动力电池作为可控负荷或移动储能的灵活性调节能力，为新型电力系统高效经济运行提供重要支撑。车网互动主要包括智能有序充电、双向充放电等形式，可参与削峰填谷、虚拟电厂、聚合交易等应用场景。

1. 发展现状

截至 2022 年末，国内新能源汽车保有量 1310 万辆，占汽车总数的 4.1%；且新能源汽车销售量在汽车销售行业中的占比持续提升，2022 年市场占有率提升至 25.6%。预计2030 年全球电动汽车普及率将达到 30%，中国电动汽车保有量有望达 9000 万辆。

2. 融合要点

（1）协同推进车网互动核心技术攻关。

加大动力电池关键技术攻关，在不明显增加成本基础上将动力电池循环寿命提升至3000 次及以上，攻克高频度双向充放电工况下的电池安全防控技术。研制高可靠、高灵活、低能耗的车网互动系统架构及双向充放电设备，研发光储充一体化、直流母线柔性互济等电网友好型充换电场站关键技术，攻克海量分布式车网互动资源精准预测和聚合调控技术。加强车网互动信息交互与信息安全关键技术研究，构建"车—桩—网"全链条智能高效互动与协同安全防控技术体系，实现"即插即充（放）"智能便捷交互，同时确保信息安全和电网运行安全。

（2）加快建立车网互动标准体系。

加快制修订车网互动相关国家和行业标准，优先完成有序充电场景下的交互接口、通信协议、功率调节、预约充电和车辆唤醒等关键技术标准制修订；力争在 2025 年底前完成双向充放电场景下的充放电设备和车辆技术规范、车桩通信、并网运行、双向计量、充放电安全防护、信息安全等关键技术标准的制修订。同步完善标准配套检测认证体系，推动在车辆生产准入以及充电桩生产、报装、验收等环节落实智能有序充电标准要求。积极参与车网互动领域的国际标准合作，提升中国标准的国际影响力。

（3）优化完善配套电价和市场机制。

鼓励针对居民个人桩等负荷可引导性强的充电设施制定独立的峰谷分时电价政策，并围绕居民充电负荷与居民生活负荷建立差异化的价格体系，力争 2025 年底前实现居民充电峰谷分时电价全面应用，进一步激发各类充换电设施灵活调节潜力。研究探索新能源汽车和充换电场站对电网放电的价格机制。建立健全车网互动资源聚合参与需求侧管理以及市场交易机制，优化完善辅助服务机制，丰富交易品种，扩大参与范围，提高车网互动资源参与需求响应的频次和规模，探索各类充换电设施作为灵活性资源聚合参与现货市场、绿证交易、碳交易的实施路径。鼓励双向充放电设施、储充／光储充一体站、换电站等通过资源聚合参与电力市场试点示范，验证双向充放电资源的等效储能潜力。

（4）探索开展双向充放电综合示范。

积极探索新能源汽车与园区、楼宇建筑、家庭住宅等场景高效融合的双向充放电应用模式。优先打造一批面向公务、租赁、班车、校车、环卫、公交等公共领域车辆的双向充放电示范项目；鼓励电网企业联合充电企业、整车企业等共同开展居住社区双向充放电试点。结合试点示范，积极探索双向充放电可持续商业模式，完善典型应用场景下的双向充放电业务流程与管理机制，建立健全双向充放电车辆的电池质保体系，强化消费者权益保护，加强试点成效评估与总结，形成一批可复制、可推广的典型模式和经验。

（5）积极提升充换电设施互动水平。

大力推广智能有序充电设施，原则上新建充电桩统一采用智能有序充电桩，按需推动既有充电桩的智能化改造。建立健全居住社区智能有序充电管理体系和流程，明确电网企业、第三方平台企业和新能源汽车用户等各方责任与权利，明确社区有序充电发起条件和响应要求。鼓励电网企业与充电运营商合作，建立电网与充换电场站的高效互动机制，提升充换电场站的功率响应调节能力。探索研究针对不同类型智能有序充换电设施的电力接入容量核定方法和相关标准规范，有效提升配电网接入能力。鼓励充电运营商等接受业主委托，开展居住区充电设施"统建统服"。鼓励充电运营商因地制宜建设光储充一体化场站，促进交通与能源融合发展。

（6）系统强化电网企业支撑保障能力。

将车网互动纳入电力需求侧管理与电力市场建设统筹推进。支持电网企业结合新型电力负荷管理系统开展车网互动管理，优先实现 10kV 及以上充换电设施资源的统一接入和管理，逐步覆盖至低压配电网及关口表后的各类充换电设施资源。进一步完善电网需求侧管理与电力调控平台功能，为车网互动聚合交易提供基础支撑与技术服务。加快完善车网互动配套并网、计量、保护控制与信息交互要求与技术规范，探索关口表后的充换电设施独立计量方案。优化电网清分结算机制，支持车网互动负荷聚合商直接参与电力市场的清分结算。

3. 提升策略

（1）"源"侧提升措施——分布式光储接入。

分布式清洁能源的接入，将改变配电网的潮流分布和部分节点的潮流方向，影响着配电网的稳定。一方面，分布式光伏的合理配置对配电网的电压具有支撑作用，同时有利于实现光伏的就地匹配和消纳；另一方面，分布式光伏的接入运行可能导致配电网某些节点出现过电压、支路载流越限等情况，进而影响电动汽车在配电网的接入水平。

（2）"网"侧提升措施——变压器增容。

配电变压器是配电中的关键环节，电动汽车的大规模充电可能会将变压器推向容量极限，从而降低配电网的承载能力。因此，为了提高承载能力，采用配电变压器容量增加策略，将变压器的最大使用限制在预定范围内。

当负载率过低（小于 50%）时，变压器的运行效率会降低，因为变压器的固有损耗（如铁损耗）在低负载下会占比较大。因此，过低的负载率可能导致能源浪费，经济性差。

负载率为 50% ～ 80% 时，该范围被认为是经济性最优的负载率范围。在该范围内，变压器接近额定容量的同时，不会因为负载过重而导致铜损耗过大。同时，也避免了负载过轻而浪费变压器的容量。

（3）"荷"侧提升措施——需求响应。

作为一种柔性负载，电动汽车具有充放电特性，根据这些特性，它们又细分为三种类型：无序充电（V0G）、有序充电控制（V1G）和有序放电控制（V2G）。如果电动汽车车主能够合理控制其充放电行为，在低耗电量时从电网充电，在用电高峰时向电网放电，配电网的稳定性将大大提高。

考虑融合市场交易机制，利用电动汽车聚合商的价格激励机制，激发车主主观意愿的同时，促进虚拟电厂更加有效地参与电力市场辅助服务。

探究充电负荷接入相位与配电网承载能力的关系，并在规划和管理充电设施时考虑合理的充电负荷分布和相平衡问题，从而提高电网的可靠性和经济性及对规模化电动汽车接入下的承载能力。

四、新型储能

新型储能主要指除抽水蓄能外以输出电力为主要形式，并对外提供服务的储能项目。由于建设周期短、选址灵活、调节能力强，与新能源开发消纳更加匹配，优势逐渐凸显。

从技术发展路线来看，新型储能目前多种技术并进。从当前来看，压缩空气储能、液流电池储能、钠离子电池储能、熔盐储能、重力储能、飞轮储能这6种新型储能路线最值得关注。

1. 突出优势

建设周期短、选址简单灵活、调节能力强。抽水蓄能电站建设周期通常为 6～8 年，而新型储能中的电化学储能项目建设周期只需要 3～6 个月，新型压缩空气储能项目建设周期则一般为 1.5～2 年。抽水蓄能电站选址往往需要找地势落差较大的地方，但容量效益强、单站规模大，适宜电网侧大规模、系统级应用；新型储能单站体量可大可小，环境适应性强，能够灵活部署于电源、电网和用户侧等各类应用场景，可以作为抽水蓄能的增量补充。

2. 技术分类

（1）电化学储能技术。

电池储能技术是目前应用最广泛的新型储能技术之一。根据电池的化学成分和工作原理不同，电池储能技术可以分为多种类型，如锂离子电池、钠离子电池、固态电池等。电池储能技术具有高能量密度、长循环寿命、低自放电等优点，而且可以进行大规模的储能和输出。

（2）热储能技术。

热储能技术包括盐蓄热技术、热泵技术等。

热储能技术利用热量的传递和转化来进行能量的储存和释放，具有高效、稳定、安全等特点。热储能技术可以在热源充足的情况下，为建筑、工业、交通等领域提供热能。

（3）机械储能技术。

机械储能技术包括压缩空气储能、飞轮储能等。机械储能技术利用机械能的转化和储存来实现能量的储存和输出，具有高效、安全、长寿命等优点。机械储能技术可以为可再生能源和电力系统提供储能和平衡能力。

3. 发展方向

（1）加快发展电源侧新型储能。

电源侧新型储能重点发展方向为建立"新能源＋储能"机制。根据电力系统运行需求，结合国家发展改革委、国家能源局发布《以沙漠、戈壁、荒漠地区为重点的大型风电光伏基地规划布局方案》，以及宁夏回族自治区内新能源项目开发建设，布局一批新型储能电站，构建电源出力特性与负荷特性匹配的友好型电源集群，保障新能源高效消纳利用，提升新能源并网友好性和容量支撑能力。对于不具备配建储能电站条件的新能源项目，可通过购买或租赁方式落实储能容量。鼓励燃煤电厂合理配置新型储能，提升常规电源调频性能和运行特性。探索利用退役火电机组既有厂址和输变电设施建设新型储能或风光储设施。

（2）重点支持电网侧新型储能。

电网侧新型储能的重点发展方向为电网调峰调频、局部时段电力支撑、事故应急备用、延缓或替代电网工程投资等。在负荷密集接入、大规模新能源汇集、系统频率和电压支撑能力不足的关键电网节点建设新型储能，提升系统抵御突发事件和故障后恢复能力；在输电走廊资源和变电站站址资源紧张地区，如负荷中心地区、临时性负荷增加地区、阶段性供电可靠性需求提高地区等，建设电网侧新型储能，延缓或替代输变电设施升级改造，降低电网基础设施综合建设成本；在安全可靠前提下，适时建设一批移动式或固定式新型储能作为应急备用电源，提升系统应急供电保障能力。

（3）灵活发展用户侧新型储能。

鼓励具备条件的用户配置新型储能，实现用户侧新型储能灵活多样发展，探索储能融合发展新场景，提升负荷响应能力，提高用能质量和效率，拓展新型储能应用领域和应用模式。围绕大数据中心、5G基站、工业园区、公路服务区等终端用户，探索智慧电厂、虚拟电厂等"新型储能+"多元融合应用场景和商业模式。积极推动不间断电源、充换电设施等用户侧分散式储能设施建设，探索推广电动汽车双向互动智能充放电技术应用，提升用户侧灵活调节能力和智能高效用电水平。

（4）多元推动核心技术进步。

以"揭榜挂帅"方式调动企业、高校及科研院所等各方面积极性，主动参与国家储能示范项目申报，推动储能材料、单元、模块、系统、安全等基础技术攻关。开展压缩空气、液流电池、飞轮等大容量储能技术，钠离子电池、水系电池等高安全性储能技术，固态锂离子电池等新一代高能量密度储能技术试点示范。拓展储氢、储热、储冷等应用领域。结合系统需求推动多种技术联合应用，开展复合型储能试点示范。

（5）探索新型储能商业模式。

鼓励新能源电站以自建、租用或购买等形式配置储能，发挥储能"一站多用"的共享作用。积极支持各类主体开展共享储能、云储能等创新商业模式的应用示范。鼓励发电企业、独立储能运营商联合投资新型储能项目，通过市场化方式合理分配收益。建立源网荷储一体化和多能互补项目协调运营、利益共享机制。积极引导社会资本投资新型储能项目，建立健全社会资本建设新型储能公平保障机制。

（6）推进储能参与电力市场体系建设。

鼓励储能作为独立主体参与中长期交易、现货和辅助服务等各类电力市场，体现新型储能设施的多重功能价值。研究新型储能参与电力市场的准入条件、交易机制和技术标准，明确相关交易、调度、结算细则。完善适合新型储能的辅助服务市场机制，推动新型储能以独立电站、储能聚合商、虚拟电厂等多种形式参与辅助服务，因地制宜完善"按效果付费"的电力辅助服务补偿机制。

（7）合理疏导新型储能成本。

完善电网侧储能价格疏导机制，建立电网侧独立储能电站容量电价机制，科学评估新型储能输变电设施投资替代效益，探索将电网替代性储能设施成本收益纳入输配电价回收。完善鼓励用户侧储能发展的价格机制，探索建立与电力现货市场相衔接的需求侧响应补偿机制；鼓励用户采用储能技术减少接入电力系统的增容投资，发挥储能在减少配电网基础设施投资上的积极作用。

五、虚拟电厂

虽然可再生能源具备环保、经济、灵活等优势，但其出力的随机性以及不可控性也会对电力系统的稳定运行产生一定影响。在能源结构转型的背景下，电力系统应基于市场运营，但由于分布式发电的特点，仅靠其本身参与电力系统并不可行。为解决上述问题，可将分布式发电聚合成一个实体。

虚拟电厂通过先进的通信、计量和控制技术，基于通信和聚合的思想，在不改变分布式发电并网方式的前提下，以各类聚合体的形式对外呈现，并参与到电力市场中。随着智能电网、综合智慧能源和能源互联网等技术的快速发展，虚拟电厂这一概念受到更广泛的关注，其在充分利用信号处理、信息通信、计量、数据处理等先进技术的基础上，融合边缘计算、数字孪生、区块链等数字技术，使其有望成为新能源接入的智慧能源技术支撑框架。

1. 基本概念

虚拟电厂的概念源于 1997 年 Shimon Awerbuch 在其著作中对虚拟公共设施的定义：虚拟公共设施是独立且以市场为驱动的实体之间的一种灵活合作，这些实体能够在不拥有相应资产的情况下，为消费者提供其所需要的公共服务。自虚拟电厂的概念提出至今，由于不同国家电力背景存在差异，对虚拟电厂的研究侧重点也不同，因此对于虚拟电厂的框架尚无统一定义。Caldon 等将虚拟电厂描述为一个地理位置上由多个分布式发电组合聚集成的拓展网络。Bignucolo 等将虚拟电厂描述为分散于中低压配电网络中各个节点的不同类型分布式能源的集合。Morais 等先将虚拟电厂定义为多技术和多地点的异质实体，随后又将其确定为与自治微电网相同的网络。Bliek 等开展了基于功率匹配器的虚拟电厂项目，在该项目中，虚拟电厂由微型热电联产装置、混合热泵、光伏发电装置、可控电器、电动汽车、风力发电站以及燃气轮机构成。

整体来看，虚拟电厂概念的核心可以总结为通信和聚合，不应被定义为分布式能源的集合体，而应将其定义为利用先进计量、通信、控制等技术，将地理位置分散且与不同层级的电网直接或间接相连的分布式电源、柔性负荷等聚集起来，通过能量管理系统协调优化控制并参与到整个电力市场，同时优化资源利用、提高大电网稳定性和供电可靠性的一种综合体。

2. 主要分类

虚拟电厂可以聚合各种类型的分布式能源，并通过能量管理系统协调优化多种分布式能源，参与主辅市场。根据功能不同，一般可以将虚拟电厂划分为商业型虚拟电厂（commercial VPP，CVPP）和技术型虚拟电厂（technical VPP，TVPP）两类。其中，TSO 为输电系统运营商（transmission system operator）；DSO 为配电系统运营商（distribution system operator）。

（1）商业型虚拟电厂（CVPP）。

CVPP 的功能是制定最优购电和售电计划，参与电力市场竞标获取最大收益，不考虑对配电网安全和稳定运行的影响。在 CVPP 架构中，各分布式能源向其递交边际成本、测量数据等，CVPP 以利润最大化为目标制定购电、售电计划。当 CVPP 中标时，CVPP 执行独立系统运营商（independent system operator，ISO）的调度指令，向 TVPP 递交分布式能源发电计划与运行成本等信息。需要指出的是：CVPP 和分布式能源均有选择权，CVPP 可以选择任意数量的分布式能源作为自身组成部分，同样地，分布式能源也可以选择任意一个 CVPP 代表其参与电力市场。TVPP 的功能是为电力系统提供辅助服务，需考虑分布式能源聚合对大电网、配电网的实时影响。

（2）技术型虚拟电厂（TVPP）。

TVPP 的功能是为电力系统提供辅助服务，需考虑分布式能源聚合对大电网、配电网的实时影响。TVPP 还负责对所在区域的 TSO 和 DSO 提供平衡和其他配套辅助服务，考虑 CVPP 内部所包含可控灵活性资源的工况、运行参数、边际成本等信息以及由 ISO 提供的网络信息，形成其可调节功率成本和调节功率域。

根据虚拟电厂所包含分布式能源的实际情况，虚拟电厂可单独作为 CVPP 参与电力市场，也可单独作为 TVPP 提供辅助服务，还可先作为 CVPP 参与电力市场，再作为 TVPP 提供辅助服务。

3. 虚拟电厂与微电网的区别

目前，虚拟电厂和微电网是解决小容量分布式能源并网的主要手段，也是实现分布式发电并网最具创造力和吸引力的两种形式。国内一般将微电网描述为由分布式发电、保护装置、能量转换装置、储能装置以及负荷汇集而成，实现自主控制、管理以及保护的小型发配电自治系统。虚拟电厂和微电网均是解决分布式发电及其他元件整合并网问题的有效手段，但二者在设计理念、组成、运行模式与特性等方面仍有诸多区别。微电网注重自治，而虚拟电厂更侧重参与及对外的展现。微电网整合地理位置较近的分布式发电，而虚拟电厂凭借先进通信和计量技术，可聚合多个地理位置接近或分散的分布式能源。另外，虚拟电厂与系统相互作用的要求较微电网更严苛，可用常规电厂运行特性和统计数据评价虚拟电厂。

4. 发展方向

（1）CVPP 和 TVPP 相互协作。

TVPP 完成运行特性聚合后，会受到上级电网的控制，从而无法获取更多利润；由于 CVPP 的规模扩大，市场行为有可能会影响电力系统安全稳定运行。因此，单纯的 CVPP 或 TVPP 无法满足分布式能源的经济效益以及配电网安全稳定运行的要求，需要借助 CVPP 的经济基础和 TVPP 的技术支撑，共同促进虚拟电厂进一步推广应用。

（2）建立考虑多能源与多重不确定性的优化调度与控制策略。

由于虚拟电厂中可再生能源的高比例接入，其出力随机性和不可控性不断提高，在制定调度计划时面临不确定的风险，不仅会影响配电网的安全稳定运行，还会对虚拟电厂收益造成一定影响。因此，在考虑内部资源协调的同时，还需要考虑不确定性因素带来的影响，从虚拟电厂安全稳定运行和实现经济效益最大化两个方面深入研究。

（3）虚拟电厂参与多种市场。

完善的虚拟电厂架构不仅参与主能量市场，也应提供与传统电厂相同的各种辅助服务。利用虚拟电厂聚合分布式发电提供无功服务，可以在很大程度上减轻电网的调节成本，实现整体利益最大化。虽然已有学者在虚拟电厂参与辅助服务市场方面进行研究，但如何克服分布式能源地域性特征和削弱电网运行条件影响仍是亟待解决的问题。

（4）数字技术在虚拟电厂中的融合应用。

与传统工业制造领域相比，电力系统呈现规模大、复杂程度高以及反馈实时性要求高等特点，因此对区块链、数字孪生等数字技术在虚拟电厂中的应用提出了更高的要求。探讨数字技术的融合应用可以从DTVPPS技术生态系统各层入手，挖掘可实现的典型应用，为电力发展提供技术基础和建设思路，为电网数字化、智能化建设提供新途径。

第六节 总体形态

现代智慧配电网的总体形态可分为商业、数字、物理三种形态。商业形态表现为市场开放即主体多元、互利共赢。数字形态的表现一是采传存用，即全景感知、透明共享；二是智慧管控，即协同控制、业务融合。物理形态的表现一是主配微协调，即双向有源、分层分群；二是多要素融合，即源网荷储智慧协同；三是新动态平衡，即概率性"源荷互动"。三种形态如图3-1所示。

一、商业形态

现代智慧配电网的商业形态从计划为主、价格管制向市场驱动、主体多元、品种多样、互利共赢转变。

交易品种呈现多样化特点，分为电能量市场、辅助服务市场、容量市场、新兴市场。其中电能量市场包含中长期市场、现货市场；辅助服务市场包括调峰市场、调频市场、备用市场和转动惯量市场；容量市场包括容量拍卖；新兴市场包括绿电、绿证市场和碳市场。

市场主体呈现多元化特点，主要有源荷储分散资源、虚拟电厂、负荷聚合商等。

价值实现多重化，实现电能量价值、调节价值、容量价值和绿色价值。

二、数字形态

现代智慧配电网的数字形态从各专业分散独立采传存用模式向全环节集约采集、透明共享、协同控制、业务融合转变。

一是业务融合协同化。专业协同数字赋能，营配调规末端融合；二是运行控制智能化。信息物理融合发展，数字化智能化调控；三是电网全景透明化。源网荷储全面感知，数据传输实时可信。

三、物理形态

现代智慧配电网的物理形态从单向逐级辐射网络向双向有源、分层分群、多态并存网络转变。

一是分层分群协同化。主配微协调，坚强灵活骨干网架，微网（群）自平衡自管理；二是潮流分布概率化。双向有源网络，概率性"源荷互动"；三是源网荷储一体化。源荷互补，源网协调，源网荷储互动。

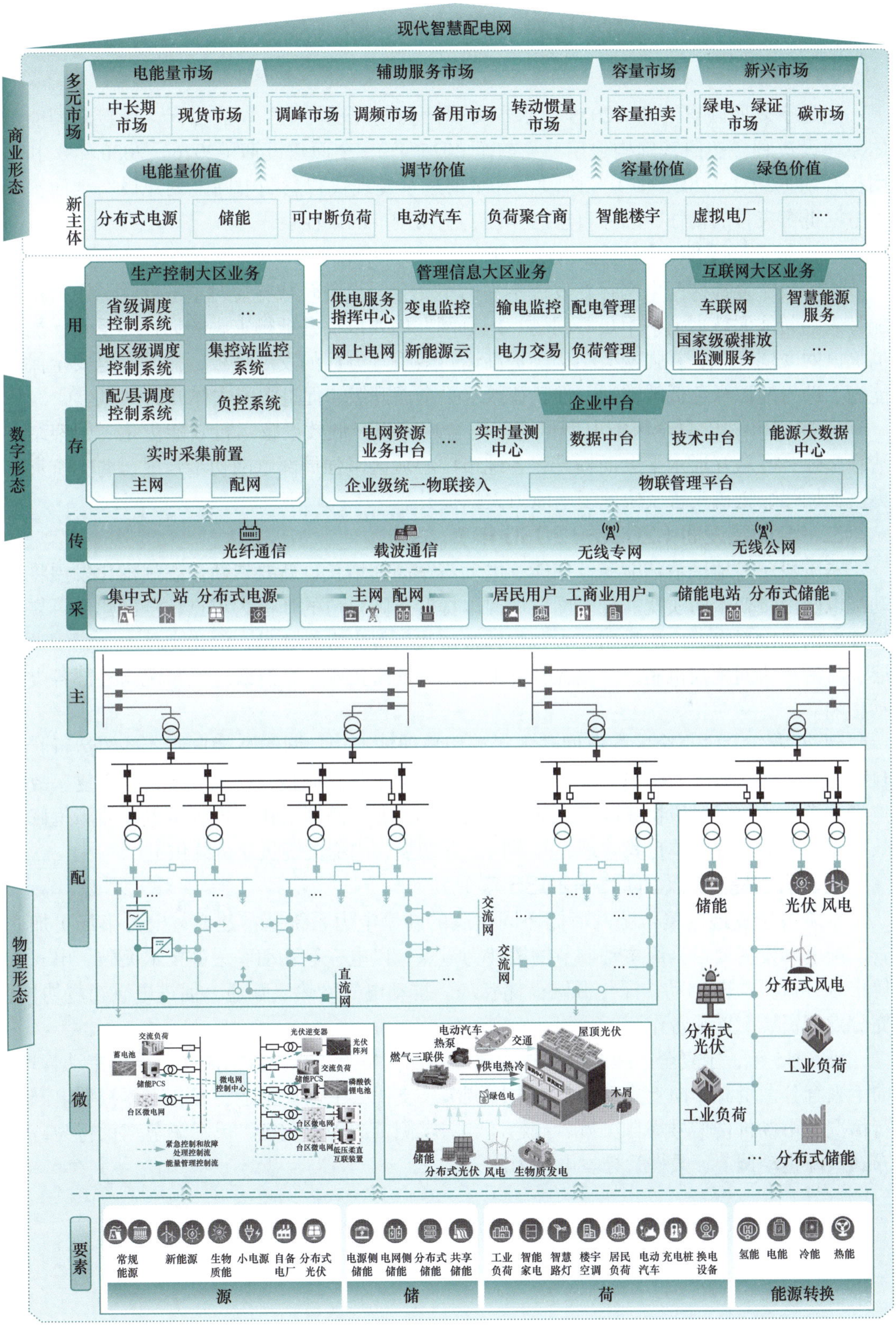

图 3-1 现代智慧配电网的三种形态

第七节 实施阶段

立足宁夏回族自治区"2035年基本实现社会主义现代化"发展目标，衔接新型能源体系建设进程，按照基础构建期（当前至2025年）、全面建设期（2026—2030年）和巩固提升期（2031—2035年）三阶段，有序推进宁夏现代智慧配电网规划建设，全面提升配电网抵御灾害的韧性、故障自愈的弹性、主动调节的柔性。

一、基础构建期（当前至2025年）

本阶段宁夏地区配电网存在发展不平衡不充分，设备轻载与短时重载并存、源荷不匹配带来的新能源就地消纳不足等问题。配电网发展要以提升抵御灾害的韧性为重点，加快消除电网薄弱环节，补强网架结构、提高运行效率等方面的发展短板，提升供电安全保障能力、助力能源绿色低碳转型、推动智慧水平全面升级、促进多元主体开放共赢。

到2025年，宁夏全区配电网供电能力合理充裕，低效设备运行效能优化、网架结构清晰坚强，互联互通水平全面提升；各地市中心城区坚强局部电网初步建成，防灾抗灾能力全面加强，抵御灾害及快速复电能力大幅提升。

二、全面建设期（2026—2030年）

本阶段宁夏地区清洁能源、储能、电动汽车高速增长，新要素新业态规模化发展将推动配电网由量变走向质变。配电网发展要以提升故障自愈的弹性为重点，全面建成可靠可控配电网二次系统，广泛采用"大云物移智链边"等先进新技术，深化完善主—配—微分层、自治—协同调控机制，大幅提升各类要素智能管控水平，有效应对系统内外部各类扰动影响。

到2030年，宁夏全区配电网基本实现用户即插即用、网络高度自愈。系统运行状态自我诊断，潜在故障及隐患智能研判，运行方式动态优化调整；馈线故障自我恢复，故障点精准定位、故障区段快速隔离、网络自动重构，非故障区段快速恢复供电，故障抢修高效联动；微电网等主体自我管理，并离网无缝切换，内部关键负荷持续供电。

三、巩固提升期（2031—2035年）

本阶段宁夏地区覆盖源网荷储协同发展的新型电力系统基本建成，电力市场更加完善。配电网发展要以升级主动调节的柔性为重点，以电—氢互动等关键技术突破、电—碳等市场开放升级双驱动，深化源网荷储互动，推动电气冷热氢互通，促进电碳市场协同，充分发挥资源配置平台作用。

到2035年，宁夏全区配电网基本实现电力动态平衡、能源自由流动。系统主动管理，向下聚合分散资源，向上主动参与大电网调节、支撑大电网安全运行；各主体根据电网运行情况、市场价格信号等自决策、自趋优，需求侧资源主动响应、灵活调节产销行为，分布式电源主动调节、柔性管控发电行为。

第四章

现代智慧配电网建设路径

　　智慧配电网的建设以"开放互动、透明智慧、安全可靠、绿色低碳"为建设目标,按照"3331"的整体框架推进,即统筹差异化设计城市、农村、园区"三类区域配网"转型升级模式,落实区域协调发展、新型城镇化等国家重大战略部署;夯实配电网网架结构、业务数字管控、商业运营机制"三大核心基础",提升配网运营质效;统筹源、荷、储"三大关键要素"协同互动,打造一个资源优化配置平台,提升配电网灵活调节能力,助力能耗双控,推动配电网从单纯依靠大电网供电,向高效承载分布式新能源升级,引导分布式新能源有序发展,推进储能规模化应用,促进配网侧能源生产清洁化,支撑高质量推动现代智慧配电网规划建设。

　　开放互动。一是市场开放,推动完善电价政策机制,助推新兴主体参与市场,引导新业态规范化发展;二是灵活互动,促进多种能源耦合互补,促进分散资源灵活互动,打造能源数字互动平台。

　　透明智慧。一是智能调控,加快完善各级主站功能,构建多级协调调控机制,加快故障自愈能力建设;二是数字透明,加快配电通信网络建设,推进感知终端有序部署,加快多元数据融合应用。

　　安全可靠。一是装备水平安全可靠,稳步提升电网装备水平,推动新技术新装备应用;二是网架形态安全可靠,持续提升电力保供能力,打造坚强灵活骨干网架,推动网架形态演进升级。同时持续优化电网供电质量,提升综合防灾抗灾水平。

　　绿色低碳。一是低碳发展,拓展减碳降碳普惠服务,助推绿色生产生活方式。同时推广电网低碳节能技术;二是绿色转型,引导分布式新能源发展,推动新型储能规模应用。

第一节　绿　色　转　型

一、引导分布式新能源发展

1. 动态评估配网承载能力

　　科学测算分布式新能源开发潜力,精益开展分层分区电力电量平衡分析,动态评估配电网承载能力。

2. 引导分布式新能源发展

　　根据各地城乡资源禀赋和负荷特性,坚持"整体平衡、量率协调",推动政府差异化制定发展策略,引导分布式新能源科学布局、有序开发、就近接入、就地消纳。

3. 提升新能源合理利用率

　　结合外部条件和电网发展水平,研究分布式新能源合理利用率。

二、加快推动储能建设

1. 电源侧

支持分布式新能源按照"新能源＋储能"方式开发，探索共享储能新模式，保障新能源高效消纳利用。

2. 电网侧

面向配电台区临时增容、不停电作业、临时供电等应用场景，加大移动储能和配电台区储能建设，构建共享型应用机制，推动新型储能在配网侧的安全有效应用与发展。在电网关键节点合理布局独立储能，支持以云储能等方式建设、聚合分散式储能资源，稳妥开展电网侧替代性储能示范应用。

（1）加大移动储能试点建设与多场景应用。制定移动储能接入配电网典型设计和标准化运营规范。开展不同电压等级移动储能装备示范应用，探索面向城市配电网大面积停电事件的移动电力资源共享应急支撑技术，实现灵活性储能资源缓解城市配电网应急供电服务、不停电作业、临时增容等问题，有效提升城市配电网的韧性。

（2）推动配电台区储能系统部署及共享应用。制定台区储能装备的典型配置标准、功能需求及接入配电网典型设计方案，规范台区储能接入配电网"即插即用"物理接口与智能融合终端管控策略，在城市配网试点多台区共享新型储能应用，建设台区储能的共享应用和聚合管控体系，有效缓解新能源消纳、间歇性负荷和充电桩快速建设背景下的配网资源不足问题。

（3）拓展移动储能、台区储能共享运营商业模式。针对城市配电网中应急供电服务、不停电作业、临时增容、需求响应等不同应用场景，制定分布式储能接入配电网商业化运营方案，试点移动储能、台区储能共享应用商业模式，拓展移动储能、台区储能资源共享增值服务新业态，盘活设备资产，提高设备利用率，提升配电网弹性。

3. 用户侧

积极服务用户侧储能发展，支持重要用户配置储能，优化用户侧储能并网服务，提高用能质量，降低用能成本。

4. 储能安全

严格电化学储能电站并网验收，强化储能全过程安全管理，规范新型储能并网运行控制，防范新型储能安全风险。

第二节　低碳发展

坚持电网侧、用户侧共同发力，推动电力配送、能源消费低碳化升级，对外助推绿色生产生活方式、拓展减碳降碳普惠服务，对内强化绿色采购、绿色建造、节能技术推广应用，促进配电网低碳发展，引领全社会低碳发展。

一、助推绿色生产生活方式

1. 交通领域

加强电动汽车充换电设施建设和运营，打造国际领先的智慧车联网平台。推动规模化电动汽车与配电网互动。加快充电设施资源接入工作，充分挖掘电动汽车充电负荷可调节潜力，构建电动汽车参与配网互动运营模式，引导激励电动汽车车主参与配网互动，支撑配电网削峰填谷和应急保供。

（1）提升电动汽车充电设施接入能力。在确保电网网络安全的前提下，制定充电设施接入方案，基于 SG-CIM 在同源维护系统建立充电桩模型，实现配电网对充电桩的透明感知，及与充电桩运营平台的数据交互。

（2）强化电动汽车有序充放电管控。制定充电桩监测调控的技术方案，实现配电网对中低压侧接入的充电设施进行统一有效的监测、管理与调控，针对调峰、调压、调频等不同应用场景下的电动汽车有序充放电调控技术进行研究，试点开展台区充放电负荷智能调控应用，让电动汽车根据配电网需求进行快速负荷响应。

（3）建立电动汽车参与配网互动技术标准体系。围绕电动汽车智能有序充电、互动响应要求，研究制定电动汽车参与电网互动响应的技术标准，保障配电网对电动汽车充电负荷调节能力，推动相关技术标准发布。

（4）构建电动汽车参与配电网有序调控运营模式。制定电动汽车车主、充电桩运营商响应配电网调控需求的有序充电激励方案，配合政府研究出台电动汽车有序充电引导政策，构建电动汽车有序充电运营模式，缓解电动汽车无序充电给城市配电网带来的冲击，提升配电网负荷侧灵活调节能力。

2. 建筑领域

推动建筑光伏开发利用，开展供冷供热等环节电能替代，推进建筑太阳能光伏一体化建设，推动"光储直柔"技术应用。

3. 工业领域

推动综合能源和"绿电交易 + 多元碳汇"模式应用，推动工业领域低碳能源供给。

（1）加强园区综合能源管理。构建园区综合能源分析管理系统，实现分布式电源及园区内照明、空调、电梯、充电桩、储能等用能综合分析。具备条件的单位进一步开展减碳分析，服务园区用户和政府提供能耗分析与数据支撑。

探索园区综合能源有效管控模式。将园区综合能源纳入"电网一张图"管理，打通电网资源业务中台与园区综合能源运营系统信息通道，实现园区分布式电源运行信息的全量汇聚，掌握园区并网分布式电源的地理位置、接入关系、容量等信息。采用电网资源业务中台与园区综合能源运营系统互动实现园区综合能源管控。开展园区可调资源参与电网削峰填谷和紧急控制的模式探索和工程示范。

（2）强化园区运营服务能力建设。明确各类园区参与运营的典型业务和参与主体，制定园区各项业务可持续运营的商业模式，共建园区、电网、综合能源服务商在内的多方共赢生态。

面向不同类型园区构建可调资源池。研究冷热电耦合特性以及园区级协同调控机制，构建园区级数据感知及调控技术体系，基于园区的用能结构、负荷特性以及分布式新能源、储能等，对不同类型用能园区进行分类，评估不同类型园区可调潜力，搭建各类用能园区的电力可调潜力模型，建设园区可调资源库，为园区运营奠定基础。

制定园区参与电网调控的运营机制。梳理园区运营相关峰谷电价、需求响应等及各类辅助服务等激励政策，基于各类园区的可调潜力，提出园区参与电网调控及需求响应的方式、实施途径及利益分享机制，充分利用园区级电力调节裕度，优化配电网供电水平。

提出园区定制化服务商业模式。结合资源池的资源，贯通营配数据，构建园区用户画像，挖掘园区在电能质量、供电可靠性方面对配电的定制化需求，以及在节能、降碳、智能化运维、数字化管控等用户用能方面的业务需求，提出园区运营的典型业务，制定园区、电力公司、综合能源服务商等多方参与各项业务的商业模式，构建多方共赢的园区运营服务生态。

4.农业领域

提高分布式光伏承载和调控能力，支持"光伏＋现代农业""新能源＋乡村旅游"等发展。面向分布式光伏规模化接入需求，通过规范光伏并网管理、提升全景感知能力、完善光伏调控功能、强化运行分析管控、探索优化运行和消纳模式，提升分布式光伏接入和消纳能力，保障乡村配网安全、可靠、经济运行。

（1）加强分布式光伏安全、规范并网管理。开展分布式光伏典型接入设计，制定分布式光伏接入典型设计方案。完善分布式光伏并网标准，规范分布式光伏逆变器控制功能、通信物理接口、模型点表和通信协议，促进分布式光伏与配网数字化体系无缝衔接，支撑分布式光伏实现"即插即用"。建立健全低压光伏逆变器高/低电压穿越能力、防雷、接地、反孤岛保护等安全防护功能试验检测规范，促进分布式光伏安全并网。

（2）提升分布式光伏感知能力。依托"电网一张图"底座，协同营销2.0、调度自动化系统，加快规范分布式光伏源端图模，同步资源、资产、拓扑全数据，实现分布式光伏静态信息全维度展示。基于实时量测中心，全量汇聚调自、配自、用采光伏量测数据，开展实时状态推演计算，实现潮流、电压分布、光伏发电曲线、渗透率实时动态展示。聚合地理位置、天气预报、历史发电量等数据，开展多时间尺度光伏功率预测、动态承载力分析和可开放容量计算，支撑光伏运行方式优化。

（3）提高分布式光伏调控能力。按照局域自治、区域共治、大电网互济原则，统筹调自、配自、负荷管理系统控制功能，构建省地配微协同、源网荷储一体的调控机制。基于"聚合调控"模式，建立分布式光伏运行管控模块，接受主网调度云调控指令，结合配网运行约束，分解指令到台区融合终端。部署台区光伏自治管理手机应用程序，实现台区光伏信息本地汇集、状态本地感知和本地决策处置。推广应用"融合终端＋光伏逆变器"柔性调节模式及"融合终端＋并网断路器"刚性控制模式。

（4）加强分布式光伏运行分析管控。建立云边协同的分布式光伏及其接入引起的配电网异常监测机制，通过主动工单实现异常事件的闭环治理。开发配网保护、自动化功能在线校核应用，动态校验和优化保护、自动化策略，防范失配、错配导致的误动、拒动事件。充分利用中压联络、中/低压柔性互联等网架资源，通过网络重构和潮流优化，促进台/线负荷均载和分布式光伏就近消纳；探索分布式光伏和小水电、微型抽水蓄能互补消纳模式，提升光伏消纳能力和配网经济运行水平。

二、拓展减碳降碳普惠服务

1.推进碳排平台建设

推进全国碳排服务平台建设，构建电碳计量与核算监测体系，支撑能源行业碳足迹监测、分析和管理。

2.开展减碳普惠研究

支撑用户减碳量核算方法制定、用户减碳行为图谱分析模型搭建、碳权益兑换体系建立，推动完善碳普惠机制。

3. 推动绿色金融服务

推动绿色金融政策框架不断完善，积极服务绿色债券、绿色融资、绿色保险、绿色资产管理等绿色金融产品业务。

三、推广电网低碳节能技术

1. 加快绿色现代数智供应链建设

制定绿色采购指南和管理制度，强化绿色评价采购导向作用，优选绿色产品、绿色供应商，促进供应链上下游企业、产品全生命周期绿色低碳。

2. 提升电网绿色建设运维水平

推广节能导线、高强钢、装配式建筑等技术，加强工程建设全过程节能、节地、节水、节材和环境保护管理，做好水土保持和植被恢复工作。

3. 实施电力变压器节能降碳改造

逐步淘汰低效落后电力变压器，新采购配电变压器全部采用高效节能变压器，加强高效节能电力变压器核心技术攻关。

第三节 网架形态

坚持差异化规划、标准化建设，因地制宜推动网架形态从被动依附大电网、单向逐级配送网络，向分层分群、主配微协调、源网荷储协同的有源系统升级，构建坚强清晰骨干网架、保证合理充裕供电能力、提升综合防灾抗灾水平、优化电网供电质量，打造配电网"强健躯干"，可靠承载多元用户。分析有源配电网演变路径及典型架构，差异化优化区域配电网网架结构，满足供电区域规划目标及负荷发展需求；形成实现基于中低压配电网、用户侧及分布式电源的全口径配网要素透明感知建设。

一、推动网架形态演进升级

1. 提升电网分层分群平衡能力

充分发挥配电网在不同地域范围、不同时间尺度的能源资源优化配置平台作用，依托源网荷储一体化技术，提高局部区域自治能力和资源配置水平。

通过台区微网自治、区域微网自治技术，实现村级配电网供电能力与供电质量双提升；通过村级微网韧性供电能力技术提升，实现村级配电网极端场景下负荷的可持续供电，全力保障农村地区民生供电，为乡村振兴战略奠定电力基础。

建立村级微网孤岛运行控制模式，在网侧电源失电情况下，利用燃机、小水电、分布式储能快速自启动的响应特性，协同微网各类可控资源，保障村级民生负荷持续供电。

2. 强化输配、配微协调发展

构建各级电网相互支援、容量匹配的坚强骨干网架，支撑电力有序疏散和消纳。在分布式新能源并网消纳、工商业用户综合能源利用、边远地区供电保障等典型场景，有序推进微电网建设。

开展园区微电网系统示范建设，研究"大电网绿电＋分布式新能源＋储能＋制冷制热"的园区多能一体化供应示范，实现园区用能自治平衡、高效互动，提升园区用能效率。根据园区负荷特性及用能需求构建园区微电网，协同控制园区风、光、热、水等多能流，协调源网荷储优化运行，实现园区内部自治平衡与配电网高效互动，提升综合能源效率。

二、打造坚强灵活骨干网架

开展有源配电网优化规划设计。考虑技术经济合理、电网安全可靠、满足未来发展等需求，开展适应高比例分布式电源、规模化电动汽车等要素接入的交直流配电网演化路径分析，提出未来中低压电网典型结构形态，形成可复制、易推广的能源供电网格典型设计方案。

开展分布式资源透明感知建设。完善中压并网光伏场站感知，应用中压网源分界开关实现并网安全管控和源端可控，探索场站平台与资源管控平台交互，实现场站出力精准可调。加强低压分布式光伏并网点设备配置，完善融合终端就地调节策略，实现低压分布式光伏可调。建立分布式资源感知技术体系，实现对分布式资源的运行状态感知和需求响应调节，满足资源灵活聚合、数字化管控、商业运营等需求。

1. 高压配电网

持续优化完善高压配电网网架，逐步形成以链式结构为主、其他类型网架合理配置的网架结构。

2. 中压配电网

强化中压骨干网架，城市电网按照"一城一网"原则，农村电网按照"一乡一策"原则，差异化构建"简洁清晰、标准一致"的中压目标网架。

开展中压配电网透明感知建设。完善配电自动化标准化配置，提升中压配电线路可观可测可控能力，满足有源配电网调控、清洁能源就地消纳等需求。完善中压用户并网点分界开关配置，提高用户内部故障隔离、负荷紧急可控能力，满足非民生负荷精准控制需求。建立中压设备健康状态评估体系，实现设备缺陷隐患分析研判，支撑配网精益运维。

3. 低压配电网

开展低压配电网透明感知建设。根据低压台区自治、主动运维抢修等业务需求，开展低压全回路电流、电压数据采集，合理配置配电站室温湿度、水浸等环境监测装置。深化以台区智能融合终端为核心的功能应用，完善融合终端就地控制机制。通过营配数据本地交互和分析计算，实现低压配电网运行监控和用户停电研判分析，满足主动抢修服务需求。

三、持续提升电力保供能力

1. 着力消除供电卡口

加快解决主（配）变压器重满载、线路重过载问题，常态化开展各级电网设备运行监测预警。

2. 提高电力供应可及性

推进大电网延伸覆盖，进一步提高电力供应可及性。

3. 确保供电能力合理充裕

适度超前规划变电站布点，按照"密布点、短半径"原则合理规划配电变压器布点，确保供电能力合理充裕。

4. 加强应急保障电源建设

引导退役机组转应急备用，合理布局一批中小型燃气电站作为城市保障电源。

5.深挖非统调机组调节能力

推动完善小水电、小火电的顶峰技术措施，充分挖掘非统调机组调节能力。

6.促进用户合理错峰避峰

按照"有序用电保底、需求侧响应优先"原则，深化新型负荷管理系统建设；推动虚拟电厂、负荷聚合商参与需求侧响应。

四、提升综合防灾抗灾水平

1.加快推进坚强局部电网建设

加快推进重点城市坚强局部电网建设，完善四级保障体系，提升极端状态下重点地区、重点部位、重要用户的电力供应保障能力。

2.差异化提升设施设防标准

细致分析台风、暴雨、冰冻、地震等各类灾害影响范围及影响位置，推进存量设施改造，差异化提升新建设施设防标准，构建重要用户"生命线"通道。

五、持续优化电网供电质量

1.构建新型供电电压管理体系

推进电压全面有效监测，解决城市高电缆化率地区电压越上限、乡村分布式电源高渗透率地区电压"日高夜低"问题。

2.加强城乡供电可靠性管理

深化配电网供电可靠性评估，建立低压可靠性分析评价体系，推动供电可靠性管理向低压延伸。

3.加强不停电作业能力建设

推广应用带电作业机器人，推动配电网检修向不停电为主转变，减少停电频次和时长。

第四节　装　备　水　平

坚持存量补短板、增量促升级，推动配电网装备从粗放型、离散型，向标准化、融合化升级，加快老旧设备设施改造，严格增量设备质量管控，稳妥应用新技术新装备，提升装备标准可靠、智能灵活、自主可控水平。

一、稳步提升电网装备水平

1.强化设备质量管控

加快老旧设备设施改造，全面应用典型设计和标准物料，积极推广高可靠、一体化、低能耗、环保型标准设备，严格到货检测及供应商评价。

2.加快一、二次设备融合

全面推广一、二次设备融合，积极应用低压智能电容器实现分档自动投切，稳妥应用电子式互感器实现开关轻量化，研发标准化接口的光伏逆变器。

3.提升设备智慧运维水平

合理部署设备/环境监测终端及无人机/机器人巡检终端，加快设备状态智能监测分析、设备缺陷智能辨识、电网灾害智能感知等技术应用。

二、推动新技术新装备应用

1. 试点高压配电网新技术应用

示范推广自主可控安全可靠新一代变电站二次系统，试点示范新型数字智能输电线路、变电站。

2. 推动中压配电网新技术应用

试点应用磁控快速开关，试点示范直流配电网、中低压柔性互联等新技术。应用中低压柔性互联技术，实现线路及台区间功率互补互济，提升广域功能平衡能力，提高城市区域供电可靠性。

（1）开展中压柔性互联试点建设应用 MMC、多级串并联、三电升压等技术方案，建立中压线路间柔性互联，实现线路功率转供，提高光伏就地消纳水平和供电可靠性，实现线路级功率灵活均衡控制和故障快速转供。

（2）开展低压台区柔性互联试点建设。通过分布式或集中式柔性互联，实现台区间负载转供，末端电网动态增容；打造低压直流配电环境，提升台区直流要素高效接入能力；打通低压台区间应急转供通道，实现停电零感知，提升低压台区供电可靠性。

3. 推进二次装备自控可控

推动配网二次设备、电力电子功率器件、电力专用芯片等装备实现自主可控、国产替代，保障产业链供应安全。

第五节 数 字 透 明

坚持"管住中间，放开两端"，管住传输、存储、控制模式，放开采集能力、放开非涉控业务应用。推动配电网数字形态由分散采集、部分感知、局部交互、有限应用，向集约采集、全面感知、统一共享、融合应用升级，有序推进感知终端部署、通信网络建设、多元数据融合，健全配电网"神经系统"，实现各环节高度数字透明化、数字与物理系统深度融合。

一、推进感知终端有序部署

1. 中压配电网终端

加快中压分布式电源及储能监控终端部署，全面实现中压新要素可调可控。按需推进负控终端部署，满足安全保供要求。加快配自终端部署，持续提升配电自动化有效覆盖率。

2. 低压配电网终端

坚持台区侧"一个终端、一次采集"，提高集中器、智能电表采集频次和可靠性，有序部署台区智能融合终端，稳步推进低压分布式电源可调可控改造。

3. 终端新技术应用

研发智能交易终端，集成计量、监控、区块链安全、交易功能，实现灵活性资源用户便捷接入各类聚合主体，实现市场参与的即插即用。

二、加快配电通信网络建设

1. 中压配电通信网

（1）无线专网。以省为单位积极争取无线专网频率授权，在已获授权的省份统筹城市、县城以及涉控业务集中的乡镇区域开展无线专网建设。

（2）光纤专网。在城市以电缆为主的中压供电区域，持续完善光纤专网，新建电缆线路同步建设光缆。

（3）无线虚拟专网。无线专网未覆盖的农村涉控区域，应用5G/4G无线虚拟专网，推进5G/4G无线公网采用VPN、网络切片等技术开展安全升级。

2. 低压配电通信网

提升低压配电通信网可靠性，推动载波+高速无线双模技术在低压涉控台区应用。

3. 通信新技术应用

探索量子加密、电力专用高安全卫星系统等新型通信技术在配电网的研究应用，支撑无线公网安全传输、通信盲区覆盖。

三、加快多元数据融合应用

1. 坚持"数据一个源"

基于企业级实时量测中心汇聚配自、调自、用采数据，基于物联管理平台接入非电类数据。

2. 打造"电网一张图"

依托电网资源业务中台和"网上电网"，构建涵盖规划态、建设态和运行态的"电网一张图"。

3. 加快数据融合应用

推动公司级电网气象服务中心、人工智能及区块链等技术与配电网生产管控体系的融合应用。

第六节 智 能 调 控

坚持省地配微协同、源网荷储一体，推动配电网调控模式由源荷单向、计划调度，向多向互动、智能调度升级，构建多级协同调控机制，提升区域自治平衡能力，加快故障自愈能力建设，打造配电网"智能中枢"，支撑源网荷储海量分散对象的协同运行。

提升城市源网荷储协同互动能力。研究调节能力逐级汇聚上报、全网资源统筹决策、控制策略分解下发的源网荷储分层协同控制策略，实现可控负荷、分布式储能、虚拟电厂等柔性资源时空聚合统筹及优化匹配。提升分布式电源柔性消纳、发电与负荷精准控制和新能源场站精益控制等方面源网荷储多元协调能力，构建"源网荷储智慧协同+局域自平衡集群调控"运行模式。

一、构建多级协同调控机制

1. 强化主配协同控制能力

构建省地配微协同、源网荷储一体的调控机制，统筹调自、配自、负荷管理系统生产控制大区功能。建立调节能力逐级汇聚上报、全网资源统筹决策、控制策略分解下发的分层协同控制模式，推进主配协同的有功调节及精准事故拉路能力建设。

加强主配微协同、源网荷储互动，提升调度支撑能力和配网智能化水平，实现分布式电源、储能、可控负荷的全局优化协调控制，助力公司清洁能源消纳和电网安全稳定运行。

提升乡村源网荷储协同互动能力。依托智能融合终端对分布式光伏、储能等端设备进行智慧监管，通过定制台区源网荷储协同互动策略，就地分析研判、就地调节控制分布式光伏、储能和可调负荷，实现乡村配电网台区内部自治平衡，与配电网高效互动。基于自动化主站集中决策，通过网络运行方式优化、台区柔性互联功率互济、分布式电源时空互补等，促进负荷均衡和分布式光伏就近消纳，提升乡村配电网的电能质量及供电可靠性。

2. 提升区域自治平衡能力

高渗透率地区示范试点微电网、自治网格、自治台区等各类自治单元，对内通过自身控制中心实现有功 / 电压控制、故障处理等自我管理，对外以发用电计划曲线或累积交换电量接受调度管理。

（1）台区级微网自治。通过基于智能融合终端的台区级配电网自治技术，建立分布式电源柔性控制能力，合理配置分布式储能，推广电动汽车有序充放电，充分调动用户蓄热锅炉等可调节资源，解决高渗透率分布式光伏台区电能质量、三相不平衡、反向重过载等问题，实现台区级微网自治。

（2）区域微网自治。建立村级区域配电网台区互联与协同控制策略，利用水电等资源对分布式新能源进行协同互济，实现削峰填谷、光储直柔友好互动，提升供电可靠性及供电质量，构建清洁低碳、生态友好的村级区域微网。

3. 加强要素主动支撑能力

加强分布式电源故障穿越和频率电压支撑水平，示范应用构网型储能，将配网侧储能、微电网、可中断负荷等纳入大电网平衡控制体系，提升第三道防线应对配电网源荷成分变化的适应能力。

二、加快完善各级主站功能

1. 完善主站功能配置

完善调自、配自系统分布式资源多级协同调控功能和实时交易支撑能力；依托公司级电网气象服务中心，开展基于大数据的智慧预测分析。

2. 推动主站智慧升级

探索人工智能和数字孪生技术在配电网智能调度辅助决策、仿真分析、安全预警中的应用，加快研发能源、信息、价值高度融合的智能配电网调度系统。

3. 加强主站安全防护

强化本体安全和边界防护水平，加快可信验证、安全审计、恶意代码防护、网络安全监测能力建设，提升网络安全事件响应和态势感知能力。

三、加快故障自愈能力建设

1. 提高故障处理能力

全面推广分级保护＋馈线自动化故障处理模式，加快重要节点"三遥"功能建设改造，稳步提升全自动型馈线自动化的应用范围，开展分布式智能保护自愈技术工程应用，实现低成本故障精准隔离、秒级自愈。

2. 合理推进单相接地跳闸

有序推进单相接地故障选线选段快速跳闸，在城市电缆网和有防山火、防人身事故需求的架空网，合理选择小电流接地选线、单相接地保护、灵活接地等技术。

四、打造资源优化配置平台

围绕电网资源业务中台数据底座，打造资源优化配置管控平台，依托配电自动化主站、用电信息采集系统、区域能源服务商（虚拟电厂）等数据源头，全面贯通内外网数据，聚焦"可观可测可控可调"，建立新型营配调互动系统架构，打造"源荷互动、专业互通、政企互联、资源互济"新型电力系统示范样板。

1. 汇聚调节资源，提升电网灵活调节能力

实时开展电网潮流计算、光伏发电量预测、设备承载力分析，实时监测电网潮流和负荷曲线，为电网资源调节提供依据。在用电紧缺或运方调整时，自动生成电网调节策略，支撑资源配置最优化。

2. 打通数据通道，支撑内外网数据交互贯通

建立内外网平台数据交互通道，区域能源服务商（虚拟电厂）等公网数据通过互联网大区与信息管理大区接入电网资源业务中台，实现资源优化配置管控平台与区域能源服务商（虚拟电厂）等可调资源数据贯通。

3. 聚合柔性资源，提升资源全感知能力

依托电网资源业务中台与实时量测中心，充分整合"站、线、变、户"各环节、"源、网、荷、储"各要素的静态网架资源，全面聚集联动调度自动化、调控云、配电自动化、用电信息采集、综合能源等系统动态量测数据，形成单个供区内电网、光伏、储能、用户可调负荷等各类海量离散资源的全汇聚、全感知。

4. 助力能耗双控，支撑社会能效水平升级

打通外部企业"能碳管理平台"，开展企业用能综合分析，及时掌握有序用电、能耗双控计划，辅助企业自主识别其所在行业的能效排名，促进企业开展多种能源资源的最优配置，助力实现"有序用电、有序生产、有效控耗"目标。

第七节　灵　活　互　动

坚持挖潜增效、平台支撑，加强负荷分级分类管理，充分挖掘客户侧调节互补能力，推动需求侧向主动响应、多能互补、平台互动升级，推进分散资源聚合互动、多种能源耦合互补，打造能源数字经济服务平台。

一、促进分散资源聚合互动

1. 加强负荷分级分类管理

深入排查需求侧响应潜力，建立不同时间尺度的负荷调节资源池，提升负荷管理精细化水平。

2. 支持各类聚合系统发展

依托各类平台集聚需求侧分散资源，充分挖掘各类柔性负荷调节潜力。

3.规范并网要求及考核机制

规范虚拟电厂、负荷聚合商的并网要求及偏差考核机制，激活用户侧资源灵活调节能力。

二、促进多种能源耦合互补

1.深化冷热电气多能互补

深度耦合工业园区、公共建筑、大型交通枢纽、高耗能企业等各类典型用能场景，推进电热冷气多能互补供能基础设施建设，持续提升终端能源利用效率。

2.支持电氢互动技术发展

因地制宜推动风光制氢、长周期氢储能等应用示范，探索氢能跨能源网络协同优化潜力，助力提升能源互联网灵活性。

三、打造能源数字互动平台

1.深化客户侧公共服务能力

依托国网新能源云、车联网、智慧能源服务平台等，充分发挥配电网的"链接触达"效应，依托平台开展需求侧响应。

2.加快建设能源大数据中心

深挖能源、电力、碳、环保数据价值，形成能源数据服务型产品，支撑客户侧能源托管、运维服务、碳监测计量、绿电交易等多样化增值服务。

3.推动构建能源数据服务平台

实现能源数据分类分级管理与安全共享应用，打造政府、企业、用户深入合作的能源数字经济互动平台新生态，服务智慧城市、新型城镇建设。

第八节 市 场 开 放

坚持市场驱动、开放共赢，推动资源配置方式由主体有限、品种单一、激励不足，向广泛参与、品种丰富、充分竞争升级，健全新兴主体准入条件，完善新兴主体交易机制，推动完善电价政策机制，引导新业态规范化发展，促进电力资源配置优化。

探索商业化运营模式与市场化交易机制。运用市场手段引导分布式电源、可调节负荷、储能等资源优化调节，满足配电网电力调节需求，提高配电网对分布式电源、电动汽车接纳能力。

一、助推新兴主体参与市场

1.健全新兴主体准入条件

落实国家关于支持培育分布式电源、储能、虚拟电厂、微电网等新兴主体参与市场的政策要求，从调度控制、信息通信、计量表计等方面健全准入条件，畅通入市通道。

2.丰富市场交易品种

逐步扩展新兴主体参与中长期、现货、辅助服务等批发市场的交易品种，探索将分布式新能源纳入绿电交易范畴，创新电动汽车 V2G 等商业运营模式，拓宽新兴主体盈利渠道。

构建电动汽车 V2G 参与配网互动运营模式针对城市部分区域配网季节性供电紧张情

况，设计电动汽车 V2G 参与配电网优化运行场景，制定不同场景下的激励方案并试点应用，形成 V2G 桩入网运行管理制度，建立电动汽车与配电网双向互动的需求侧响应补偿机制，配合政府出台以电网、运营商、用户等多方共赢的电价制度，构建电动汽车 V2G 商业运营模式。

3. 完善市场交易机制

依据新兴主体的运行特性，推动建立健全新兴主体参与各类交易品种的申报、出清、结算机制，打造良好市场环境。加强市场交易规则的培训与宣贯，做好新兴市场主体培育工作。

二、推动完善电价政策机制

1. 健全价格激励政策

充分发挥价格激励作用，推动拉大峰谷价差，扩大峰谷电价用户范围，探索容量补偿电价、可中断负荷电价等激励方式，引导各类主体节约用电、合理错峰，主动参与电网调节。

2. 理顺输配电价结构

推动完善输配电价机制，核定过网费时体现高电压等级电网提供的容量备用、谐波治理价值，让市场主体公平承担网损成本。

探索新型储能商业模式。促请相关行业主管部门出台电网侧替代性储能认定标准和程序，配合开展替代效益评估，推动纳入输配电价核定。探索电源侧配建新型储能、用户侧新型储能电站转化为独立储能电站参与电力市场、辅助服务市场运行交易机制，设计独立新型储能参与电力现货市场的报价、出清及结算机制。

3. 完善新型电力系统成本分摊机制

做好电能量价值、调节价值、容量价值和绿色价值的价格形成与传导机制设计。按照"谁受益、谁承担"的原则，将新型电力系统成本在所有市场主体中公平、合理分摊。

4. 开展电力市场交易分析与推演

面向城市、农村、园区等不同类型用户，搭建电力市场交易模型，采用中长期撮合交易、现货市场出清等算法模型及交易计算推演方法，构建配网侧多元主体参与能源电力交易推演计算分析应用，全面支撑能源电力交易分析和计算模拟仿真，为能源交易业务分析和运行决策提供技术支撑。

三、引导新业态规范化发展

1. 提升新业态新模式平衡支撑能力

针对源网荷储一体化项目等新业态新模式，落实相关政策要求，促进新能源就地就近消纳，增强系统调峰能力，推动项目自主调峰、自我消纳，原则上不占用系统调峰能力。

2. 完善责权利共担的政策机制

公平承担社会责任，足额缴纳交叉补贴、政府性基金及附加、系统备用容量费，参与分摊辅助服务费用，加强向各级政府汇报沟通，配合制定项目实施细则，研究完善政策机制和标准规范。

四、打造负荷聚合商运营模式

构建基于配网安全与经济运行的专项市场，通过价格机制及虚拟电厂建设挖掘和筹措用户侧的可调资源及潜力，针对配网中多种能源要素形成有效的商业模式，疏导配网资源建设成本，实现配网优化安全调度和经济高效运行。探索用户侧独立储能、云储能等方式聚合分散式储能资源参与电力市场交易，提升配电网调节能力。推进分布式光伏、储能等市场主体参与绿电交易业务，引入区块链技术，全面记录绿电生产、交易、传输、消费、结算等各个环节信息，打造绿电绿证数字化服务体系，实现绿电交易全流程可信溯源，助力扩大绿电绿证交易规模，加强交易结算标准化建设，确保交易全过程合规管理。

建立健全分布式光伏聚合参与现货市场及辅助服务市场准入门槛、交易模式及运营机制，联合政府推动相关政策及标准制定，提升分布式光伏参与调控的积极性。

第九节　保　障　措　施

一、优质服务

1.服务党和国家大局

（1）服务国家重大战略。

落实新型城镇化、乡村振兴等国家重大战略，持续提升供电能力与供电质量。

党的二十大报告指出，要积极稳妥推进"碳达峰、碳中和"，深入推进能源革命，加快规划建设新型能源体系。配电网作为连接能源供给侧和消费侧的关键枢纽，在能源结构变革和绿色低碳转型中扮演着重要角色。因此，构建安全可控、经济高效、清洁低碳、友好互动的智能配电网是新型能源体系建设的关键环节。

（2）助推"双碳"目标落地。

服务多元主体灵活便捷接入，保障新能源并网消纳、新要素有序发展。

配电网是传统电网的末端环节，但在能源转型的背景下，配电网越发成为电网发展的前沿阵地。推动配电网绿色智慧转型，既是承接新型电力系统建设的应有之义，也是更好地践行"双碳"目标、推动电网安全、绿色、经济高效发展的必然选择。

2.服务民生百姓福祉

（1）解决人民关心关注问题。

落实新型城镇化、乡村振兴等国家重大战略，持续提升供电能力与供电质量。

推行工单驱动业务，实现基层主动运维。不断优化业务模式和管理职责，使工单驱动业务实施范围逐步覆盖配网全业务场景，运用设备状态智能研判，自动生成并派发抢修工单，使供电检修模式由"周期式运检＋被动抢修"向"工单驱动业务"转变，提升用户需求响应质效。①深化设备状态在线自主监测与状态感知，形成配网差异化巡视"数智"策略，加快"机器代人"，提升用户需求响应效率。②依托供电营业厅智能机器人、自助业务终端等手段，以客户信息多维数据为关键要素，自动关联匹配客户基本信息、业务信息等数据，将多渠道客户信息和业务数据进行集中数字化管理，支撑客户需求差异化识别和运营策略优化。此外，应用移动作业终端，增强用户互动，实现客户供电异常状态主动上报、抢修进度实时反馈，充分保障客户用电需求。

（2）打造卓越供电服务体系。

统筹多服务渠道资源，构建数字化、智慧化服务新模式，不断提高人民群众获得感、幸福感。

对客户服务业务进行流程再造，进而在业务实践过程中，进行业务流程规范性、适用性和可操作性检验，以期不断优化完善。一是进行工作的规范流程梳理设计。创建坚持业务和需求双向驱动，形成以其他专业协同为大后台的客户办电业务驱动和以客户服务组为前端的客户需求驱动工作流程。二是以改善客户体验为目标，创新服务举措，提供并轨服务以保障重大项目高效推进。业扩工程的质量和效率，直接影响着客户体验、用电时间和供用电双方的经济效益。对重要业扩项目，在客户递交用电申请后，由业扩项目经理和客户经理协同实施全过程跟踪服务，通过上门受理或代办业务，既能加快流程运转，又能及时协调客户在业扩工程实施过程中遇到的各种问题，推动项目及时投运，解决受管理体制、运行机制、后台支撑等因素制约而导致的"报装"问题、繁琐的收资流程、客户的负面情绪。

（3）持续优化电力营商环境。

巩固提升"三零""三省"服务，试点推广"一件事一次办"。

二、管理提升

在技术方面，充分应用新技术、新平台、新系统，实现供用电系统感知透明化、业务融合高效化、运营管控智慧化、资源配置平台化，搭建供需多方协同互动的生态体系；在管理方面，建立多专业协同、共建管理模式，提升配网的弹性韧性，促进源网荷储深度融合，以数字配网管理体系为载体，提高能源管理智慧化水平与运维效率，催生智慧化能源转型，实现清洁低碳、安全可靠、智慧灵活、经济高效等目标，从而提升客户综合能效，降低社会用能成本，提高电网设备利用率，促进新能源消纳、平台业务拓展和品牌信誉提升。

1. 突出规划统筹引领

（1）加强组织领导。

全面优化组织架构，成立现代智慧配电网领导小组和工作小组，统筹安排部署总体工作，协调推进重点工作任务，按照工作思路和目标，逐项分解细化工作，优化技术和资源配置，推动跨专业协同落地。

将营销、配电、调度专业（简称营配调）职能管理和业务实施机构进行整合重组，构建"市、县、所"一体化营配调数据指挥体系，实施工单驱动业务配网管控新模式，实现电网运维检修从以设备为中心向以客户为中心转变。首先，在市公司层面，强化营配调数据融合共享，以电网资源业务中台为支撑，以供电服务指挥中心为"数据大脑"，以工单驱动业务为抓手，推动着营配调指挥体系转型升级。其次，在县公司层面，落实"总指挥长"制度，从停电管控入手，推进全业务工单应用，强化业务流程的过程监督与横向协调。此外，在供电所层面，做强营配综合班，推行基于移动作业终端的智能检修运维模式，以此作为业务执行层的"指挥大脑"。

（2）差异化开展配电网规划。

从系统设计角度出发，持续优化配电网系统设计。①全面增强配电网系统设计的专业性。根据配电网建设情况，聘请专业人员规划项目方案设计，以保证电力施工技术应用的可靠性。保证各项设计要求满足单位自身发展需求，进而确保配电网运行的安全、稳定。②要对配电网项目整体施工目标加以规划设计，选择最佳施工方案，降低配电网系统负荷，切实满足社会市场电力需求，促进配电网的建设与发展。

做好制度引领、重点攻关、试点推进和过程管控，继承总部、省公司两级管控体系，建立健全常态化工作机制，研究解决问题，统筹制定针对性措施和计划，做好督导协调，确保工作开展实用实效。统筹各专业要求、各单位发展需求和各类用户接入需求，差异化制定电网建设或改造方案。

（3）加强规划执行管控。

强化网架类项目的刚性管理，统筹变电站间隔资源管理，严格独立二次项目审查，严肃项目调整程序和溯源机制，坚持"一张蓝图绘到底"。

健全配电网管理制度。实施绩效考核机制，按照月度、季度、年度评价标准，衡量员工完成情况，鼓励员工以认真负责、沉着稳重的工作态度落实各项管理任务，进一步增强自身责任意识和管理思维。建立举报有奖制度、岗位责任机制，鼓励企业员工之间相互监督和管理，避免发生安全事故后出现各负责人相互推诿责任的情况，在各项配套制度落实下，形成监督和管理合力，从而确保配电网建设管理水平的提升。

（4）深化规划评价应用。

充分应用信息化手段，规范评价内容，严格评价标准，强化评价结果应用，为单位部门考核和项目安排提供参考依据。

（5）规范配电网标准化运维。

首先，应结合"学标准、懂标准、干标准"活动，全面梳理配电网运维管理脉络，建立配网运维生产秩序，制定配网运维关键环节管理标准和执行标准，积极推进配电网运维规范化运转。其次，需大力推进作业计划全口径线上管控，科学组织施工、管理资源力量投入，针对性部署安全防范措施，实现对作业风险精准把控，规范落实"月计划、周安排、日管控"制度，督促作业计划全口径纳入线上管控，坚决落实杜绝无计划作业各项措施。

2. 加强专业管理协同

（1）健全新要素专业管理体系。

将新型储能、微电网、虚拟电厂、负荷聚合商等纳入公司专业管理体系，明晰新要素的涉网标准及运行维护模式。

通过聚合电网潮流与连片台区等大规模可调资源，借助负荷侧需求响应、虚拟电厂、分布式储能、微电网等参与"源网荷储"协调互动，实现广域范围内电网资源全场景互联互通、群调群控，台区—线路分层分级功率平衡，支持配电网削峰填谷、故障应急处置、新能源消纳等功能，提升配电网经济运行、灵活调节和新能源消纳能力。

（2）完善跨专业协同机制。

厘清纵向各层级、横向各专业管理界面，明晰地县调、供服、负荷管理中心各机构对新要素的职责分工，明确电网主业、产业单位、用户对新业态投资界面。

打破数据壁垒，建立数据资源共享机制，形成发展策划部、设备管理部、配网管理部、调控中心、县公司多部门联合治理的管理生态，实现需求提前规划、项目超前储备，问题及早解决。①利用多源数据集成优势，对设备供电区域、控规用地情况、区域负荷预测、周边设备运行情况、户均配电变压器容量等多维度分析，结合项目储备情况，制定设备运行效率提升专项方案。②打通各专业部门数据壁垒，实现电网数据一网通看，避免数据线下流转失真，提升数据统计效率，并且通过系统数据逻辑判断，精准定位源端数据缺失、错误问题，快速协调源端系统完善数据治理，可以极大地提高电网数据质量，为挖掘和发挥电网数据价值打下良好的基础。

建立智慧网格化服务模式。针对配电网用户分散、用电需求多元化的情况，引入网格化服务模式。"网格化"服务将精益管理与营销创新相结合，以客户需求为导向，不仅可以提升停电事件快速反应能力，还可以提升过程闭环管控和主动抢修服务能力。通过以配电台区为单位，划分服务网格，实现网格内营配业务包干负责和客户诉求"首问对接"，统一沟通接口，构建一站式客户服务的能力，实现"服务有网、网中有格、格中有人、人司其责"的目标。

（3）强化数字化赋能。

以数字电网建设驱动电网业务流程、管理模式、作业方式和服务生态变革，赋能营配调规协同发展。依托配网全景平台，实现配网规划、建设、运维全过程数字化管理。为加强配网项目前期、规划、计划全过程管理，进一步提升电网企业的配电网规划计划管理水平，做好配网规划模块开发工作，大力推进配网建设及运维模块在配网全景管控平台的深化应用。①不断深化现代智慧物联管控场景应用，全面应用配网全景智慧物联管控平台系统数字化设计，实现配电网规划自动收资、问题自动诊断分析等功能。②不断完善基础台账及图形拓扑数据治理，实现网架类项目自动关联储备。三是加强规划项目管理，对储备项目进行评级排序，统筹安排负面清单治理、网架补强等项目计划编报。

依托智慧全景管控平台，推进配电网智能化水平。①深挖系统耦合数据价值，开展配网运维大数据分析，理清配网运维重点、难点。②全面应用配网运检E助手，扎实开展工单驱动业务，构建"电网一张图"，支撑"业务一条线"。③加快配电自动化实用化进程，完成存量自动化设备主站接入，提高配电自动化线路覆盖率，提高配电网运行监测能力。

3. 促进末端业务融合（针对基层一线供电所）

（1）营配融合。有机整合台区线损、用电检查、诉求处理、设备运维、故障抢修等营配业务。

（2）规划支撑。深化基层网格化规划常态支撑，根据电网问题、业扩报装、新能源接入，制定配套电网项目。

（3）新业务、新业态。创新面向客户新业态的能效服务、交易服务，协助挖掘客户侧调节能力，兼顾客户价值创造和电网平衡调节需求。

（4）数字化融合。整合基层各类信息系统入口和移动终端，推进数据贯通，提升基层人员作业效率。

（5）人才建设。强化一专多能人才培养，开展基层配电网管理人才跨岗位轮训，提高综合业务能力。

4. 加强资源保障

做好硬件扩展、技术研究、信息维护、试点应用等环节的资源保障，统筹资金支持，整合技术力量，全面提高技术应用能力和支撑能力，保障智慧配电网建设落地见效。

三、科技创新

1. 深化关键技术研究

（1）优化科研布局。优化科研布局，不断迭代完善现代智慧配电网顶层框架，深化分布式新能源调群控、新型储能优化布局及支撑调节、微电网（群）与配电网协同、虚拟电厂聚合调控及交易模式、多能协同控制及高效利用等关键技术研究。

（2）完善技术标准。完善相关技术标准，形成覆盖源网荷储全要素，涵盖规划设计、系统及设备、试验检测、调试验收、运行控制、调度管理、技术管理等全过程，与现行国家标准、行业标准、团体标准相协调统一的现代智慧配电网标准体系。

2. 推进试点示范建设

开展现代智慧配电网试点示范建设，结合技术方案、管理机制、运营模式，重点推进新型储能、智能微网、自愈配网、虚拟电厂、源网荷储智能调控、规模化车网互动、中低压柔性互联、能源数字经济互动平台等试点，加快推进配电网数字化智能化转型和技术管理运营集成创新，有效支撑资源全局优化与源网荷储高效协同。

（1）应用场景。

包括分布式电源富集地区、大电网延伸困难地区、提高综合能效的园区、满足个性化需求区域、高可靠性城市核心区等。

（2）整体解决方案。

技术方案：包含分布式电源调控、微电网、新型储能、源网荷储协同、分散聚合互动等。

管理机制：包含调控模式、运维模式、专业协同、职责分工、末端融合。

运营模式：包含投资模式、盈利模式、费用分摊、电价机制、辅助服务等。

四、政企联动

1. 加强政府规划衔接

（1）支撑政府开展能源电力规划。明确本地配电网发展目标、电源发展策略、储能优化布局，推动源网荷储协同高效发展。

服务政府政策发展。设计出更加合理、适应城市发展的建设方案，以保证社会的发展需要。首先，根据早期电力的使用情况和供电情况，再结合政府短中长期的城市发展规划，进行有效的推算，以做出最正确的预测。其次，使配电网规划与城市规划紧密契合，提高负荷预测准确性，优化设备容量选择；合理统筹分析区域用电特征，平衡季节性负荷对配电变压器影响，例如对于距离村庄较近的机井，可采用农业、居民生活混用台区的方式，提高利用效率，进而提高边际效益水平。此外，充分应用配电网感知数据价值，探索能源互联网新业态，运用互联网思维聚拢政府、企业、居民等多方资源，引领新兴业务发展，开发"智能电力大数据+"服务产品，助力"数字大脑"智慧城市建设，提升智慧服务水平。

（2）加强电力设施空间布局规划。大力推动规划分级、分类、及时纳入国土空间规划等政府规划，从规划源头保障站址、廊道等电网建设资源。

2. 争取外部政策支持

（1）加强与各级政府沟通汇报。结合投资到红线、高层住宅小区双电源改造等形势任务，积极争取政府基金及财税政策支持。

（2）推动建立"上下联动，协同推进"常态机制。及时协调解决配电网建设过程中用地、管廊、拆迁补偿等困难，创造良好的配电网发展环境。

第五章

现代智慧配电网自动化发展建设

第一节 技术研究重点

一、研究背景

随着经济社会的发展、经济发展方式的转变、产业结构的调整，高技术、高附加值产业、高精度制造业对配电网的供电可靠性要求越来越高；各类分布式电源、电动汽车和储能等多元化负荷的大规模接入配电网，配电网正由无源网转变成有源网，潮流由单向变为多向，呈现出越加复杂的多源性特征。党的二十大报告指出，高质量发展是全面建设社会主义现代化国家的首要任务。而配电网作为重要的公共基础设施，是实现电力安全保供、能源低碳转型的重要支撑点。2024 年 2 月，国家发展改革委、国家能源局联合印发《国家发展改革委　国家能源局关于新形势下配电网高质量发展的指导意见》[发改能源〔2024〕187 号，简称《指导意见》]，全面推动新形势下配电网高质量发展。《指导意见》明确了 2025 年和 2030 年两阶段发展目标，并提出了"补齐电网短板、提升承载能力、强化全程管理、加强改革创新、加强组织保障"5 个方面具体措施，通过多措并举部署重点任务，全面保障配电网建设发展提质增效。传统配电网在规划设计、接入管理、运行检修、安全协调控制等方面难以适应经济社会不断发展的要求，为支撑不确定源荷规模化接入，构建区域自治、柔性互联、交直流混合的分布式智能配电系统，提升配电系统运行灵活性，需要大力加强配电网态势感知和配电网智能化建设水平。

新形势下，国网宁夏电力公司紧盯智能化发展目标，全力支撑智能电网建设，从发电、输电、变电、配电、用电、调度、信息通信等环节出发，有序安排建设时序，稳步推进电网智能化建设工作，各类智能终端覆盖率明显提升，通信网架布局更加合理，调度自动化各类系统的应用功能更加完善，配电自动化建设更加注重提高全息感知和电力物联能力，网络安全防护体系逐步健全，各类指标显著提升，并在省会银川市初步建成城市综合示范典型样板，辖区范围内电网智能化程度大幅提升，供电服务能力不断增强。新形势下，随着大规模分布式电源、储能、电动汽车充换电设施广泛接入，要求宁夏配电网进一步提升供电保障能力和综合承载能力。

目前，宁夏配电网智能化水平还无法满足现智能配电网"馈线故障自我恢复，配电系统自我诊断"的要求。配电智能感知终端配置不足，配电网透明化水平和对分布式电源及多元负荷的可观可测水平偏低。通信骨干传输网存在设备老化、国产化率低、三四级网融合度不高、个别区段带宽瓶颈等问题。对分布式电源、微电网、电动汽车、虚拟电厂等新要素的分级分类调控策略不明确，面向源网荷储一体化的智能化技术研发和应用水平相对滞后，难以满足电力动态平衡需求。因此，需开展宁夏现代智慧配电网自动化应用提升研究工作。

二、研究意义

配电自动化作为智能配电网发展的重要组成部分，是提高供电可靠性、提升优质服务水平以及提高配电网精益化管理水平的重要手段，是配电网现代化、智能化发展的必然趋势。建设现代智慧配电自动化系统具有以下主要意义：

（1）提升配电网的运行水平与供电可靠性。在正常运行工况下，通过对配电线路及设备的实时监控，优化运行方式，解决配电网"盲调"的现状；在事故情况下，通过系统的故障查询及定位功能，快速查出故障区段及异常情况，实现故障区段的快速隔离及非故障区段的恢复送电，尽量减少停电面积和缩短停电时间，提升配电网的供电可靠性。

（2）提升配电网电能质量水平。配电自动化系统能够实现对配电网方式进行灵活调整，从而消除线路负荷畸重与畸轻同时存在的现象，进而提高用户电压合格率，提高电能质量。

（3）为配电网规划及技术改造提供基础数据。配电自动化系统能够记录并积累配电网运行的实际数据，为配电网的规划和技术改造提供依据。

（4）提升对分布式光伏等新能源的消纳能力。分布式光伏等新能源接入的电压等级一般为 10kV 和 380V，属于配电自动化系统管理的范畴，通过配电自动化对分布式电源的实时监视，可实现分布式发电与电网的协调运行控制，最大程度避免分布式发电接入对电网运行的不利影响，提升对分布式光伏等新能源的消纳能力。

（5）提高供电企业服务水平。配电自动化系统能够实现配电网故障的快速定位、排除，线路切换、负荷转带等正常操作的时间也大为缩短，极大地减少用户的停电时间，从而切实提高供电可靠率，提高了客户供电服务水平。

（6）满足大规模分布式新能源接网需求。结合分布式新能源发展目标，有针对性加强配电网建设，配套完善电网稳定运行手段，保障电能质量。统筹配电网容量、负荷增长及调节资源，系统开展新能源接网影响分析，评估配电网承载能力，建立可承载新能源规模的发布和预警机制，引导分布式新能源科学布局、有序开发、就近接入、就地消纳。

（7）推动新型储能多元发展。基于电力系统调节能力分析，根据不同应用场景，科学安排新型储能发展规模。引导分布式新能源根据自身运行需要合理配建新型储能或通过共享模式配置新型储能，提升新能源可靠替代能力，促进新能源消纳。在电网关键节点、电网末端科学布局新型储能，提高电网灵活调节能力和稳定运行水平。

第二节　配电网自动化应用发展分析

一、国内外发展现状

1. 国外配网电自动化发展现状

配电技术的现代化是建立在一定的工业基础之上的，是社会技术经济发展到一定程度的产物。国外的配网自动化技术起步较早、发展较快，从 20 世纪的 60、70 年代开始注重并发展配网自动化，经过 20 多年的发展，到 90 年代基本形成成熟的理论和良好的应用。

配网自动化在初期应用的目的主要是提高供电可靠性，这主要有两个原因：

（1）发达国家电气化水平较高，对电力的依赖性远远超过其他国家，因此客观上对供电可靠性的要求较高。

（2）发达国家的配电网结构一般相对完善，管理水平相对较高，客观需要应用配电自动化提高供电可靠性。

配电自动化近40年的发展主要经历了三个阶段：

（1）第一阶段：基于自动化开关设备相互配合的馈线自动化系统（FA），其主要设备为重合器和分段器，不需要建设通信网络和主站计算机系统，其主要功能是在故障时通过自动化开关设备相互配合实现故障隔离和健全区域恢复供电。

（2）第二阶段：随着计算机技术和通信技术的发展，配电自动化系统（DAS）应运而生，它是一种基于通信网络、馈线终端单元和后台计算机网络的实时应用系统，在配电网正常运行时，能起到监视配电网运行状况和遥控改变运行方式的作用，故障时能够及时察觉，并由调度员通过遥控隔离故障区域和恢复健全区域供电。

（3）第三阶段：随着负荷密集区配电网规模和网格化程度的快速发展，仅凭借调度员的经验调度配电网越来越困难；同时，加快配电故障的判断和抢修处理，进一步提高供电可靠率和客户满意度，一种集实时应用和管理应用于一体的配电自动化系统逐渐占据了主导地位，它能覆盖整个配电网调度、运行、生产的全过程，还支持客户服务。这就是配电管理系统（DMS）。

以上三个阶段目前在国外依旧同时存在，往往与一个国家的经济和科技水平有着直接的联系，例如美欧日等发达国家早已进入第三阶段甚至开始新一阶段难度更大的研究。而一些欠发达国家受到国情的限制，馈线自动化只进行到第二阶段，如非洲、印度等，往往来不及进行高级应用的研发，只是突击性建设了某项急需功能。

国外馈线自动化的建设相较于追求功能的齐全和设备的先进，更注重实用性和经济效益，并会根据地区差异，分步实施，逐步完善自动化技术。故障抢修管理、配电基础材料的管理也得到高度重视，利用先进的技术和手段。增进配电网运行管理的工作质量，为客户提供优质服务。

2. 国内配电网自动化发展现状

国内配网自动化系统开发建设初期，多为引进设备和技术，经过几年的摸索，总结经验教训，对配网自动化的功能、系统结构、通信方式及管理体制等有了比较明确的认识，开始由多种基本功能模式探索试点到统一为配电自动化（DA）和配网管理系统（DMS）一体化的基本功能模式。城市配网自动化系统的初期试点工程存在着就地控制的馈线自动化系统（FA）、有通信和主站集中控制的配电自动化、基于GIS的离线配电管理、实时监控的配网自动化与基于GIS的配电管理相集成的DA/DMS等多种基本功能模式。近两三年来建设的系统多是DA与DMS集成为一体化的基本功能模式。

国内配网自动化系统发展目前经历了五个阶段：

（1）20世纪80—90年代，处于配网自动化摸索期，主要学习国外经验技术，进行个别、小规模的试点。

（2）20世纪90年代末—21世纪初，随着城农网改造进行，许多城市进行了配网自动化试点，一小部分城市进行了较大规模的配网自动化建设。根据中电联供电分会的全国范围问卷调查，截至2002年底我国已开展了各种形式的配网自动化系统的单位约占全国地级城市供电企业的 25% ～ 30%，覆盖线路长度约占其全部中压线路长度的 6% ～ 8%，另有不少供电企业实施了覆盖城区大范围的基于配电 AM/FM/GIS 的离线配电管理。该阶段配网自动化建设存在着缺乏规划、规模小、需求不清等很多问题。

（3）2004—2008 年，不少已经建成的配电自动化系统暴露出运行不正常、管理维护困难以及闲置或废弃等问题。这是由于一方面一些地区配电网网架结构、一次设备薄弱，还不具备应用配电自动化的条件，容易"超前建设"；另一方面，有些系统的功能规划不合理，设备质量不过关，再加上企业对提高供电可靠性的认识不足，管理维护工作没有跟上。该阶段配电自动化应用进入低谷时期。

（4）2009—2013 年，随着国家电网公司提出建设坚强智能电网的目标，在总结之前的经验教训基础上，2009 年，国家电网公司重新制定配电自动化发展战略、技术导则及建设改造原则，并开始新一轮的配电自动化建设。

（5）2014 年至今，配电自动化进入建设应用提升阶段。2015 年，国家发展改革委发布了《关于加快配电网建设改造的指导意见》，提出以智能化为方向，全面提升配电网装备水平。在政策支持下，国家电网公司于 2016 年发布了《配电设备一二次融合技术方案》，提出通过提高配电一、二次设备的标准化、集成化水平，提升配电设备运行水平、运维质量和效率，服务配电网建设改造行动计划；同时为了稳妥推进一、二次融合技术，协调传统成熟技术的可靠性与新技术不确定性之间矛盾，国家电网提出分阶段推进一、二次设备融合发展，标志着配电设备的智能化成为行业发展的主要方向之一。

二、智慧配电网自动化应用发展形势

配电网自动化是智能电网的重要基础之一。随着高比例新能源的不断接入，智慧配电网自动化的应用发展形势具备以下特点。

1. 智能化水平提升

随着新能源接入比例的增加，智慧配电网的自动化系统将更加智能化。这包括采用先进的信息技术和自动化控制技术，实现对电力系统中的设备、线路和电能进行实时监测、检测、控制和故障定位等功能。同时，智能配电网自动化系统能够优化电能的分配和利用，提高电网的能源利用率，降低能源消耗，实现节能减排的目标。

2. 灵活性和可靠性增强

高比例新能源接入要求配电网具有更高的灵活性和可靠性。智慧配电网自动化系统能够实现对电网的灵活调节和优化支撑，保障电网的稳定运行。同时，系统能够实时定位和复归电力系统中的故障，缩短故障处理时间，提高电网的故障处理能力和可靠性。

3. 数字化水平提高

数字化是智慧配电网自动化的重要发展方向。通过数字化技术的应用，可以实现电网信息的快速传递和处理，提高电网的运行效率和管理水平。同时，数字化还可以为电网的优化运行和智能决策提供有力支持。

4. 新能源与自动化技术的深度融合

新能源的应用需要大量的自动化技术来支持，而自动化技术也可以为新能源的应用提供有力保障。在高比例新能源接入下，新能源与自动化技术的深度融合将成为智慧配电网自动化应用的重要趋势。例如，智能光伏发电系统、智能风力发电系统等，都是新能源与自动化技术深度融合的典型应用。

5.面临的挑战和机遇并存

高比例新能源接入下，智慧配电网自动化应用面临着诸多挑战，如电网规划、调度、运行控制、继电保护等方面。然而，这也为智慧配电网自动化应用带来了机遇。通过解决这些问题，可以推动智慧配电网自动化应用的创新和发展，为电网的可持续发展提供有力支持。

综上所述，高比例新能源接入下智慧配电网自动化应用的发展形势呈现出智能化水平提升、灵活性和可靠性增强、数字化水平提高、新能源与自动化技术的深度融合以及面临的挑战和机遇并存等特点。这些特点将推动智慧配电网自动化应用的不断创新和发展，为电网的可持续发展提供有力支持。

第三节　配电网自动化建设现状

一、发展现状

智慧配电网自动化是指利用先进的信息与通信技术、智能设备和系统来实现电力系统的自动化和智能化管理。其定义涵盖了利用现代化的信息技术与监控技术，对电网的运行进行信息集成和监控，以提高配电网的可靠性、安全性和经济性。

智慧配电网自动化的主要特征包括：

（1）实时性：能够实时监控和控制电力设备和线路的实时状态，实时反馈数据和信号，及时响应用户的操作和要求。

（2）安全性：具备完善的安全策略和保护机制，能够在发生故障和事故时快速定位和处理，保证系统的运行安全和稳定。

（3）可靠性：其硬件和软件设备具有高度的可靠性和稳定性，能够保证系统的长期稳定运行，并能适应未来的需求和发展。

（4）灵活性：可以根据用户的需求和要求进行灵活地调整和优化，实现对系统的智能化和自动化控制，提高系统的效率和可用性。

（5）监控与信息集成的自动运行：应用现代先进的信息技术与监控技术，对电网的运行进行信息集成和监控。监控设备会实时对智能电网运行状态进行监控，配电网运行出现异常时，可以第一时间被发现，并实时传输运行信息，提高配电网维护与修复的工作效率。

（6）自动免疫功能：当配电网在运行的过程中，系统零件出现故障时，配电网的免疫系统会自动将损坏的零件进行隔离，避免影响配电网其他系统的运行。

这些特征为智慧配电网自动化的设计、实现和运行提供了有力的支持和保障，能够提升系统的整体性能和应用能力，满足不同用户和应用场景的需求。

二、应用现状

1.总体情况

国网宁夏电力公司紧盯智能化发展目标，全力支撑智能电网建设，从发电、输电、变电、配电、用电、调度、信息通信等环节出发，有序安排建设时序，稳步推进电网智能化建设工作，各类智能终端覆盖率明显提升，通信网架布局更加合理，调度自动化各类系统的应用功能更加完善，配电自动化建设更加注重提高全息感知和电力物联能力，网络安全防护体系逐步健全，各类指标显著提升，并在银川市初步建成城市综合示范典型样板，辖区范围内电网智能化程度大幅提升，供电服务能力不断增强，社会认可度处于宁夏回族自治区服务行业领先水平，主要体现在以下几个方面：

（1）智能装备的广泛推广应用，各类移动作业终端有效部署，电网业务在线化、作业移动化、信息数字化水平不断提升，初步实现了输变电业务的精益化管理和电网安全运行决策。用电信息采集覆盖大幅提升，支撑了智能用电服务的提升。

（2）220kV 及以上变电站至少双光缆接入，省公司直属二级机构全部双光缆接入，通信网络可靠性稳步提升。

（3）完成基于 D5000 平台建设的宁夏主用、备用智能电网调度控制系统、调控云站点、电力现货市场技术支持等系统建设，各类调度系统功能日趋完善。

（4）配电自动化加速推广应用，在配电网自愈控制等方面取得进展，提升了配电网的智能化运行水平，用户满意度持续提高。

（5）增强了各类系统抵御网络安全风险能力，在变电站和电厂侧部署各类网络安全监测装置，实现了电力监控系统网络安全事件采集全覆盖，为国网宁夏电力公司网络安全保驾护航。

2. 故障处理模式现状

截至 2023 年底，宁夏地区配电自动化覆盖率为 96.62%，馈线自动化线路覆盖率为 76.05%。故障处理模式为智能分布式的线路有 2 条，集中式的线路有近 700 条，就地型重合式的线路 950 余条，故障监测方式的线路近 300 条。

其中，市辖地区配电自动化覆盖率为 100%，馈线自动化线路覆盖率为 92.59%。故障处理模式为集中式的线路超 460 条，就地型重合式的线路近 100 条，故障监测方式的线路 70 条。

县级地区配电自动化覆盖率为 94.85%，馈线自动化线路覆盖率为 68.11%。故障处理模式为智能分布式的线路有 2 条，集中式的线路有 210 余条，就地重合式的线路近 900 条，故障监测方式的线路超过 200 条。

3. 主站现状

截至 2023 年底，国网宁夏电力公司已按照"生产控制大区分散部署、管理信息大区集中部署"（简称"N+1"）的建设模式完成新一代配电自动化主站系统构建，进一步落实公司范围内主站建设"功能应用统一、硬件配置统一、接口方式统一、运维标准统一"的建设要求。同时，银川等 6 个地市公司也已按照梯级分层防护体系建设要求，完成全部配电自动化主站安全接入区改造，整体宁夏公司配电主站覆盖率达 100%。

配电自动化主站主要具备四个方面的功能：①对配电网进行运行监控以及管控其运行状态；②实现与多系统的数据共享和图模交互；③实现设备运行故障点的精准定位、故障区段的快速隔离，并恢复非故障区域的供电；④开展网络拓扑分析、状态估计、解合环分析等各类高级应用功能。

4. 子站现状

配电子站通常用于通信汇集，也可实现区域监控功能，是配电自动化系统的可选组成部分。截至 2023 年底，国网宁夏电力公司配电自动化系统暂未建设配电子站。

5. 配电通信网现状

截至 2023 年底，国网宁夏电力公司光缆总量达到 1.77 万 km。宁夏电力省级骨干通信网中心站入城光缆分东向、西向路由。宁夏电力省级骨干通信网省级备调中心位于中卫供电公司中心站，省级备调分别通过中卫备调—文昌变、中卫备调—滨河变光缆接入主干环网，实现异地容灾备份。

ADSS 光缆"三跨"治理工作前，宁夏通信网共有涉及近 120 处 ADSS 光缆跨越情况，截至 2023 年底已全部完成跨越治理。宁夏通信网内共有接近 100 个站点需导引光缆双沟道改造，截至 2023 年底已完成所有双沟道改造工作。

宁夏电力三级通信网 SDH 网络 A1 平面，由马可尼 SDH 光传输网络、新建中兴 SDH 网络和马可尼 ASON 光传输网络共同组成。马可尼 SDH 传输网络采用网状网结构组网，网络末端节点设备采用 1+1 链路接入主网络，覆盖宁夏地区 220kV 及以上变电站、用户变、电厂以及 6 个地市公司中心站、模块局等站点；新建中兴 SDH 网络，覆盖省公司、银川、石嘴山除末端站点外全部 220kV 以上站点及吴忠地区部分 220kV 以上站点；马可尼 ASON 传输网络采用 10G 光纤环网结构组网，覆盖省公司中心站、5 个地市公司中心站、数据通信网和调度数据网骨干核心站点，共计 15 个站点，全网由 16 台马可尼 OSN3255 设备组成，其中省公司中心站配置双设备。

6. 信息交互应用现状

信息交互模式按照省地两级模式部署，地理信息系统（GIS）、生产管理系统（PMS）、营销管理系统（CIS）、负荷管理系统和 95598 系统等均统一为省公司一级模式部署，地市级系统配置调度系统和配电自动化系统，同一平台建设。

结合宁夏电网关于配电自动化发展模式的相关要求，采用基于信息交互总线的接口方式进行系统间信息交互，省级系统与地市级系统之间通过信息交互总线进行信息交互，地级主网调度系统与配电自动化系统同一平台建设，信息实时共享。

各系统之间信息交互内容如下：

（1）与生产管理系统（PMS）交互。与生产管理系统交互，获取中压配电网的相关设备参数、配电网设备计划检修及计划停电信息、低压配电网（380/220V）的相关设备参数等。

（2）与电网 GIS 平台交互。与电网 GIS 平台交互，主要是从 GIS 平台获取中压、低压配电网的单线图、区域联络图、地理图以及网络拓扑等，通过在 GIS 系统中维护图形以及网络拓扑，使得配电自动化系统能够减少图形信息的维护工作量，并与实际配电网拓扑保持一致，适应配电网网架变动频繁的特点。

（3）与营销管理信息系统交互。主要获取低压用户以及配电台区的运行数据信息、用户故障信息，支撑配电自动化的各类分析应用及故障抢修功能。

（4）与负荷管理系统交互。主要是获取用户配电变压器（专用变压器）的相关参数、遥测数据以及用户电量计量信息。满足配电自动化系统主站对用电信息的采集和分析。

（5）与 95598 系统交互。主要是获取事故停电报修信息，同时将恢复供电信息发布给 95598 系统，实现配电自动化系统主站的故障隔离和恢复供电的辅助分析功能。

7. 信息安全防护现状

（1）主站生产控制大区安全防护。

1）主站生产控制大区内部安全防护。配电自动化主站生产控制大区系统主机采用经国家指定部门认证的安全加固的操作系统，采用用户名/强口令和数字证书两种方式组合，实现用户身份认证及账号管理。

配电自动化主站生产控制大区系统部署配电加密认证装置，对控制命令、远程参数设置、远程升级等指令采用国家商用非对称密钥算法（SM2、SM3）进行签名操作，实现终端对主站的身份鉴别与报文完整性保护；对配电主站与终端之间的业务数据采用国家商用对称密钥算法（SM1）进行加解密操作，保障业务数据的安全性。

2）主站生产控制大区系统与EMS间的安全防护B1。配电自动化主站生产控制大区系统与调度自动化系统（EMS）之间部署电力专用横向单向安全隔离装置（部署正、反向隔离装置），并在应用层增加认证措施，确保调度自动化系统安全运行。

3）主站生产控制大区与信息管理大区间的安全防护B2。配电自动化生产控制大区主站系统与信息管理大区主站系统之间部署电力专用横向单向安全隔离装置（部署正、反向隔离装置）。

4）主站生产控制大区与安全接入区的安全防护B3。配电自动化生产控制大区主站与安全接入区之间部署电力专用横向单向安全隔离装置（部署正、反向隔离装置）。

（2）安全接入区纵向通信的安全防护B4。

安全接入区部署的采集服务器，采用经国家指定部门认证的安全加密操作系统，采用用户名/强口令、动态口令、物理设备、生物识别、数字证书等至少一种措施，实现用户身份认证及账号管理。

通过光纤接入安全接入区，实现"主站集中控制型"终端接入管理与光纤专网通信的"两遥"终端接入管理，相关安全防护措施包括：

1）使用独立纤芯（或波长），保证网络隔离通信安全。

2）在安全接入区采集服务器与配电终端之间，安全接入区的边界处部署配电安全接入网关，采用国产商用密码算法实现通信链路的双向身份认证和数据加密，保证链路通信安全。

（3）主站信息管理大区纵向通信的安全防护B5。

在信息管理大区，配电自动化主站与配电终端通信采用硬件防火墙、数据隔离组件和配电加密认证装置进行防护，实现无线公网"两遥"终端接入需要。

硬件防火墙采取访问控制措施，对应用层数据流进行有效的监视和控制。

数据隔离组件具有双向访问控制、网络安全隔离、内网资源保护、数据交换管理、数据内容过滤等功能，能实现边界安全隔离，防止非法链接穿透内网直接进行访问。

配电加密认证装置对远程参数设置、远程版本升级等信息采用国产商用非对称密码算法进行签名操作，实现配电终端对配电主站的身份鉴别与报文完整性保护；对配电主站与配电终端之间的业务数据采用国产商用对称密码算法进行加解密操作，保障业务数据的安全性。

（4）终端的安全防护B6。

1）接入生产控制大区的配电终端。接入生产控制大区的配电终端通过内嵌一颗安全芯片，实现通信链路保护、身份认证、业务数据加密。

接入生产控制大区的配电终端，内嵌支持国产商用密码算法的安全芯片，采用国产商用密码算法在配电终端和配电安全接入网关之间建立 VPN 通道，实现通信链路的双向身份认证和数据加密，保证链路通信安全。

利用内嵌的安全芯片，实现终端与主站系统之间基于国产非对称密码算法的双向身份鉴别，对来源于主站系统的控制命令、远程参数设置和远程升级采取安全鉴别和数据完整性验证措施。

配电终端和主站之间交互报文的业务数据采用基于国产对称密码算法的加密措施，确保数据的保密性和完整性。

2）接入信息管理大区的配电终端。接入信息管理大区的运行监测型配电终端，内嵌支持国产商用密码算法的安全加密芯片。对来源于主站系统的远程参数设置和远程升级指令采取安全鉴别和数据完整性验证措施，以防范冒充主站对终端进行攻击；终端应基于国产非对称密码算法实现与主站系统的双向身份鉴别，且对终端和主站之间交互报文的业务数据采取基于国产对称密码算法的数据加密和数据完整性验证，确保传输数据保密性和完整性。

（5）主站信息管理大区内系统间的安全防护 B7。

在信息管理大区，配电主站与不同等级安全域之间的边界，采用硬件防火墙等设备实现横向域间安全防护。

三、发展趋势

党的二十大确立了"以中国式现代化全面推进中华民族伟大复兴"的中心任务，要求"推动绿色发展""加快规划建设新型能源体系""加快发展数字经济"。国家电网公司董事长辛保安在 2023 年公司两会提出，要加快建设现代智慧配电网，推进电网数字化转型，助力规划建设新型能源体系，服务"双碳"目标和中国式现代化。国网宁夏电力公司 2023 年两会报告也明确要求"打造现代智慧配电网，更好适应分布式能源发展和各类多元负荷便捷接入需求"。随着配电自动化技术不断得到创新和应用，未来现代智慧配电网自动化出现以下发展趋势。

1. 智能化和数字化

随着物联网、大数据、云计算等技术的发展，智能化和数字化已成为配电自动化的一大趋势。智能化配电系统可以实现对电网的全面监测和实时控制，实现电力系统智能化管理。数字化技术的应用使得配电系统的数据采集、传输和分析更加准确和高效，实现智能化运行。

智能化和数字化的配电系统可实现对设备的远程监控和实时调控，提高电力系统的可靠性和安全性。通过智能化配电系统对线路的实时监测和故障诊断，能够快速切换故障区域，减少停电时间，提高供电可靠性。数字化技术的应用也使得配电系统的运行更加高效，可实现对电力设备的设备状态监测和预测，提高运维效率，降低运维成本。

2. 物联网应用

基于"云、管、边、端"关键技术、应用支撑平台关键技术，构建"云、管、边、端"一体化的系统集成解决方案。建设"云"化主站，实现配电网运行、状态及管理全过程的全面感知、数据融合及智能应用，支撑配电网的数字化运维。采用光纤专网、无线专网、无线公网融合应用方式，实现配电网的远程通信网和本地通信网。配置集成边缘计算平台的智能配电变压器终端，实现配电网数据处理就地化。安装集成即插即用功能的分布式智能终端与智能传感设备，实现配电网数据灵活采集。基于物联网的配电自动化应用解决方案如图 5-1 所示。

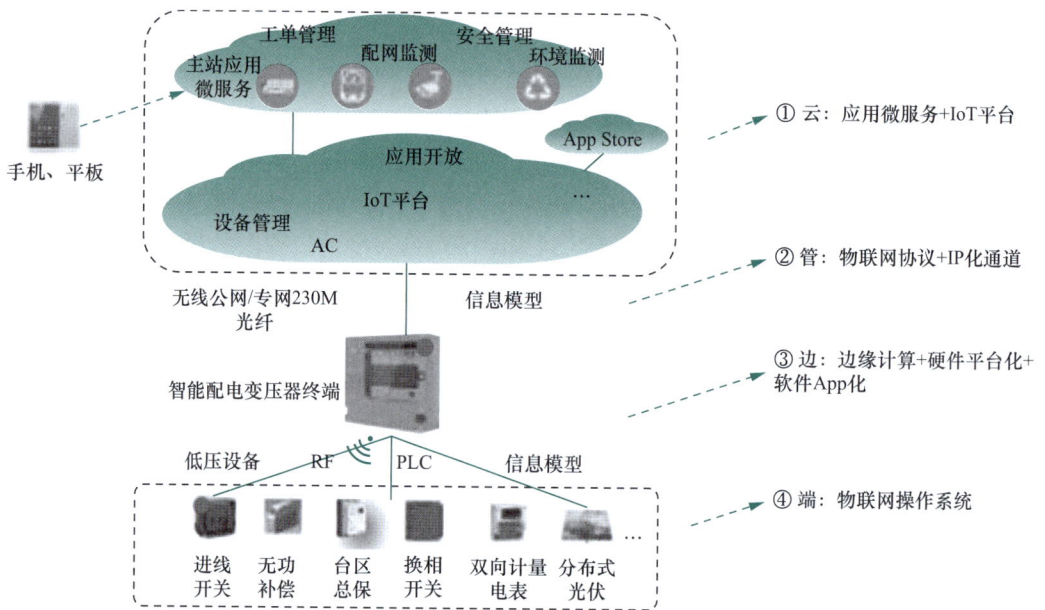

图 5-1　基于物联网的配电自动化应用解决方案

以智能配电变压器终端为核心，在台区配电室、JP 柜、箱式变压器的低压出线及表箱处部署分布式台区感知终端，实现低压出线及表箱 T 接点处的电压电流及开关位置信息采集及监测分析，实现停电区段的研判及告警，分布式台区感知终端采用即插即用设计无需配电变压器及主站侧配置点表信息；部署智能电容，实现对台区电能质量及补偿电容投切状态的实时监测；接入配电变压器温度信息对其运行状态进行实时监测及预警。配置温湿度模块，实现室内温湿度监测及预警。应用配置案例如图 5-2 所示。

3. 可持续发展和节能减排

在当前环境保护和可持续发展的形势下，节能减排已成为配电自动化发展的重要方向。配电自动化技术的应用可以实现对电力系统的能源利用优化，提高电网的能效，降低能源消耗。智能化配电系统可以通过对电力设备的负荷预测和能源分配优化，实现对电力系统的能源管理，降低能源的浪费，提高电网能效。

配电自动化技术的应用还可以实现对电力设备的远程调度和控制，提高电力系统的运行效率，节约了能源。配电自动化还可以实现对电力系统的电能质量和能效的监测和管理，以满足节能减排的要求。

4. 服务型和智慧城市

配电自动化技术的应用也可以实现对城市电网的数据化管理和分析。通过对电力系统的数据采集和分析，可以实现对城市电网运行情况的实时监测和分析，为城市电力系统的规划和建设提供重要的数据支持。通过配电自动化技术的应用，可以实现对城市电力系统的优化运行，实现智慧城市的发展目标。

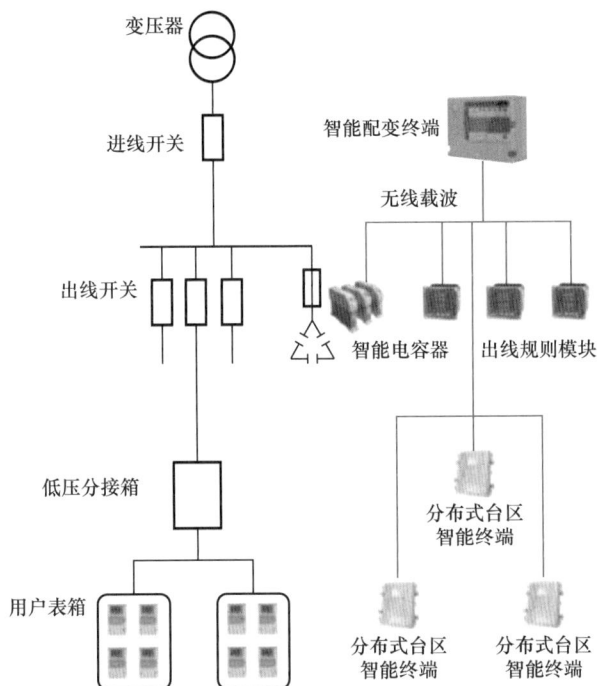

图 5-2　基于物联网的配电自动化应用配置案例

四、存在的问题

1. 网架设备

截至 2023 年底，宁夏中压配电网 N-1 通过率 83.74%，中压配电线路联络率 96.43%，能够满足常规负荷发展用能需求，但是较先进省市还存在一定差距，重点区域安全保供能力尚有不足，无法满足现代智慧配电网"供电能力合理充裕，网架结构清晰坚强，防灾抗灾能力显著提升"的要求。

部分地区配电线路联络不合理，线路分段少，无法有效降低故障停电影响范围，配电自动化具备功能远超于一次网架承载能力，配电自动化建设的投入产出比低于同样资金用于改造一次网架获得的可靠性提升收益。

中压开关设备种类繁多，部分早期开关设备制造工艺粗糙，质量和性能较差，无法满足实施配电自动化建设要求。部分环网柜、柱上开关等设备不具备电动操作机构、供电电源、二次设备安装空间等，无法满足配电自动化实施需求。

2. 运行水平

（1）部分架空线路分段或联络点仍采用隔离开关，在配网运行方式调整过程中，需要采用短时扩大停电范围的操作方式，增加了停电范围和非检修段的停电次数，降低了供电可靠性。

（2）在建设区域部分开关站存在多级串供情况，线路短，保护装置的级差配合相当困难，影响保护动作的选择性。

（3）中压开关设备种类繁多，部分早期开关设备制造工艺粗糙，质量和性能较差，无法满足实施配电自动化建设要求。

（4）配电自动化系统作为配电网运行监控平台、配网设备数据汇集中心，系统的整体效益和规模效益尚未充分体现，对配网抢修指挥、技改大修、优化运行、设计规划等业务的支持有限，对故障判断、抢修、可靠性管理等工作的支持范围和深度尚不满足精益化管理要求。

3. 配电自动化

配电自动化主要存在以下问题：

（1）配电自动化覆盖率和有效覆盖水平不足，配电自动化发展水平不均衡。截至2023年底，国网宁夏电力公司 A、B 类供电区域配电自动化覆盖 100%，C、D 类供电区域线路自动化覆盖率分别为 96.96%、94.06%，对达到配电网完全"可观可测可控"还有一定差距。此外，部分单一设备不具备电动操作机构、无 TV、老化严重等问题，改造工作仍然需持续推进。

（2）馈线自动化应用水平不高。集中式 FA 投运比例低，部分就地式 FA 线路定值与逻辑设定配合不合理，线路仍存在越级跳闸及扩大故障隔离范围的现象。单相接地故障处置、分析能力不足，实用化管控穿透性不强，配电自动化系统数据应用价值挖掘欠缺，较精益化管控要求还有很大差距。

（3）通信条件尚不满足配电自动化应用需求，制约配电自动化建设。部分地市公司光纤及无线公网通信范围仅覆盖市区以及县城范围内部分地区，偏远地区仍存在盲区，无法满足终端通信网络广域覆盖的要求。无线通信方式受地域影响稳定性相对较差，尤其是 C、D 类地区配电线路通道多会跨越山区，"二遥"终端通信稳定性依赖运营商基站布点，存在信号覆盖盲区，导致终端通信受阻，影响终端信息采集、在线率及故障研判分析。租用运营商网络存在故障响应不及时、处理时效性差、租用费用高等问题。

4. 运维管理

随着高比例新能源接入配电网，要求电力设备的运行维护更加安全和高效，其基本特征主要包括 3 个方面：

（1）新型电力系统的复杂运行条件对传统电力设备的状态感知和运行维护提出了更高的要求。

电力设备的运行安全是整个电网可靠运行的基础。电力设备状态全面、及时、精准感知和自适应调整是保障设备安全的前提条件，也是实现电力设备智能化的技术瓶颈。高比例新能源接入下新型电力系统的强不确定性、波动性以及大量谐波引入会导致电力设备承受更加极端、变化剧烈的运行条件，对电力设备的安全、可靠运行提出了更高的要求。需要解决复杂变化条件下设备状态实时感知、精准评估和故障隐患及时预警的问题，研究极端条件下电力设备的失效机理、规律以及长效服役维护的策略，实现电力设备的精益化管理和高效维护，保障新型电力系统复杂运行条件下电力设备长期运行的安全性和可靠性。

（2）新型电力设备的大量应用给设备运行维护带来了新的挑战。

新型电力设备是指为支撑新型电力系统建设和发展而广泛应用的关键设备，如以电力电子技术为基础的电能变换与控制装置（简称电力电子变换装置）、大规模储能设备、环境友好型绿色环保电力设备、远海风电接入相关装备等。这些新型电力设备在传统电网中运行时间较短、应用范围相对较小，缺乏经过大量实践检验的、行之有效的状态评估方法，设备的运行和维护技术尚不成熟，设备故障产生、发展的机理和演变规律等基础科学问题还有待深入研究。如何准确掌握新型电力设备的健康状态、提高设备安全稳定运行水平受到广泛各界关注。

（3）"双碳"目标对电力设备绿色高效运行提出了新的要求。

绿色高效是新型电力系统的主要特征之一。电网在大力支持新能源接入消纳的同时，应该进一步降低电网自身的碳排放水平，实现规划设计、建设运行、运维检修各环节的低碳化转型。考虑到电力设备的数量巨大、增长迅速，在减少碳排放的需求下，提高现有电力设备的利用效率、延长老旧设备使用寿命、降低设备的运行损耗是新型电力系统高效运行的重要目标。亟须研究的关键问题主要包括影响设备利用率和使用寿命的关键参量实时辨识和精准预测方法、电网设备综合能耗的影响因素及控制策略等。

为了更好地支撑新型电力系统的建设和发展，主要围绕复杂运行条件下设备安全可靠运行和设备高效节能优化运行两个主要需求，以电力物联网、电力专用大数据与人工智能以及电力设备实时数字孪生为核心，深入开展电力设备数字化和智能化技术的研究和应用，以此为基础，进一步研究新型电力设备状态评估以及电力设备高效利用等关键技术，形成新型电力系统背景下设备运行维护的技术体系，为设备健康状态的全面深度感知和设备高效安全运行提供科学依据和技术支撑。

同时，配电网智慧化转型涉及专业领域多、数字化水平高且流程性强，新技术、新设备、新方法迭代更新快，对配电网专业人员配置及综合业务素质要求越来越高。但县公司、供电所规划建设、生产运维人员业务承载能力与电网发展规模不匹配，适应数字化、智慧化转型的骨干人员缺乏，人才培养不够，技术水平达不到要求，且缺乏数字化的工作经验，配电网人才队伍建设较其他先进省份差距较大，难以适应新业态、新业务的发展需求。

第四节　配电网自动化建设要求

一、建设需求
（一）经济社会发展需求

宁夏社会经济处于稳步发展阶段。随着全市社会经济的持续健康发展和人民生活水平的不断提高，带动了电力基础产业的迅猛发展。人们对电能质量、供电可靠性和企业的优质服务水平也提出了更高的要求，尤其越来越多的重要用户对用电方式、用电质量等都提出了特殊用电需求。

根据对供电可靠性的要求以及中断供电危害程度，重要用户可以分为特级、一级、二级重要用户和临时性重要用户，重要用户均应双电源或多电源供电。

用户供电电源应依据用户分级、用电性质、用电容量、生产特性以及当地供电条件等因素，经过技术经济比较、与用户协商后确定。

特级重要用户应具备三路及以上电源供电条件，其中的两路电源应来自两个不同的变电站，当任何两路电源发生故障时，第三路电源能保证独立正常供电。

一级重要用户的电源应来自不同变电站或来自同一变电站的不同中压母线。

二级重要用户的电源应至少来自同一变电站的不同中压母线。

临时性重要用户按照用电负荷重要性，在条件允许情况下，可通过临时架线等方式满足双电源或多电源供电要求。

对普通用户可采用单电源供电。

重要用户应根据有关规定要求配置自备应急电源，并配置保安电源、非电性质应急措施。自备应急电源、非电性质应急措施、谐波治理措施应与供用电工程同步设计、同步建设、同步投运、同步管理。

多电源供电时宜采用同一电压等级电源供电，自备应急电源、供电电源切换时间和切换方式要符合重要用户允许中断供电时间的相关规定。

为重要用户供电的电源线路，当采用电缆供电时，每路电源宜独立路径，因条件限制必须与其他线路同路径时，排管或沟槽之外部分应采取电缆防外力措施；采用架空线路供电时，重要用户的多电源之间不得同杆架设。

当配电网不具备为特级重要用户供电的条件时，用户宜选用高电压等级供电。

此外，为了应对全球气候变化，保障社会经济的可持续性发展，满足建设资源节约型和环境友好型社会的要求，从国家能源战略和宏观政策层面上对电力系统的发展也提出了更高的要求，近年来，分布式电源、微电网、电动汽车等的快速发展，使得配电网的功能和形态正在发生显著变化，传统配电网的供电能力和技术水平已经无法满足以上多方面的供电要求。

配电网智能化建设是提高供电可靠性和供电质量、扩大供电能力、实现配电网高效经济运行的重要手段，目前在国际上已逐步成为提高网络运行水平、管理水平和降低损耗的重要途径，无疑也成为宁夏配电网发展的必然方向。

（二）配电网运行管理需求

1.配电网调度运行

配电网是连接电力用户和输电网的中间环节，配电网的安全可靠运行直接影响负荷的持续可靠供电。随着电力需求的迅速增长、供电要求的提高，配电网的规模越来越庞大、接线越来越复杂。实现配电网的优化调度、对运行方式进行合理的调整将成为调度员的日常工作。宁夏配电网调度运行面临的现状问题及发展趋势如下。

（1）配电网大部分线路具有联络关系，运行方式具备调整的基本条件；随着配电网规模的扩大，接线越来越复杂，造成配电自动化调度日益复杂。

（2）配电网中各类负荷具有不同的变化规律，馈线的负荷之间具有互补性，优化调度运行方式成为发展趋势；临时配电变压器的接入会对配电网的优化运行方式造成影响，进行运行方式调整时需计及临时供电需求，有助于提高配电网的运行效率。

总之，打破配电网固定运行方式的现状，根据网络接线与负荷的变化实时调整运行方式，实现配电网的优化调度能够有效提高配电网的运行效率。然而，对于实际配电网，由于量测信息少、信息质量不高，目前调度的智能化、自动化程度不高，主要依赖经验进行调度，或处于"盲调"状态。配电网的优化调度难以实现。

配电自动化技术作为智能电网建设的重要部分，它既能有效提高配电网的运行与管理水平、降低损耗，又是实现智能调度的重要手段，因此成为实现宁夏配电网优化调度的必然选择。

2.配电网检修管理和故障抢修

随着宁夏经济的发展，人们对用电的需求和依赖程度已经越来越重要。电力系统的发展必须有充足的电源、强大的输电网、可靠的配电网有机结合，才能满足社会各界的需要。安全、优质、经济的供电，其中以安全最为重要。

现行的故障停电抢修流程存在诸多弊端，如由于管理区域划分的狭义性，位于管理区域交界处的故障任务抢修进度往往会被延误；当一个管理区域有多个抢修班组时，对故障状况的交接也会造成抢修进度的延误；此外，抢修进度未能及时反馈到客服中心的情况下，无法第一时间为用户提供最新用电信息等。

为保证电力系统的安全运行、保证电业工作人员和公众的生命安全，必须在配电网运行过程中不断对其进行监测、分析和控制，实现运行管理的自动化。配电自动化包括了电网运行、运行计划及优化、维修管理和用户接口管理及控制等4个主要功能，这些功能之间有着十分密切的联系，而安全管理则贯穿在整个系统之中。防人身触电、防误操作、绝缘老化检测、故障快速切除等工作是配电运行检修管理和故障抢修的重点，在配电自动化系统中都得到了很好的实现，能有效解决检修管理和故障抢修中的众多问题。因此，进行配电自动化技术是宁夏配电网安全可靠运行的重要支撑，配电自动化是宁夏配电网建设的重要方向。

3.分布式电源接入

分布式电源作为传统供电方式的一种补充，可充分利用洁净新能源，并结合各地的实际情况，灵活高效地进行发电，在电力系统中得到了广泛的应用并扮演着越来越重要的角色。近些年由于当今社会对能源与电力供应的质量与安全可靠性要求越来越高，大电网单一供电的模式已经不能满足这种要求。考虑到上述问题，大电网与分布式发电相结合的发电模式被认为是21世纪电力工业的发展方向。

然而，大量的分布式电源接入配电网将会对配电系统的结构和运行产生很大的影响，从最根本上讲，是因为它的接入使得配电网中各支路的潮流不再是单方向流动，从而改变了传统电力系统的运行模式，使电力系统的负荷预测、规划和运行与过去相比有了更大的不确定性。为了获得正确的决策，必须给出分布式电源的最优位置和容量，对分布式电源给配电网造成的影响做出准确的评估，使得分布式电源在电网的逐步渗透不会破坏电网运行的安全性和经济性。

除此之外，各种形式的分布式发电技术本身还有待进一步的研究和完善。比如从分布式发电与传统电网连接的角度看，必须针对含有分布式电源的电网规划与运行方式、继电保护、安全性与稳定性、对控制中心的影响等一系列问题进行深入的研究。

配电自动化技术的发展，使得分布式电源的接入问题得到较好的解决。配电自动化概念的提出，可实现分布式电源并网的"宽限接入"和大量接入，这将有助于更充分地利用可再生能源。同时，配电自动化系统中的配电网运行监视和控制系统将实现对分布式电源的实时监控和控制，将分布式电源接入对电力系统造成的负面影响降到最低，能实现分布式电源的平稳接入和安全可靠运行。

二、建设重点

（一）调度自动化的建设重点

1.调度控制系统需完善提升

（1）国网宁夏电力调度控制中心调度自动化主备调系统并列运行系统建设，进一步完善省级调控中心智能电网调度控制系统各类应用功能，建设"两城三地、应急容灾相结合"的同步双活全业务备用调度体系，实现调控场所、调控系统、调控人员的可靠、高效和灵活备用，确保电网调控业务不间断持续运转。打造"广泛互联、智能互动、灵活柔性、安全可控"为特征的电网调度控制系统，建设"两城三地、应急容灾相结合"的同步双活全业务备用调度体系，实现调控场所、调控系统、调控人员的可靠、高效和灵活备用，确保电网调控业务不间断持续运转。

（2）对地区调度现有控制系统进行改造，提升地区调度现有调控系统运行稳定性和安全性，开展高级应用设备及功能完善、辅助系统改造、新能源安全接入区建设、网络交换及安防设备改造、调度大屏幕系统改造。

（3）对地区调度备调系统进行改造，包括系统及设备安装、功能调试、高级应用设备及功能完善、备调机房装修、备调机房辅助设备建设。完善地区调度识别？阻击？删除？恶意代码、可信验证、运维权限管控等相关功能，提升地区调度现有调控系统运行稳定性和安全性。

2. 需进行省级调控云建设

在综合分析现有平台和应用现状的基础上，考虑宁夏电网发展、新能源接入、电力市场改革等各方面的需求，结合云计算、大数据等先进适用技术，满足"物理分布、逻辑统一"的全新架构重构大电网调度控制技术支撑新体系要求，采用"云大物移智"等先进成熟技术，建设宁夏电网调控云 B 站点，完善宁夏电网调控云省级协同节点 A/B 双站点模式，实现 A/B 双站点存储、平台及业务双活。

建设内容包括：构建基础设施层、数据平台层和应用场景层，实现物理资源弹性扩展、数据标准化管理、应用按需服务，提升信息感知与同步、电网在线分析、调度精益化管理与调控数据深度应用的支撑能力。

3. 电力现货市场子系统建设

随着电力体制改革的全面深化，电力中长期交易规模不断扩大，亟待加快探索建立电力现货交易机制，改变计划调度方式，发现电力商品价格，形成市场化的电力电量平衡机制。

国家发展改革委和国家能源局发布的《国家发展改革委办公厅 国家能源局综合司关于开展电力现货市场建设试点工作的通知》［发改办能源（2017）1453 号］中明确，应逐步构建中长期交易与现货交易相结合的电力市场体系。国家发展改革委办公厅、国家能源局综合司发布的《关于加快推进电力现货市场建设工作的通知》［发改办体改（2022）129 号］中提出，2022 年要进一步加快全国统一电力市场体系的建设完善及现货市场的建设推进，其中，第一批试点地区原则上 2022 年开展现货市场长周期连续试运行，第二批试点地区原则上在 2022 年 6 月底前启动现货市场试运行，其他地区应尽快开展现货市场建设工作，宁夏作为首批 6 个试点地区之一，在 2022 年开展了现货市场建设，主要内容是建设一套宁夏省级电力现货市场子系统，包括 A/B 两个节点，分别部署在宁夏回族自治区调和备调（中卫地调）自动化机房，实现宁夏电力现货市场全过程业务，覆盖省内各类统调火电、新能源、电网企业、售电公司和电力用户。

4. 新一代调度控制系统试点和推广建设

（1）在功能设计上，构建适应特高压交直流混联大电网一体化安全运行、大规模清洁能源高效消纳、电力市场化运营以及源网荷储协同互动等新形势，满足实时、高效、准确处理全局问题和调度精益化管理的需要，以电网全面数字化为基础，大力应用"云大物移智链"等ICT先进技术，采用"双翼双发、四轮驱动"的总体设计思路，基于"物理分布、逻辑统一"的混合体系架构，建设具有"智能、安全、开放、共享"特征的新一代调度技术支持系统，促进电网调度的深度自动化、广泛智能化和全景可视化，全面构建自主可控的国产调度自动化装备，支撑电网安全运行和电力运行组织，全面服务于"双高"电网一体化运行控制目标，有效支撑"绿色低碳、安全高效"能源体系运转。

（2）在体系架构上，基于运行控制子平台和调控云子平台两种平台，构建实时监控、自动控制、分析校核、培训仿真、计划预测、主配协同调控、运行评估和调度管理八大类业务应用，利用调度数据网、综合数据网和互联网三种网络，广泛采集发电厂、变电站、用电采集、电动汽车以及柔性负荷等数据，并基于人机云终端，实现对两种平台、八大类业务应用的统一浏览查看。

5. 调度数据网络架构完善和运维管控能力提升

（1）进一步完善调度数据网网络结构，开展各地市局备调网络的完整性建设。加速调度数据网各骨干节点，核心、汇聚节点的带宽升级改造，以满足日趋庞大的电力行业相关业务承载要求，开展地区调度第二接入网骨干/汇聚层建设，全面推进35～110kV变电站接入层站点覆盖。

（2）积极促进新增汇聚节点建设，提高宁夏电力调度数据网场站接入能力。开展场站双汇聚节点接入工作，进一步提升接入网场站双汇聚接入能力。全面推动全网老旧设备更换工作，针对全网运行年限较长的网络设备进行设备更换，确保调度数据网安全平稳运行。

（二）配电自动化建设重点

1. 配电自动化系统主站实用化功能提升

（1）集中打造多源信息融合配电自动化系统。全力推进新一代配电自动化主站建设及应用，完成配电自动化主站云化改造，全面融入配电物联网体系，打造多源数据融合接入的配网运行监测平台。在应用统一中低压配网图模和营配完全贯通的基础上，集中处理配网设备状态、环境监测、安防等多类规约数据，实现配网运行多层级的状态监测与管控。

（2）差异化构建配网故障综合研判处置体系。充分挖掘数据应用价值，通过多专业多系统数据共享综合研判，实现配电自动化系统对配网故障的主动精准快速研判。优化故障处理机制，差异化制定"一线一案"技术改造方案，馈线自动化与配网分级保护相结合，最小化快速隔离故障区域。研究故障监测分析技术，站内设备与站外设备协同配合，实现单相接地故障准确定位快速切除。

（3）深化配电网二次系统网络安全防护体系建设。基于新一代配电自动化系统梯级防护架构，优化完善配电网二次系统的网络安全防护的体系架构。推进网络安全监测平台、可控功能建设，构建配电网二次系统纵向/横向全方位的防护体系。全面实现配电二次设备安防的融合，确保"数据有效融合、可信本地共享"。

（4）强化配网运营数据分析能力。提升配网运行监测能力，及时发现配电网设备运行薄弱环节，强化配电网精准建设；开展供电网格评价分析，提出差异化运维策略；开展服务全过程数据深度挖掘，支撑营配调专业协同管理水平提升。

（5）基于电网资源业务中台完善配电侧运营体系。常态化开展电网资源业务中台日常运营工作；建立针对共享服务、数据、模型、应用接入等长效机制，满足公司各类应用服务调用需求；升级技术支撑平台，持续优化和完善配套管理工具；建立统一信息模型可视化管理系统，支撑模型动态配置、迭代完善。

（6）扎实搭建基于中台的企业电网资源微应用群。基于电网业务中台建设成果，完成配电网相关管理系统的微应用全面改造及运行，构建全面支撑运检作业的微服务能力框架，最终形成面向各专业用户、管理人员的"一系统、一平台"电网资源微应用群。

2. 配电自动化终端智能化建设

以提升配电自动化主站智能管控水平、末端感知能力为主线，立足现代智慧配电网建设要求，从网络信息安全、数据整合分析、可调资源控制、云边协同、设备状态感知等方面，推进配自主站系统建设；持续开展配电终端（FTU、DTU）、故障指示器建设，提升中压配网运行状态感知、故障处置能力，以台区智能融合终端为核心提升台区状态感知能力，实现低压智能开关、储能、充电桩、分布式光伏的状态监测。到"十四五"末，馈线自动化覆盖率达到95%、遥控使用率不低于90%、遥控成功率不低于95%、配电终端自动化覆盖率100%、台区智能融合终端覆盖率不低于90%、配网线路实现故障指示器全覆盖。

3. 故障处理模式方面

A 类地区，以全自动集中式馈线自动化模式，开展配电线路故障处置，深化配电自动化主站故障处置功能应用，优化故障处置策略，1min 内完成故障区域定位、2min 隔离、3min 非故障线路恢复供电。探索基于 5G 的新一代配电网故障处理体系开发和应用，5G 全覆盖区域，可布点使用分布式 FA 或纵差保护等故障处理模式。

B、C 类地区，以全自动集中式馈线自动化和就地式馈线自动化配合的模式，开展配电线路故障处置，一是深化配电自动化主站故障处置功能应用，优化故障处置策略。二是完善就地式馈线自动化逻辑功能配置。2min 内完成故障区域定位、3min 隔离、4min 非故障线路恢复送电。具备 5G 通信条件的，可探索基于 5G 的新一代配电网故障处理体系开发和应用，5G 全覆盖区域，可布点使用分布式 FA 或纵差保护等故障处理模式。

D 类地区，以就地式馈线自动化模式，开展配电线路故障处置，完善就地式馈线自动化逻辑功能配置，2min 内完成故障区域定位、3min 隔离、4min 非故障线路恢复送电。具备 5G 通信条件的，可分区段探索基于 5G 的新一代配电网故障处理体系开发和应用。

（三）通信网建设重点

1. 骨干通信网

（1）光缆网。

1）省级光缆网。省级骨干通信网的建设重点主要集中在光缆网架局部路由、网络结构、传输系统、设备升级换代等方面，拟解决光缆网架局部路由存在的薄弱环节、骨干通信网网络结构不完善、传输系统带宽容量不足、设备运行可靠低等问题。

2）地市光缆。地市骨干传输网的建设重点以进一步完善光缆网架为主，增加光缆路由与数量，提升光纤覆盖率，电力通信网应全面覆盖。

各电压等级输变电设施、各级调度等电网生产运行场所，满足电网安全生产等业务对通信带宽及可靠性的要求，支撑坚强智能电网发展。增加光缆纤芯数，110kV 线路不少于

48 芯，35kV 线路不少于 24 芯，逐步消减光缆瓶颈区段。重点解决重要业务共缆、备纤不足、老化等光缆问题，提高通信光缆的安全性和可靠性。

（2）光传输网。

1）省级骨干光传输网。省级骨干光传输网旨在优化网络结构，升级改造运行年限较长的 SDH 设备，实现 OTN 骨干环承载大颗粒调度数据网及综合数据网业务，光方向连接丰富、光纤资源使用率提高，SW-A1 平面承载的部分保护、安控、调度交换、调度数据网等业务割接至 SW-A2 平面承载，实现生产业务双重化、双通道分离，降低单节点设备故障风险，优化重要业务承载方式，形成完善的生产管理类业务双重化设备配置，网络运行维护及管理效率大幅提升。

2）地市骨干光传输网。地市骨干传输网计划对运行接近 10 年的 SDH 设备进行替换，解决传输设备老化、故障增多的问题，提高设备运行可靠性。

（3）数据通信网。

省级骨干数据通信网将主要集中在升级网络带宽、提升网络覆盖率、减少峰值带宽占比等方面，对调度交换网、行政交换网等进行升级改造，进一步优化完善公司网络架构，系统运行更加安全稳定。

各地市供电公司数据通信网的建设重点是进行数据网优化改造。改造完成后，PE 设备使用 ISIS 协议，通过 ASON 传输通道与省公司核心 PE 实现双向互联，通过这样的连接方式，实现"口"字形互备模式，有效提升数据通信网可靠性，保证数据通信网所承载的各项业务顺利开展。目前各地市供电公司普遍存在的问题是信息广域网信息内、外网业务改为以物理隔离模式传输。

2. 终端通信接入网

（1）10kV 光纤专网。

国网宁夏电力公司结合配电网络发展多业务承载需求，进一步延伸扩大通信网覆盖范围，开展无线专网建设，推进终端通信接入网光纤专网、无线公网、电力线载波、无线专网等多种技术体制融合。提升配用电通信网络安全可靠性，满足坚强智能电网接入灵活、即插即用和高度安全的通信接入要求。终端通信接入网发展重点方向是按照配用电环节的发展需要，建设无线专网，满足配电自动化、用电信息采集、电力光纤到户、电动汽车充电站、分布式能源接入等通信业务的接入和上联需求，形成与骨干传输网垂直贯通、面向用户、安全可控的一体化通用通信接入平台。

（2）无线虚拟专网。

在国网银川供电公司、固原供电公司、宁东供电公司开展 5G 电力虚拟专网试点工作。

1）结合试点工作开展情况，完成试点选址和试点任务部署，通过内部提需和外部调研相结合的方式，确定扩大试点建设任务和建设重点。

2）完成试点单位 5G 电力虚拟专网下沉 UPF 部署和网络环境搭建，在三家地市公司完成 5G 电力虚拟专网部署，并督促运营商测试跨地市 5G 核心网络服务能力。

3）结合业务接入需求，完成配电自动化三遥、精准负控等 25 项常规控制类业务接入（其中配电自动化三遥业务 18 项、精准负控业务 3 项、分布式电源调控业务 2 项、配电差动保护业务 1 项、配网区域保护业务 1 项）和安全加固。

4）结合实际需求，适时扩大业务承载范围，完成输电线路在线检测、变电站机器人巡检等新业务接入和网络安全测试。

（3）其他通信系统。

将国网宁夏电力应急指挥通信系统建成为一个整合自备机动通信系统、电力通信专网和公用电信网三种资源的省级应急通信系统。目前，应急指挥通信系统由车载站、卫星便携站组成，具备远程接入、近程覆盖的通信能力，具备应急状态下的数据通信及召开电视电话会议的条件。

（4）网络管理系统。

结合2023年通信技改项目，开展国网宁夏银川供电公司110kV兵沟变等2座变电站10kV通信接入网建设配电通信网建设、国网宁夏宁东供电公司110kV西团变等10个站点配电网通信设备建设、国网宁夏中卫供电公司110kV滨河变等10座变电站配电光纤专网建设、国网宁夏固原供电公司110kV北郊变等10个通信站点配电光纤专网建设、国网宁夏吴忠供电公司220kV利通变等4个站点配电网通信设备改造、国网宁夏石嘴山供电公司110kV光明变等11个变电站配电自动化通信网建设。建设配电通信网网管系统，解决地市公司配电通信网设备OLT、ONU等设备管理，业务配置能力，提升网络管理水平。

（四）智能终端建设重点

1.变电站终端

一是通过新建和改造智能变电站配套运行采集终端，不断提升变电站终端覆盖率；二是随输变电工程建设，配套建设变压器油中溶解气体监测装置，同时对在运变压器进行改造，增加变电设备在线监测终端；三是新建和改造智能巡检设备，包括巡视主机、摄像机和巡检机器人，不断提升变电站终端智能化水平。

2.线路终端

根据《国家电网有限公司十八项电网重大反事故措施及编制说明》（2018年修订版）6.8.1.10条，跨越高铁时应安装分布式故障诊断装置和视频监控装置；跨越高速公路和重要输电通道时应安装图像或视频监控装置等规定要求，一是完成重要输电通道、重要线路区段视频可视化监测终端的安装建设；二是完成输电线路所有"三跨"区段图像或视频监测终端的安装改造；三是完成部分输电线路在特殊地理区段导线弧垂监测装置、杆塔倾斜监测装置、覆冰监测装置、微风振动监测装置及污秽监测装置的安装；四是完成110kV高压电缆线路局放监测装置的安装；五是配置巡检终端，主要是巡检无人机，持续提升巡检线路覆盖范围；六是安装建设电缆隧道视频监控终端，实现对电缆隧道工井下方两侧隧道的视频监控；安装电子井盖监测终端，防止外部人员侵入电缆隧道；安装环境监测终端，用于监测电缆隧道内氧气及可燃有毒有害气体含量、温度和湿度等；安装消防监测终端，实现在电缆发生过热故障后迅速启动灭火装置。

3.配电自动化终端

以配电网数字化水平实现"宁夏标杆"为目标引领，大幅度提升自动化覆盖水平，配网运行状态透明监视；推动自愈体系优化升级，配电网故障自愈时间压缩至秒级；推进各类数字化终端互联互通，实现营配数据全交互、新能源全监测、核心业务全应用；加快配电自动化系统和供电服务指挥系统中台化改造及应用深化，实现设备状态全面监控、故障主动研判自愈、电能质量在线治理、分布式能源海量接入等高级应用，全力支撑现代"双一流"发展目标落地。

4. 监控终端

随着"双碳"目标的提出，新能源将逐渐成为能源消费的主力进而大力发展，在这种背景下配电网将从传统的电能传输发展为全面支撑分布式能源消纳、多元用户连接、各类业务聚合的能源交互平台，因此为了更好地推进分布式电源、储能、电能汽车等灵活性负荷的科学合理发展，需要通过建设电动汽车充换电设施监测装置、分布式电源监测终端等实现各类灵活性负荷的可观可测可调可控。

5. 智能计量

为进一步提升设备智能感知水平，满足高频、全量数据采集、事件精准上报、现货市场交易等业务要求，将加快完成存在功能缺陷电能表的改造，完成无安全芯片、老旧终端的改造，大力推广新一代智能电能表和模块化终端的建设应用。为提升通信接入效能，将开展 HPLC 模块更换、4G 远程通信模块和 5G 通信物联模块的推广应用。

三、建设原则

（一）配电自动化建设原则

1. 设计原则

（1）馈线自动化的选型需要综合考虑供电可靠性要求、网架结构、一次设备、保护配置、通信条件，以满足未来中长期区域规划的运行维护合理需求。

（2）馈线自动化建设方案对比表见表 5-1。

（3）针对存量线路，电缆线路选择关键的开关站、环网箱进行改造，杜绝片面追求"全改造"造成的一次设备大拆大建；架空线路以更换 / 新增三遥或二遥成套化开关为主，实现架空线路多分段。

（4）对于新建配电线路和开关等设备，结合配电网建设改造项目同步实施，对于电缆线路中新安装的开关站、环网箱等配电设备，按照三遥标准同步配置终端设备；对于架空线路，根据线路所处区域的终端和通信建设模式，选择三遥或二遥终端设备，确保一步到位，避免重复建设。

表 5-1　　　　　　　　　　　馈线自动化建设方案对比表

模式	集中型	电压时间型	电压电流时间型	自适应综合型	智能分布式
供电区域	A、B 类区域	B、C、D 类区域	B、C、D 类区域	B、C、D 类区域	A、B 类区域
网架结构	架空、电缆	架空、电缆	架空	架空	电缆
通信方式选择	EPON、工业光纤以太网、无线	无线	无线	无线	工业光纤以太网、EPON
变电站出线开关重合闸及保护要求	配合变电站出线开关保护配置	需配置 1 次或 2 次重合闸	需配置 3 次重合闸	需配置 1 次或 2 次重合闸	速动型智能分布式 FA 要求：需实现保护级差配合
配套开关操作机构要求	弹操、永磁	电磁、弹操	弹操	弹操、电磁	弹操、永磁
定值适应性	定值统一设置，方式调整不需重设	定值与接线方式相关，方式调整需重设	接地隔离时间定值与线路相关	定值自适应，方式调整不需重设	定值统一设置，方式调整不需重设

模式	集中型	电压时间型	电压电流时间型	自适应综合型	智能分布式
特点	（1）灵活性高，适应性强，适用于各种配电网络结构及运行方式； （2）开关操作次数少； （3）要求高可靠和高实时性的通信网络； （4）可对故障处理过程进行人工干预及管控； （5）可实现故障定位、隔离、非故障区域恢复等全部配电网故障处理功能	（1）可自行就地完成故障定位和隔离； （2）线路运行方式改变后，需调整终端定值	（1）可自行实现故障就地定位和就地隔离； （2）快速处理瞬时故障和永久故障； （3）需要变电站出线断路器配置3次重合闸； （4）线路运行方式改变后，需调整终端定值	（1）可自行就地完成故障定位和隔离； （2）具备接地故障处理能力； （3）运行方式改变无须修改定值； （4）非故障区域需要一定时间恢复供电	（1）快速故障处理，毫秒级定位及隔离，秒级供电恢复； （2）停电区域小； （3）定值整定简单； （4）速动型智能分布式FA要求主干线间隔为断路器，变电站出线开关保护动作时限需0.3s及以上的延时； （5）需要较高的通信可靠性、实时性

（5）为提高接地故障检测及定位效率，对于架空线路，可在部分主干线、分支线增加具备单相接地故障检测能力的远传型故障指示器。

（6）推广应用一、二次成套化配电设备，配电一次设备与自动化终端采用成套化设计制造，采用标准化接口和一体化设计，配电终端具备可互换性，便于现场运维检修。

（7）充分考虑馈线自动化改造与变电站出线开关重合闸次数、保护时限的配合关系，为发挥馈线自动化的功效，争取更有利的保护定值与时限级差配合条件。

（8）论证配电馈线分段点的合理性，和联络开关配合的协调性，运用配电网线路"一线一案"分析工具优化馈线分段，确定最佳配电终端或就地型馈线自动化分段开关安装位置。

2. 选型原则

（1）集中型馈线自动化选型技术原则。

1）适用范围。适用于A类区域架空、电缆配电线路，以及B、C类区域电缆线路，能够处理永久故障、瞬时故障，通过配电主站完成故障信息收集和事后追忆，可适应配电网运行方式和负荷分布的变化。

2）布点原则。对于配电线路关键性节点，如主干线联络开关、分段开关，进出线较多的节点，配置三遥配电终端；非关键性节点如无联络的末端站室等，可不配三遥配电终端；对于分支线路可配置二遥动作型终端。

3）技术特点。集中型馈线自动化优势：灵活性高，适应性强。可以方便适用于各种配电网络结构及运行方式，开关操作次数少。

集中型馈线自动化局限性：依赖于主站和通信，故障处理环节较多。

（2）重合器式就地型馈线自动化选型技术原则。

1）适用范围。适用于A、B、C类区域以及部分D类区域，以架空线路应用为主。

2）布点原则。

配电线路干线分段开关不宜超过3个。

对于线路大分支原则上仅安装一级开关，与主干线开关配置相同，如变电站出线开关有级差裕度，可选用断路器开关，配置一次重合闸。

对线路重要用户分支、小分支设置分支（界）开关，实现用户分支故障的自动隔离。分支（界）开关可选用断路器、负荷开关。

变电站出线开关保护配合。变电站出线断路器设速断保护、限时过流保护，配置两次重合闸（电压电流时间型馈线自动化要求配置三次重合闸）；若只配置一次重合闸，可通过设置首个分段开关时间定值来缩短变电站出线开关重合闸充电时间，使重合闸再次动作。或者借助主站系统对变电站出线断路器的控制策略来实现。

3）技术特点。

电压时间型馈线自动化。不依赖于主站和通信，实现故障就地定位和就地隔离。线路运行方式改变后，需调整终端定值。

电压电流时间型馈线自动化。不依赖于主站和通信，实现故障就地定位和就地隔离；瞬时故障恢复供电时间较短。需要变电站出线开关 3 次合闸；线路运行方式改变后，需调整终端定值。

自适应综合型馈线自动化。不依赖于主站和通信，实现故障就地定位和就地隔离；具备单相接地故障处理能力；运行方式调整后无须修改定值。相比电压时间型和电压电流时间型馈线自动化，非故障区域恢复供电时间较长。

（3）智能分布式馈线自动化选型技术原则。

1）适用范围。智能分布式馈线自动化（简称"分布式 FA"）适用于 A 类及部分 B 类区域电缆线路。

2）布点原则。

配电主干线路开关全部为断路器时，若变电站 / 开关站出口断路器保护满足延时配合条件（出口保护延时 0.3s 及以上），可配置速动型分布式 FA；若不满足延时配合条件，则配置缓动型分布式 FA。

配电主干线路开关全部为负荷开关时，配置缓动型分布式 FA。

开闭所、环网柜、配电室安装成套具备分布式 FA 功能的站所终端，实现电缆主干线进出线故障的快速定位、隔离，控制联络开关实现非故障区域的快速恢复。

通过分布式 FA 实现联络互投的线路，应采用同一种类型（速动型、缓动型）的配电终端。

3）技术特点。

速动型智能分布式 FA。可快速定位、隔离故障，故障影响范围最小，故障隔离的时间最短，灵敏度、选择性高。主干线间隔均需配置断路器，设备性能要求较高，且变电站出线开关保护动作时限需大于等于 0.3s。

缓动型智能分布式 FA。主干线路间隔可为负荷开关，一次设备改造量少，节省投资。会造成全线短时停电，恢复故障点上游供电需与出线开关进行配合。

（二）协调性要求

（1）配电自动化建设应与配电网一次网架、设备相适应；在一次网架设备的基础上，根据供电可靠性需求合理配置配电自动化方案。

（2）配电网一次设备新建、改造时应同步考虑配电终端、通信等二次需求，配电自动化规划区域内的一次设备如柱上开关、环网柜、配电站等建设改造时应考虑自动化设备安装位置、供电电源、电操机构、测量控制回路、通信通道等，同时应考虑通风、散热、防潮、防凝露等要求。

（3）配电网建设、改造工程中涉及电缆沟道、管井建设改造及市政管道建设时，应一并考虑光缆通信需求，同步建设或预留光缆敷设资源，并考虑敷设防护要求；排管敷设时应预留专用的管孔资源。

（4）对能够实现继电保护配合的分支线开关、长线路后段开关等，可配置为断路器型开关，并配置具有继电保护功能的配电终端，快速切除故障。

（5）在用户产权分界点可安装自动隔离用户内部故障的开关设备，视需要配置二遥或三遥终端。

（6）配电自动化主站应与一、二次系统同步规划与设计，考虑未来 5～15 年的发展需求，确定主站建设规模和功能。

（7）电流互感器的配置应满足数据监测、继电保护和故障信息采集的需要。电压互感器的配置应满足数据监测和开关电动操动机构、配电终端及通信设备供电电源的需要，并满足停电时故障隔离遥控操作的不间断供电要求。户外环境温度对蓄电池使用寿命影响较大的地区，或停电后无须遥控操作的场合，可选用超级电容器等储能方式。

（8）配电自动化系统与 PMS、电网 GIS 平台、营销 95598 系统等其他信息系统之间应统筹规划，满足信息交互要求，为配电网全过程管理提供技术支撑。配电自动化系统可用于配电网可视化、供电区域划分、空间负荷预测、线路及配电变压器容量裕度等计算分析，指导用电客户、分布式电源、电动汽车充换电设施等有序接入，为配电网规划设计提供技术支撑。

（三）故障处理模式规划原则

1. 故障处理原则

（1）应根据供电可靠性要求，合理选择故障处理模式，并合理配置主站与终端。

（2）A 类供电区域宜在无须或仅需少量人为干预的情况下，实现对线路故障段快速隔离和非故障段恢复供电。

（3）故障处理应能适应各种电网结构，能够对永久故障、瞬时故障等各种故障类型进行处理。

（4）故障处理策略应能适应配电网运行方式和负荷分布的变化。

（5）配电自动化应与继电保护、备自投、自动重合闸等协调配合。

（6）当自动化设备异常或故障时，应尽量减少事故扩大的影响。

2. 故障处理模式选择

（1）故障处理模式包括馈线自动化方式与故障监测方式两类，其中馈线自动化可采用集中式、智能分布式、就地型重合器式三类方式。

（2）集中式馈线自动化方式可采用全自动方式和半自动方式。

（3）应根据配电自动化实施区域的供电可靠性需求、一次网架、配电设备等情况合理选择故障处理模式。A、B 类供电区域可采用集中式、智能分布式或就地型重合器式；C、D 类供电区域可根据实际需求采用就地型重合器式或故障监测方式；E 类供电区域可采用故障监测方式。

（四）终端规划原则

1. 总体要求

（1）配电自动化系统主站应面向智能配电网，突出信息化、自动化、互动化的特点，遵循 IEC 61968 等标准，实现信息交互、数据共享和集成，支撑配电网的智能化管理和应用。

（2）配电主站功能应满足配电网调度控制、故障研判、抢修指挥等要求，业务上支持规划、运检、营销、调度等全过程管理。

（3）配电主站是配电自动化系统的核心组成部分，应构建在标准、通用的软硬件基础平台上，具备可靠性、适用性、安全性和扩展性。

（4）配电主站的监控范围为变电站中压母线和出线开关监测与控制，开关站中压母线和进出线开关监测与控制，中压线路和开关设备监测或控制，配电变压器（公用、专用变压器）监测，以及分布式电源等其他需要监测的对象。

（5）配电主站应根据公司配电自动化标准体系要求，充分考虑配电自动化实施范围、建设规模、构建方式、故障处理模式和建设周期等因素，遵循统一规划、标准设计的原则进行有序建设，并保证应用接口标准化和功能的可扩展性。

（6）配电主站建设应考虑配套的机房、空调、电源等环境条件的建设，满足系统运行要求。

2. 主站系统配置

（1）配电自动化系统宜采用"主站＋终端"的两层构架。若确需配置子站，应根据配电网结构、通信方式、终端数量等合理配置。

（2）配电主站应对配电网设备的运行情况进行监控，并支撑配网调度、生产管理等业务需求，具体功能规范应符合 Q/GDW 513—2010《配电自动化主站系统功能规范》的要求。

3. 主站规模设计

（1）配电主站应根据配电网规模和应用需求进行差异化配置，依据 Q/GDW 625—2011《配电自动化建设与改造标准化设计技术规定》中的实时信息量测算方法确定主站规模。配电网实时信息量主要由配电终端信息采集量、EMS 系统交互信息量和营销业务系统交互信息量等组成。

1）配网实时信息量在 10 万点以下，宜建设小型主站。

2）配网实时信息量在 10 万～50 万点，宜建设中型主站。

3）配网实时信息量在 50 万点以上，宜建设大型主站。

（2）配电主站宜按照地配、县配一体化模式建设。对于配网实时信息量大于 10 万点的县公司，可在当地增加采集处理服务器；对于配网实时信息量大于 30 万点的县公司，可单独建设主站。

4. 主站功能配置

（1）主站功能应结合配电自动化建设需求合理配置，在必备的基本功能基础上，根据配网运行管理需要与建设条件选配相关扩展功能。

（2）配电主站均应具备的基本功能包括：配电 SCADA；模型／图形管理；馈线自动化；拓扑分析（拓扑着色、负荷转供、停电分析等）；与调度自动化系统、GIS、PMS 等系统交互应用。

（3）配电主站可具备的扩展功能包括：自动成图、操作票、状态估计、潮流计算、解合环分析、负荷预测、网络重构、安全运行分析、自愈控制、分布式电源接入控制应用、经济优化运行等配电网分析应用以及仿真培训功能。

（五）通信网络规划原则

1. 总体要求

（1）配电通信网规划设计应对业务需求、技术体制、运行维护及投资合理性进行充分论证。配电通信网应遵循数据采集可靠性、安全性、实时性的原则，在满足配电自动化业务需求的前提下，充分考虑综合业务应用需求和通信技术发展趋势，做到统筹兼顾、分步实施、适度超前。

（2）配电通信网所采用的光缆应与配电网一次网架同步规划、同步建设，或预留相应位置和管道，满足配电自动化中、长期建设和业务发展需求。

（3）配电通信网建设可选用光纤专网、无线公网、无线专网、电力线载波等多种通信方式，规划设计过程中应结合配电自动化业务分类，综合考虑配电通信网实际业务需求、建设周期、投资成本、运行维护等因素，选择技术成熟、多厂商支持的通信技术和设备，保证通信网的安全性、可靠性、可扩展性。

（4）配电通信网通信设备应采用统一管理的方式，在设备网管的基础上充分利用通信管理系统（TMS）实现对配电通信网中各类设备的统一管理。

（5）配电通信网应满足二次安全防护要求，采用可靠的安全隔离和认证措施。

（6）配电通信设备电源应与配电终端电源一体化配置。

2. 组网方式

（1）有线组网宜采用光纤通信介质，以有源光网络或无源光网络方式组成网络。有源光网络优先采用工业以太网交换机，组网宜采用环形拓扑结构；无源光网络优先采用EPON系统，组网宜采用星形和链形拓扑结构。

（2）无线组网可采用无线公网和无线专网方式。采用无线公网通信方式时，应采取专线APN或VPN访问控制、认证加密等安全措施；采用无线专网通信方式时，应采用国家无线电管理部门授权的无线频率进行组网，并采取双向鉴权认证、安全性激活等安全措施。

（六）信息交互规划原则

（1）配电自动化系统与调度自动化系统、PMS、电网GIS平台、营销业务系统等其他系统进行信息交互，遵循源端唯一、源端维护的原则，实现数据共享和应用集成。

（2）配电自动化信息交互模型应遵循标准化原则，即以IEC 61970/61968CIM标准为核心，遵循和采用调度自动化系统、PMS、电网GIS平台、营销业务系统等相关集成规范。

（3）配电自动化应采用标准化的信息交互方式，即采用总线形式的信息交互体系架构、标准化的功能接口、数据格式与语义等。

（4）信息交换总线应支持基于消息的业务编排、信息交互拓扑可视化、信息流可视化等应用，满足各专业系统与总线之间的即插即用。

（5）应根据主站规模和相关信息系统的接口数量，合理配置信息交换总线的相关软硬件。

（七）信息安全防护原则

（1）在生产控制大区与管理信息大区之间应部署正、反向电力系统专用网络安全隔离装置进行电力系统专用网络安全隔离。

（2）在管理信息大区Ⅲ、Ⅳ区之间应安装硬件防火墙实施安全隔离。硬件防火墙应符合公司安全防护规定，并通过相关测试认证。

（3）配电自动化系统应支持基于非对称密钥技术的单向认证功能，主站下发的遥控命令应带有基于调度证书的数字签名，现场终端侧应能够鉴别主站的数字签名。

（4）对于采用公网作为通信信道的前置机，与主站之间应采用正、反向网络安全隔离装置实现物理隔离。

（5）具有控制要求的终端设备应配置软件安全模块，对来源于主站系统的控制命令和参数设置指令应采取安全鉴别和数据完整性验证措施，以防范冒充主站对现场终端进行攻击，恶意操作电气设备。

四、建设目标

以新能源为主体的新型电力系统承载着能源转型的历史使命，是清洁低碳、安全高效能源体系的重要组成部分，是以新能源为供给主体、以确保能源电力安全为基本前提、以满足经济社会发展电力需求为首要目标，以坚强智能电网为枢纽平台，以源网荷储互动与多能互补为支撑，具有清洁低碳、安全可控、灵活高效、智能友好、开放互动基本特征的电力系统。清洁低碳，形成清洁主导、电为中心的能源供应和消费体系，生产侧实现多元化清洁化低碳化、消费侧实现高效化减量化电气化。安全可控，新能源具备主动支撑能力，分布式、微电网可观可测可控，大电网规模合理、结构坚强，构建安全防御体系，增强系统韧性、弹性和自愈能力。灵活高效，发电侧、负荷侧调节能力强，电网侧资源配置能力强，实现各类能源互通互济、灵活转换，提升整体效率。智能友好，高度数字化、智慧化、网络化，实现对海量分散发供用对象的智能协调控制，实现源网荷储各要素友好协同。开放互动，适应各类新技术、新设备以及多元负荷大规模接入，与电力市场紧密融合，各类市场主体广泛参与、充分竞争、主动响应、双向互动。

1. 调度自动化

重点通过多级协同运行控制体系和调度数据网络等方面建设，有序推广新一代调度技术支撑体系落地应用，持续补强调度数据网接入网水平，推进电网调度数字化、智能化水平提升，提升大电网调度的智能化水平，实现信息共享由"碎片化收集，为我所用"向"智能化关联，互联共享"转变，实现电网监控由"局部感知、独立决策"向"全景感知、协同防控"转变，实现计划决策由"就地为主、互补余缺"向"时空多维、全局统筹"转变，实现负荷调度模式由"源随荷动"向"源荷互动"的转变，进一步提升大电网新能源消纳能力。

2. 配电自动化

重点通过配电自动化主站实用化、配电自动化终端智能化、配电信息交互与共享等方面建设，全面提升除配电自动化主站现有的数据采集、安全防护、红黑图异动功能外，将进一步注重拓扑分析、状态估计、解合环分析等、配电网故障研判等应用的实用化水平，持续提升配电终端有效覆盖率，强化配自主站故障区间判别功能、集中式 FA 故障隔离功能、非故障区间供电恢复能力，持续提升配电网供电可靠性、供电质量与服务水平。

3. 通信网

重点通过骨干通信网和终端通信接入网两方面建设，有效整合骨干传输网光缆资源，适度提升光缆裕量，丰富各级光缆路由，提升光缆安全可靠性，为传输网独立双平面建成提供有力支撑，按照省地一体规划原则有序推进 OTN 网络延伸，持续开展薄弱光缆线路的补强、ADSS 光缆"三跨"整治及重要通信站点光缆双沟道改造工作，提升安全可靠性。优化网络结构和接入层至骨干层的接入方式，合理化网络层次，提升传输网的承载能力。

4. 智能终端

重点通过变电、输电、配电、用电等方面部署设备监测，实现变电设备终端全面感知、状态自动巡视、输电线路多维度全景监测，全面提高输电线路状态感知的智能化水平和配电自动化有效覆盖率。智能巡检、自动化及监控、用户计量等终端装置，推进信息全面采集、状态全息感知、灵活交互控制，提升中压线路配电终端智能化水平，增强配电终端互通性能，实现故障精准定位、自动处理，建成智慧线路，提升供电可靠性。

（1）变电终端：至 2030 年，通过对机器人及智能视频巡检系统功能的完善，代替人工开展变电站全域巡检。至 2030 年，依据国家电网公司统一部署，开展存量机器人的内网远程控制及数据接入工作，实现智能巡检机器人内网安全接入、数据全面贯通，实现 35kV 及以上变电站设备监控和智能巡视全覆盖。

（2）输电终端：至 2030 年，开展无人机零值、憎水性检测及检修物料平台搭载等新技术应用和升级；实现影像数据自动识别分析。至 2030 年，完成智能巡检机器人试点部署工作，实现机器人自主巡视、检测等工作；推广技术成熟的电缆隧道机器人，例如，小型红外检测和消防机器人等，实现隧道机器人产品系列化，提升智能巡检水平。

（3）配电终端：至 2030 年，10kV 架空线路开关自动化终端覆盖率达到 100%，配电终端全年在线率大于 95%、配电网线路 FA 投用比例大于 80%、遥控使用率大于 90%、遥控成功率大于 95%、保护正确动作率大于 95% 的目标。至 2030 年，10kV 架空线路开关自动化覆盖率达到 100%，10kV 电缆线路开关自动化覆盖率达到 100%；一二次融合设备覆盖率、设备可靠性大幅提升，降低运维压力；提升中压线路配电终端智能化水平，增强配电终端互通性能，实现故障精准定位、自动处理，建成智慧线路，提升供电可靠性；借助智能融合终端完成全区 A、B 类供电区域 10kV 公用变压器台区 90% 覆盖。具体见表 5-2 和表 5-3。

表 5-2 　　　　　　　　　　2027 年宁夏地区配电自动化建设目标

供电区域	供电可靠性目标	终端配置方式
A	用户年平均停电时间不高于 47min（≥99.991%）	覆盖率、有效率 100%；三遥或二遥
B	用户年平均停电时间不高于 157min（≥99.970%）	覆盖率、有效率 100%；以二遥为主，联络开关和特别重要的分段开关可配置三遥
C	用户年平均停电时间不高于 530min（≥99.899%）	覆盖率 100%，根据实际情况配置；二遥
D	用户年平均停电时间不高于 15h（≥99.828%）	

表 5-3   2030 年宁夏地区配电自动化建设目标

供电区域	供电可靠性目标	终端配置方式
A	用户年平均停电时间不高于 37min（≥ 99.993%）	覆盖率、有效率 100%； 三遥或二遥
B	用户年平均停电时间不高于 131min（≥ 99.975%）	覆盖率、有效率 100%； 以二遥为主，联络开关和特别重要的分段开关可配置三遥
C	用户年平均停电时间不高于 515min（≥ 99.902%）	覆盖率、有效率 100%，根据实际情况配置； 二遥或一遥

（4）用户侧终端：至 2027 年，电力市场发展越来越快，为满足需求，促使将来的厂站终端具备透传等智能功能；调整现有用电信息采集主站架构，优化上线仅用于厂站采集及厂站数据监控、预判、分析数据、应用的独立系统，直接实现主站对智能电能表的采集。至 2030 年，提升智能化运维，满足有力支撑现货市场交易等新业务、新业态需要。

第五节　配电网自动化建设提升方案

现代智慧配电网建设以配电网网架建设为基础，结合配电智能化建设，打造安全可靠、经济稳定、响应迅速的现代智慧配电网自动化体系建设路径由整体到局部。分为以下几个步骤。

（1）现代智慧配电网建设以网架建设为基础，通过梳理现有配电网网架的薄弱环节，分析规划建设重点，并结合各类供电区域建设基本原则，在满足区域用户用电需求的前提下，逐步完善配电网网架结构，以坚强稳定的配电网网架为依托，进行配电自动化建设。

（2）梳理各供电区域配电自动化薄弱环节，提出配电自动化建设重点。

（3）根据各类型馈线自动化适用场景，确定各供电区域馈线自动化类型，并以此为先决条件，进行配电自动化建设。

（4）从馈线自动化建设开始，根据各供电区域不同进行一次设备建设，缺少一次设备的线路进行新建，已有设备但设备运行年限过长或存在重大安全隐患的，进行更换，设备老旧、功能不全的进行改造。

（5）针对一次设备功能不全的，进行二次设备建设，结合配电自动化终端建设原则，根据各一次设备实际情况进行建设。

（6）根据配电自动化建设情况，结合通信网建设原则，进行通信网规划建设。

（7）针对已建设完成的现代智慧配电网自动化，进行运维系统建设，保障配电自动化系统安全稳定运行。

一、分区域线路设计方案

根据不同类型供电区域（A、B、C、D、E 五类）的配电网网架结构，提出差异化的配电网自动化线路设计方案。

中压配电网结构应根据城乡建设发展规划、负荷密度以及中压配电网现状及实施的可行性，合理选择接线方式，配电网的网架结构宜简洁，并尽量减少结构种类，以利于配电网自动化的实施。一般宜采用环式结构，开环运行。

10kV 及以下电网定位为面向用户的中低压配电网。主干线路按饱和负荷"一步到位",构建智能互联的目标网架,适应多元化负荷、分布式能源接入需求。城区电网分区清晰、智能灵活,农村电网因地制宜、逐步互联。

A、B 类供电区域,电缆网推荐双环网、单环网式接线结构;C 类供电区域,电缆网推荐单环网式接线结构。

A、B、C 类供电区域,架空网推荐多分段适度联络、多分段单联络式接线结构;D 类供电区域,架空网推荐多分段单联络、多分段单辐射式接线结构;E 类供电区域,架空网推荐多分段单辐射式接线结构。

不同类型供电区推荐的 10kV 目标电网结构见表 5-4。

表 5-4   10kV 电网目标电网结构推荐表

线路型式	供电区域类型	目标电网结构
电缆网	A、B	双环式、单环式
	C	单环式
架空网	A、B、C	多分段适度联络、多分段单联络
	D	多分段单联络、多分段单辐射
	E	多分段单辐射

电缆线路接线方式:单环网、双环网,如图 5-3、图 5-4 所示。

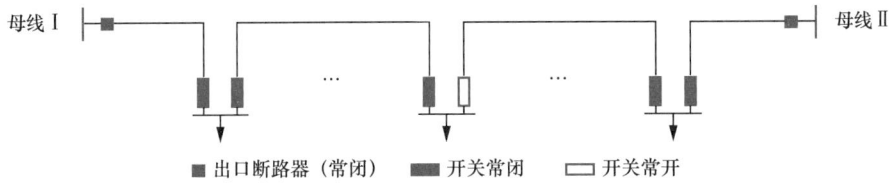

图 5-3 单环网

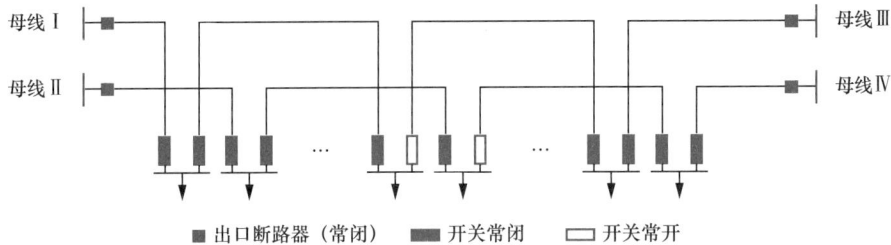

图 5-4 双环网

架空线路接线方式:多分段适度联络、多分段单联络、单辐射。如图 5-5 ~ 图 5-7 所示。

10kV 线路应依据变电站的位置、负荷密度和运行管理的需要,分成若干个相对独立的分区。分区应有大致明确的供电范围,正常运行时一般不交叉、不重叠,分区的供电范围应随新增加的变电站及负荷的增长进行调整。

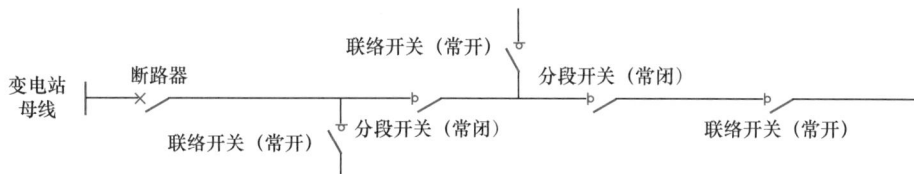

图 5-5 多分段适度联络

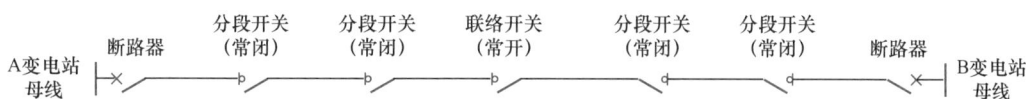

图 5-6 多分段单联络

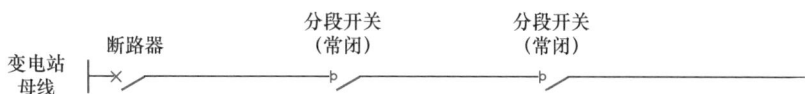

图 5-7 单辐射

根据宁夏地区已有供电分区、供电网格、供电单元划分情况,结合不同供电区域网架结构要求,进行规划建设:

(1)负荷发展成熟区域,即中心城区等重要行政、经济中心区域,该类区域负荷发展已接近饱和,建设重点倾向于对现有网架结构的完善和补充,结合该区域薄弱环节,以改造为主优化已有网架结构,支撑配网智能化建设需求;

(2)负荷逐步发展区域,即县域中心城区、工业建设园区等负荷正在发展的区域,该类区域负荷正处于较快增长趋势,现有网架大多难以支撑该区域经济发展建设情况,需以新建为主,结合各类供电区域网架建设要求,提升该类地区供电能力;

(3)负荷发展缓慢区域,即农牧民生活区域等无重大用电负荷需求的区域,该类区域负荷正处于并将长期处于自然增长趋势,现有网架大多足以满足负荷增长需求,建设重点倾向于已有网架的改造,用以提升用户用电质量,并通过进行配电自动化建设,保证用户安全稳定用电。

二、馈线自动化设计方案

馈线自动化(FA)是配电自动化建设的重要组成部分,是指利用自动化装置或系统监视配电网的运行状况,及时发现配电网故障,进行故障定位、隔离和恢复对非故障区域的供电。馈线自动化又分为集中型馈线自动化和就地型馈线自动化。

(一)集中型馈线自动化

集中型馈线自动化是指:借助通信手段,通过配电终端和配电主站的配合,在发生故障时依靠配电主站判断故障区域并通过自动遥控或人工方式隔离故障区域,恢复非故障区域供电。集中型馈线自动化包括半自动和全自动两种方式。集中型馈线自动化功能应与就地型馈线自动化、就地继电保护等协调配合。

(1)适用接线方式。

按照国家电网公司馈线自动化选型技术原则要求,集中型馈线自动化适用于 A 类区域架空、电缆配电线路，以及 B、C 类区域电缆线路。

（2）动作逻辑。

集中型馈线自动化是由配电主站通过通信系统集中收集配电终端故障保护动作信号、开关变位信号、量测信号以及配网故障测量信号，根据网络拓扑判断配电网运行状态，集中进行故障定位，并通过遥控或手动方式实现故障的自动隔离与恢复供电。如图 5-8、图 5-9 所示。

F1 点发生短路故障，变电站出线开关 CB1 检测到故障后跳闸，线路分段开关 F11 检测到故障过流信息。

线路正常供电时，F11/F12/F21/F22 为分段开关，L01 为常开联络开关。

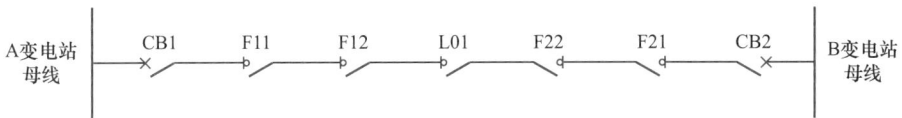

图 5-8　线路正常供电

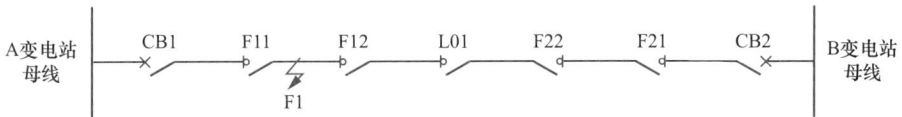

图 5-9　故障发生

（3）故障定位。

配电主站实时监视开关遥信变位信息，当系统收到变电站出线开关动作信息以及分段开关 F11 过流信号，而分段开关 F12、F21、F22 以及联络开关 L01 未有故障信息，则判定线路发生在分段开关 F11 和 F12 之间，从而实现故障定位。如果是全自动集中型馈线自动化，则配电主站自动遥控 F11、F12 开关跳闸，隔离故障；如果是半自动集中型馈线自动化，则人工遥控 F11、F12 开关跳闸，实现故障隔离。

（4）故障隔离。

配电主站根据故障定位结果，结合故障线路的对侧线路的负载率生成转供方案，遥控或人工操作方式使联络开关 L01 合闸，恢复 F12 和 L01 之间非故障区间的供电恢复。

宁夏全部地市均已配置配电自动化主站，需根据以下要求建设馈线自动化：

（1）一次开关设备。

针对新增设备：线路分段开关、联络开关采用负荷开关，弹簧操作机构，具备电动操作功能，有自动化接口。分支或分界开关采用断路器、弹簧或永磁操作机构，具备电动操作功能，有自动化接口。

针对存量设备：现有开关为电动操作机构，且预留自动化接口时，可通过对柱上开关加装 TV 及配套 FTU 等设备的方式满足集中型馈线自动化功能需求。

（2）配电终端。

架空线路分段开关、联络开关配置三遥馈线终端 FTU，分支 / 分界开关可配置二遥动作型馈线终端 FTU；电缆线路开闭所、环网箱、配电室配置三遥站所终端 DTU。

（3）通信方式。

充分利用现有成熟通信资源，三遥终端采用光纤等专网通信，具备光纤敷设条件的站所终端可建设光纤通道，实现遥控功能；若不具备光纤等专网通信条件，可采用无线公网通信，实现故障监测功能。"二遥"终端以无线公网通信方式为主。

（4）保护配置。

无特殊要求。可通过分析线路负荷、变电站主变压器抗短路能力等因素，调整变电站出线开关保护定值，实现配电线路保护级差配合。

（二）就地型馈线自动化

就地型馈线自动化是指：不依赖配电主站控制，在配电网发生故障时，通过配电终端相互通信、保护配合或时序配合，隔离故障区域，恢复非故障区域供电，并上报处理过程及结果。就地型馈线自动化包括重合器式和智能分布式。

1. 重合器式就地型馈线自动化

重合器式就地型馈线自动化是指发生故障时，通过线路开关间的逻辑配合，利用重合器实现线路故障定位、隔离和非故障区域恢复供电。具有不依赖主站和通信、动作可靠、运维简单等优点。根据不同判据又可分为电压时间型、电压电流时间型以及自适应综合型。

（1）电压时间型。

电压时间型馈线自动化是依靠"无压分闸、来电延时合闸"的工作特性，通过变电站出线开关两次合闸来配合，实现一次合闸隔离故障区间，二次合闸恢复非故障段供电。

（2）电压电流时间型。

电压电流时间型馈线自动化通过在故障处理过程中记忆失压次数和过流次数，通过变电站出线开关多次重合闸来配合，实现故障区间隔离和非故障区段恢复供电。通常配置三次重合闸，一次重合闸用于躲避瞬时性故障，线路分段开关不动作，二次重合闸隔离故障，三次重合闸恢复故障点电源测非故障段供电。

（3）自适应综合型。

自适应综合型馈线自动化是通过"无压分闸、来电延时合闸"方式，结合短路/接地故障检测技术与故障路径优先处理控制策略，通过变电站出线开关两次合闸来配合，实现多分支多联络配电网架的故障定位与隔离自适应，一次合闸隔离故障区间，二次合闸恢复非故障段供电。

重合器式就地型馈线自动化的适用接线方式和建设方案详细介绍如下：

（1）适用接线方式。

按照国家电网公司馈线自动化选型技术原则要求，重合器式就地型馈线自动化用于A、B、C类区域以及部分D类区域，以架空线路应用为主。结合宁夏地区该类供电区域，依据以下要求进行重合器式就地型馈线自动化建设。

（2）建设方案。

1）配套柱上开关选用。

a. 分段开关、联络开关。

针对新增设备：采用负荷开关，具备电动操作功能，有自动化接口；电压时间型和自适应综合型可选用电磁操作机构开关或弹簧操作机构开关；电压电流时间型需选用弹簧操作机构开关。

针对存量设备：现有开关为电动操作机构，且预留自动化接口时，可通过对柱上开关加装 PT 及配套 FTU 等设备的方式满足不同类型重合器式馈线自动化功能需求。

b. 分支（分界）开关。

分支开关可与变电站出线开关进行保护级差配合时应选用柱上断路器，配置电流速断保护，一次重合闸，可选择弹操机构或永磁机构；分支开关与出线开关无级差配合时，可选用负荷开关或断路器。

2）配套环网柜选用。

a. 针对新增设备：应选用含配电自动化接口的环网箱，进线负荷开关 / 出线断路器。当采用电压时间型和自适应综合型馈线自动化时，进线负荷开关可选用电磁操作机构或弹簧操作机构；电压电流时间型馈线自动化需选用弹簧操作机构开关。

b. 针对存量设备：现有环网箱具备改造条件时，可通过加装电动操作机构、三相电流互感器（TA）、三相电压互感器（TV）、站所终端 DTU 等设备满足不同类型重合器式馈线自动化功能需求。

3）重合器式馈线自动化配套终端选用。重合器式馈线自动化配套"二遥"动作型FTU 或 DTU，可采用无线公网通信方式将采集信息上传至主站。

4）配套保护配置选用。电压时间型和自适应综合型馈线自动化可配置 1 次或 2 次重合闸，电压电流时间型需配置 3 次重合闸。

5）重合器式馈线自动化开关动作时限。

a. X 时限：开关合闸时间或延时合闸时限。若开关一侧加压持续时间没有超过 X 时限时线路失压，则启动 X 闭锁，再来电时反向送电不合闸。

b. Y 时限：故障检测时间或延时分闸时限。合闸后，如果 Y 时间内一直可检测到电压，则 Y 时间后即使发生失电分闸，开关也不闭锁。合闸后，如果没有超过 Y 时限，线路又失压，则开关分闸、并保持在闭锁状态，再来电时正向送电不合闸。

2. 智能分布式馈线自动化

智能分布式馈线自动化通过配电终端之间的相互通信实现馈线的故障定位、隔离和非故障区域自动恢复供电的功能，并将处理过程及结果上报配电自动化主站。具有不依赖主站、动作可靠、处理迅速等优点。智能分布式馈线自动化可分为速动型分布式馈线自动化和缓动型分布式馈线自动化。

（1）速动型。

应用于配电线路分段开关、联络开关为断路器的线路上，配电终端通过高速通信网络，与同一供电环路内相邻配电终端实现信息交互，当配电线路上发生故障，在变电站出口断路器保护动作前，实现快速故障定位、故障隔离和非故障区域的恢复供电。

（2）缓动型。

应用于配电线路分段开关、联络开关为负荷开关或断路器的线路上。配电终端与同一供电环路内相邻配电终端实现信息交互，当配电线路上发生故障，在变电站出口断路器保护动作后，实现故障定位、故障隔离和非故障区域的恢复供电。

智能分布式馈线自动化的适用接线方式和建设方案详细介绍如下：

（1）适用接线方式。

按照国家电网公司馈线自动化选型技术原则要求，智能分布式馈线自动化适用于 A 类及部分 B 类区域电缆线路。结合宁夏地区该类供电区域，依据以下要求进行智能分布式就地型馈线自动化建设。

（2）建设方案。

1）10kV 环网箱配套要求。速动型分布式馈线自动化对环网箱的要求：开关为断路器；开关具备三相保护 TA，零序 TA（可选配）；环网箱配置母线 TV；断路器分闸动作时间小于 60ms；缓动型分布式馈线自动化对环网箱的要求：开关为负荷开关；开关具备三相保护 TA，零序 TA（可选配）；环网箱配置母线 TV。

2）后备电源配套要求。后备电源应采用免维护阀控铅酸蓄电池或超级电容；免维护阀控铅酸蓄电池寿命不少于 3 年，超级电容寿命不少于 6 年；后备电源能保证配电终端运行一定时间：免维护阀控铅酸蓄电池，应保证完成分—合—分操作并维持配电终端及通信模块至少运行 4h；超级电容，应保证分闸操作并维持配电终端及通信模块至少运行 15min。

3）通信配套要求。终端间的通信网络宜采用工业光纤以太网，也可采用 EPON 光纤网络；速动型分布式馈线自动化对等通信的故障信息及控制信息交互时间小于等于 20ms；分布式馈线自动化通信与主站通信使用单独信道，互不干扰。

4）安全防护要求。分布式配电终端应满足国家电网公司对配电终端的信息安全要求；分布式配电终端应具备至少 2 个独立物理地址的网口，1 个用于与配电主站通信，另 1 个用于分布式馈线自动化信息交互；用于分布式馈线自动化信息交互的网口不允许使用 TCP/IP 协议；不同联络互投区域的配电终端应选择不同网段，且不能与主站通信地址冲突。

5）保护配置要求。

速动型分布式馈线自动化的保护配置要求：速动型分布式馈线自动化动作时限主要由故障判断定位时间、馈线自动化信息交互时间、动作延时组成，典型动作时限为 0.05s；变电站出口断路器的速断、过流保护的动作时限与速动型分布式馈线自动化动作时限需有级差配合，典型级差 0.3s，满足故障时速动型分布式馈线自动化快于变电站出口断路器速断、过流保护出口前动作的原则；当开关拒动时，速动型分布式馈线自动化仍满足该原则；分布式馈线自动化终端宜与变电站侧过流保护特性相同，例如同为定时限特性。

缓动型分布式馈线自动化保护配置要求：缓动型分布式馈线自动化须在变电站出口断路器跳开前可靠检测并定位故障，典型检测定位故障时限为 0.05s；缓动型分布式馈线自动化动作逻辑满足在变电站出口断路器速断、过流保护出口并跳开开关之后动作的原则，分布式馈线自动化终端宜与变电站侧保护特性相同，例如同为定时限特性。

三、配电网自动化配电设备与终端的建设与改造方案

（一）户外环网柜改造方案

对于户外环网柜的改造以更换整体及改造内部为主；环内环网柜整体不具备馈线自动化要求的各项功能，且达到使用年限的，需整体更换环网柜；环内环网柜部分不具备馈线自动化要求的各项功能，且达到使用年限的，需将不满足速动型分布式馈线自动化配套要求的环内环网柜更换为全断路器环网柜，具备电动操作机构、辅助接点、TA、TV 及供电

电源。若标准化物料中暂无此类开关及终端设备，可通过购买标准化物料，然后进行改造方式解决，或是通过购买一、二次融合成套配电设备方式实现。

（二）开关站改造方案

1. 配电自动化终端配置

每个开闭所配置一套站所终端（DTU）屏柜。

2. 母线电压采集

开闭所内配置 TV 柜，三相 TV 提供测量线圈，测量 10kV 母线电压，TV 二次测量用额定线电压 100V。

3. 供电电源

（1）方式一，开闭所可配置直流屏提供全站所二次电源。

（2）方式二，开闭所内配置压变提供用于供电的线圈，作为开闭所内设备的主供电源，供电用额定电压为交流 220V，压变供电线圈容量 500VA 以上，并以蓄电池组作为后备电源。

4. 电流采集

开关至少配置三相保护 TA 或两相保护 TA（建议采用三相 TA），二次额定 5A，TA 至少能满足 10 倍额定电流输入时不饱和。

5. 开关

开关具备电动操作机构，建议采用 DC 24V（或 DC 48V）直流电。所有开关有双位置空接点输出，用于监视开关的分 / 合状态。开关的弹簧未储能空接点输出。

6. 通信设备

EPON 通信、无线 GPRS 通信、光纤以太网等多种通信方式可选。

配电终端电源主要为站所终端（DTU）、开关电动操作机构、通信终端（如：EPON 终端设备 ONU、交换机、无线通信模块）等装置提供电源。

采用所内 TV 作为主供电源，蓄电池组作为备用电源。

开闭所加装 TV 柜，作为主供电源，并以蓄电池组作为后备电源，保证在主电源失电情况下位置配电终端运行一定时间和至少两个环网开关柜分合分的 3 次动作。

根据站所终端（DTU）失电工作时间和通信终端 ONU 功耗计算，选用合适的超级电容，满足站所终端（DTU）在线路失电后 8h 的正常运行状态并通过 ONU 将信息上送到主站系统，可满足集中型馈线自动化和智能分布式馈线自动化故障处理要求。

DTU 及 ONU 的工作电压 24V，DTU 最大功耗 25W，ONU 最大功耗 10W。按单个环网柜每次线路故障操作两台开关，分合分总共 3 次，开关合闸平均功率 150W，合闸最长时间 10s；蓄电池组输出电压 24V（或 48V），考虑温度及其他因素对蓄电池的影响，容量裕度 1.2 倍，需采用容量在 15A·h 以上的蓄电池组。

（三）柱上开关改造方案

由于柱上开关自动化改造成本相对较高，建议直接更换即可。如不具备自动化接口，无论主站集中控制型还是运行监测型都需进行更换；需考虑优化布点原则，仅对需要配置自动化终端的开关设备进行更换，未被选为自动化布点的柱上开关不作处理。

（1）配电自动化终端配置。每台柱上开关配置一台馈线终端 FTU。

（2）电压采集。在柱上配置户外 TV，TV 提供测量线圈，测量 10kV 线路单侧或者双侧电压，TV 二次测量用额定线电压 100V。

（3）供电电源。采用柱上外置 TV 的供电线圈作为主供电源，供电用额定电压为 220V，TV 供电线圈容量 300VA 以上，并以蓄电池组作为后备电源。

（4）电流采集。开关至少配置三相保护 TA 或两相保护 TA（建议采用三相 TA），二次额定 5A，TA 至少能满足 10 倍额定电流输入时不饱和。

（5）开关。开关具备电动操作机构。所有开关有双位置空接点输出，用于监视开关的分 / 合状态。开关的弹簧未储能空接点输出。

（6）防雷。FTU 箱柜内电源引入端需配置防雷器，保证柱上 FTU、ONU、超级电容模组等二次设备免遭雷击损毁。

（7）柱上 FTU 箱柜。柱上配电自动化终端（FTU）安装在金属箱体内，箱体与对应的柱上开关安装在同一个柱上。箱体配有航空插头，开关位置接点、TV 连线、TA 连线、电动操作机构控制线与外部都采用航空端子连接。

通信设备（EPON 网络的 ONU 设备）、光纤配线架等单独安装在通信箱内，与 FTU 箱柜一起挂装在柱上，通信设备与 FTU 箱柜之间有电源线、通信用以太网线连接。

四、配电网自动化终端设计方案

1.配电终端功能

（1）站所终端（DTU）功能与指标。

采集功能：每路开关不少于 4 个状态量；不少于 3 个电流量（A、C）；不少于 2 个交流电压量；支持功率、频率等信号采集、计算。

事件记录及主动上报功能：记录并上报开关状态变位、馈线故障、电源故障等情况。

通信功能：支持 IEC 60870-5-101、IEC 60870-5-104 等多种主流通信规约，具备主站通信功能。

控制功能：主站或上位机系统下发遥控命令，通过控制器执行对开关的合闸、分闸控制，并上报相关动作信息。

过流检测功能：实时检测相间、零序过流信息并上报，配合集中型、智能分布式处理模式对故障进行处理。

流量控制功能：通过设定电压、电流等门限值来优化数据传输及动态响应，实现数据流量控制。

数据存储功能：支持实时信息的记录及历史数据的查询、读取。

对时功能：可接收上级的校时命令。

自检、自诊断功能：具有自检、自诊断、上电及软件自恢复功能，支持软件、硬件看门狗。

电源管理功能：支持工作电源及后备电源的智能管理，具备电源失电下的数据、通信保护。

安全防护功能：具有输入、输出回路安全防护功能。

抗电磁干扰功能：具备抗电磁干扰及严酷环境的能力。

维护功能：提供维护软件，维护简单、方便、易操作。

适应各种现场环境功能：能够根据实际需要提供多种安装方式，适应各种现场安装环境。

扩展功能：支持保护模块的内嵌式扩展，实现测控、保护一体化应用。

配电变压器监测功能：具备配电变压器监测功能（根据不同类型设备选配）。

（2）馈线终端（FTU）功能与指标。

数据采集：可采集 2 个电压、3 个电流、1 ~ 2 个开关状态信号，并可进行功率、频率等信息的演算。具有故障检测及故障判别功能。

事件顺序记录：记录开关状态变化的时间和先后次序、馈线发生短路故障的时间、电源发生故障的时间并上报。

控制功能：支持遥控指令的接收、执行，控制开关的分、合，并具有当地手动控制功能及当地 / 远方闭锁功能。

通信功能：支持多种通信方式及 IEC 60870-5-101、IEC 60870-5-104 等标准通信规约。

具有自检、自诊断、上电及软件自恢复功能，支持软件、硬件看门狗。

电源智能管理：支持工作电源及后备电源的动态管理，具备电源失电下的数据、通信保护。

对时功能：可接收上级的校时命令。

具有输入、输出回路安全防护功能。

具备抗电磁干扰及严酷环境的能力。

适应柱上安装方式，馈线终端（FTU）与开关本体连接采用军品级航空插头的方式，适应安装现场的严酷环境，具备防尘、防水、防凝露性能，防护等级达到 IP67 级。

提供维护软件，维护简单、方便、易操作。

扩展功能：支持保护模块的内嵌式扩展，实现测控、保护一体化应用。

2. 配电自动化终端主要技术要求

（1）环境条件。

1）工作条件。

环境温度、湿度：根据 Q/GDW 625—2011《配电自动化建设与改造标准化设计技术规定》中工作场所温度、湿度分级情况，选择特定情况，具体见表 5-5。

大气压力：70 ~ 106kPa。

表 5-5　　　　　　　　　　　　　　终端温度、湿度要求

级别	温度		湿度	
	范围（℃）	最大变化率（℃/min）	相对湿度（%）	最大绝对湿度（g/m³）
CX	特定	特定	特定	特定

注：CX 级别与厂家协商确定。

环境温度：户外 -40 ~ 70℃。

2）周围环境要求。

无爆炸危险，无腐蚀性气体及导电尘埃，无严重霉菌存在，无剧烈振动冲击源。

接地电阻应小于 4Ω。

3）电动操作机构凝露预防。

考虑到气候的因素，在改造过程中，为了防止加装在户外的电操机构等设备发生凝露而导致断路器误动，使用热压自然通风的方法，其主要是在控制柜内设置加热器以提高柜内空气温度，同时辅以自然通风将外部干燥空气导入柜内，从而降低柜内空气湿度，避免凝露的发生。电操机构需选用户外式。

（2）供电电源。

1）配电终端运行所需电源方式：市电交流 220V 供电；电压互感器（或电流互感器）供电；现场直流屏供电；蓄电池供电。

2）交流电源技术参数指标：电压标称值为单相 220V 或 110V（100V）；标称电压容差为 −20% ～ 20%；标称频率为 50Hz，频率容差为 ±5%；波形为正弦波，谐波含量小于10%。

3）直流电源技术参数指标：电压标称值为 220、110、48V 或 24V；标称电压容差为15% ～ −20%；电压纹波为不大于 5%。

（3）结构要求。

安装在户外的装置其结构设计应紧凑、小巧，外壳密封，能防尘、防雨，防护等级不得低于 GB/T 4208—2017《外壳防护等级（IP 代码）》规定的 IP54 的要求，安装在户内的装置防护等级不得低于上述标准规定的 IP20 的要求，并满足下列要求：

1）配电终端应有独立的保护接地端子，并与外壳和大地牢固连接。

2）配电终端的接口宜采用航空插头的连接方式。

3）配电终端应有独立的接地端子，接地螺栓直径不小于 6mm，并可以和大地牢固连接。

4）配电终端中的接插件应满足 GB/T 5095 系列标准的规定，接触可靠，并且有良好的互换性。

5）提供的试验插件及试验插头应满足 GB/T 5095 系列标准的规定，以便对各套装置的输入和输出回路进行隔离或能通入电流、电压进行试验。

（4）绝缘要求。

1）绝缘电阻。绝缘电阻应满足设计标准中规定正常大气条件下的绝缘电阻，要求见表 5-6。

表 5-6　　　　　　　　　　　　　　终端设备绝缘电阻要求

额定绝缘电压 U_i（V）	绝缘电阻要求（MΩ）
$U_i \leqslant 60$	≥5（用 250V 绝缘电阻表）
$U_i > 60$	≥5（用 500V 绝缘电阻表）

2）绝缘强度。设备在正常试验大气条件下，设备的被试部分应能承受下表规定的50Hz 交流电压 1min 的绝缘强度试验，无击穿与无闪络现象。试验部位为非电气连接的两个独立回路之间，各带电回路与金属外壳之间。要求见表 5-7。

（5）配电自动化终端性能指标。配电自动化终端性能指标见表 5-8。

表 5-7 终端设备绝缘强度要求

额定绝缘电压 U_i（V）	试验电压有效值（V）
$U_i \leqslant 60$	500
$60 < U_i \leqslant 125$	1000
$125 < U_i \leqslant 250$	2500

表 5-8 配电自动化终端性能指标一览表

内容			指标	说明
模拟量	遥测综合误差		$\leqslant 1\%$	满足 Q/GDW 625—2011《配电自动化建设与改造标准化设计技术规定》
	遥测越限由终端传递到子站/主站	光纤通信方式	<2s	
		载波通信方式	<30s	
		无线通信方式	<60s	
状态量	遥信正确率		$\geqslant 99.9\%$	
	站内事件分辨率		<10ms	
	遥信变位由终端传递到子站/主站	光纤通信方式	<2s	
		载波通信方式	<30s	
		无线通信方式	<60s	
遥控	遥控正确率		100%	
	遥控命令选择、执行或撤销传输时间		$\leqslant 10s$	
远方终端平均无故障时间			$\geqslant 30000h$	
系统可用率			$\geqslant 99.9\%$	
其他	配电自动化设备的、耐压强度、抗电磁干扰、抗振动、防雷等		满足 GB/T 13729—2019《远动终端设备》和 DL/T 721—2024《配电自动化远方终端技术规范》要求	
	户外终端的工作环境温度		$-40 \sim 70℃$	满足 Q/GDW 514—2010《配电自动化终端子站功能规范》要求
	室内终端的工作环境温度		$-25 \sim 65℃$	
	户外终端的工作环境相对湿度		$10\% \sim 100\%$，防凝露	
	户外终端的防护等级		$\geqslant$ IP54	
	室内终端的防护等级		$\geqslant$ IP20	

五、通信系统的建设与改造方案

（一）建设与改造内容

1. 规划需求

（1）业务需求。

传输网业务主要分为电网生产业务和企业管理业务两类。电网生产业务包括电网运行控制、电网设备在线监测、电网运行环境监测和电网运行管理等业务。企业管理业务主要包括专业管理信息系统、行政办公、IMS 系统等。

传输网直接用户包括业务网、业务系统、业务三种。业务网主要有调度数据网、数据通信网、配电数据网、网管网等，传输网为业务网提供组网通道，调度数据网、数据通信网作为两大业务网承载了大量的电网生产业务、企业管理业务。

为简化分析，根据业务特性，传输网带宽需求预测按调度数据网、数据通信网、传输专线三类直接计列，传输专线是指除调度数据网、数据通信网组网通道外的所有通道，包括业务系统构建通道和具体业务通道，如继电保护通道、调度交换网中继链路、地县一体化调度自动化系统县调终端通道、变电站接入网远程通道等。

1）新增变电站需求。

随着新建变电站不断接入，一方面增加了传输网络的带宽需求，另一方面又带来了网络结构的变化，对传输网络结构的合理性和适应性提出了更高的要求。

宁夏是全国风能、太阳能资源最为丰富的地区之一，发展新能源的条件优越。后续宁夏将加快建设安全、清洁、高效、低碳的现代能源项目。到"十四五"末，预计还有超过 40 个新能源电厂并入宁夏电网。新能源电厂数量的增长，造成传输接入需求不断增加，特别是调度数据网接入带宽需求。

2）新型业务需求。

随着电网的建设与发展，围绕电力系统各环节，移动互联、人工智能等现代信息技术、先进通信技术得到充分应用，调度自动化资源同步网、MMI 人机界面、5G 应用等新型业务需求急剧增长，对传输网的大带宽承载、智能化调度、多业务接入能力等均提出了更高的要求。

调度自动化资源同步网需求：在"十四五"期间，资源同步网将覆盖至省调节点，在省调设计 2 个节点（不同机房或不同地点，2 个节点间互联带宽为 1000M），每个节点 2 条链路分别连接分调 2 个节点。

调度自动化 MMI 人机界面需求：在"十四五"期间，新一代调度自动化系统、D5000 系统在各级调度及其备调间，需要实现 MMI 人机界面延伸，至少满足 200M 专线通道（至多 1000M，根据传输资源情况）需求。

5G 应用需求：在"十四五"期间，5G 应用将试点应用到个别变电站，作为变电站内的小范围通信，各地市将收集到的站内数据上行到骨干层站点后通过 1000M 专线通道汇聚到省调节点。

（2）带宽需求，见式（5-1）。

$$带宽 = \Sigma（单通道带宽 \times 通道数量 \times 可靠性系数）\qquad（5-1）$$

通道数量：业务需要的存在实际物理端口的通道数量；可靠性要求：表示该业务是否需要传输网做通道保护，如做保护，可靠性系数取 2。

传输网预测基于线路交换体制特点进行测算，业务网承载业务需考虑并发比例，业务网单通道带宽为传输系统实际分配带宽。各类预测主要确定累计口径。

根据国家电网公司最新带宽预测模型，通过业务需求统计口径，传输网带宽需求预测包括单站带宽预测、单类业务需求预测、断面带宽预测、子网/环网带宽预测、系统带宽预测。

1）单站带宽预测。仅考虑本站业务需求，适用于任何通信站，主要用于测算业务具备规律性且数量较多的站点，如变电站，测算数据作为后续测算基础，或作为末端节点出口带宽指导设备配置。

2）单类业务需求预测。考虑具体某类业务的所有需求，某类业务泛指传输网用户，既可以是具体的业务类别（如调度自动化业务），也可以是通过传输网组网的业务网（如调度数据网）。

3）断面带宽预测。仅考虑某级传输网业务中心节点的带宽，忽略网络结构、承载方式等因素，多用于测算业务量大的重要业务中心，如公司本部、调度机构、数据中心。

4）子网/环网带宽预测。以物理光缆网架为基础，忽略传输网多系统及多逻辑通道业务分担，主要用于测算特定区域内业务需求总量，特定区域可以是一个或多个供电区、地市/县公司，在单站带宽基础上，考虑伴生网络结构的汇聚方式及数据流向，关注汇聚业务、过网业务，支撑区域干线构建，并对传输网核心层构建提出带宽需求。

5）系统带宽预测。在子网/环网带宽预测基础上，进一步考虑技术体制、网架结构、系统部署、业务通道方式策略，进行子平面、多系统带宽分配，确定网络架构，指导设备选型。

2. 规划目标

（1）光缆网架。

未来5年，35kV及以上变电站光纤覆盖率保持100%覆盖率，供电所、营业厅光纤覆盖率仍保持100%，110/66kV及B类以上35kV变电站光缆双路由覆盖率由66.7%提升至80.6%，地市级以上调度大楼、省级以上数据中心出口光缆路由 $N-2$ 配置率为100%，110kV及以上变电站出口光缆路由 $N-1$ 配置率提升为75%。

建成以330、750kV光缆为主的光缆架构，实现750kV骨干环网双光缆运行，共计覆盖77个主要站点，省级骨干通信网光缆覆盖率达到100%。宁夏省级骨干传输网光缆资源有效整合，光缆安全可靠性得到显著提升，光缆资源进一步丰富，为传输网独立双平面建成提供有力支撑。

宁夏省级骨干传输网光缆线路完成老化严重、纤芯不足的城区光缆改造。开展薄弱光缆线路的补强、ADSS光缆"三跨"整治及重要通信站点光缆双沟道改造工作，光缆资源进一步丰富，安全可靠性大幅提升。

预计至2030年末，宁夏省级骨干传输网光缆线路完成光缆线路的升级，光缆线路容量大幅提升，光缆资源安全和可靠性极大提高。

（2）传输网络。

基层单位带宽接入水平县公司1000M带宽接入率为22%，变电站、供电所（营业厅）100M带宽接入率为100%，核心业务端到端可视化监测率为100%，网络监视与故障处置自动化国网宁夏电力公司暂不涉及。传输设备自主可控率将提升至57.3%，国外品牌设备占比降为42.7%，220kV及以上线路继电保护通信通道 $N-2$ 配置率提升至35%。

至2024年末，网络结构得到进一步优化、结构层次更加清晰合理、接入层至骨干层的接入方式达到合理优化，网络安全可靠性得以保障，安全运行隐患得以消除，实现OTN骨干环承载大颗粒业务，光方向连接丰富、光纤资源使用率提高，SW-A1平面承载的部分保护、安控、调度交换、调度数据网等业务割接至SW-A2平面承载，实现生产业务双重化、双通道分离，降低单节点设备故障风险，优化重要业务承载方式，形成完善的生产管理类业务双重化设备配置，网络运行维护及管理效率得到大幅提升。

预计至2027年末，新增OTN光传输设备，并对部分站点OTN波道进行扩容，重点解决信息综合数据网、调度数据网等大颗粒业务的接入需求，提升三级通信网业务通道容量带宽和接入水平。

预计至 2030 年末，新增大量 OTN 光传输设备，对大部分 OTN 波道进行扩容，争取80% 的波道均扩容为 40 波 ×100G。

（二）建设方案

1. 骨干通信网

（1）光缆网。

1）省级光缆网。未来 5 年，国网宁夏电力公司预计将新增省级骨干通信网光缆长度超过 5300km，其中 OPGW 光缆长度占 98.79%，ADSS 光缆长度占 1.21%。

2）地市光缆网。地市骨干传输网的光缆网架将进一步完善，增加光缆路由与数量，提升光纤覆盖率，电力通信网应全面覆盖。

未来 5 年，地市骨干传输网新增光缆超过 3400km，其中 OPGW 光缆长度占 80%，ADSS 光缆长度占 18%，其他光缆长度占 2%。

（2）光传输网。

1）省级骨干光传输网。未来 5 年，省级骨干光传输网旨在优化网络结构，宁夏省级骨干光传输网 SDH 设备预计规模将增至 450 余台；宁夏省级骨干光传输网将投运接近100 台 SDH 设备。到 2030 年，100kV 及以上变电站光传输网络覆盖率达到 100%；750kV变电站三路由率达到 100%；330kV 变电站三路由率达到 100%；220kV 变电站三路由率达到 100%；110kV 变电站三路由率达到 46%。

2）地市骨干光传输网。未来 5 年，运行接近 10 年的 SDH 设备进行替换，地市骨干传输网 SDH（国产）设备规模预计增至 416 台，SDH（非国产）设备规模预计减至 622 台；各个地市供电公司将投运 226 台 SDH 设备（国产），SDH（非国产）-62 台，带宽水平，传输设备覆盖率达到 100%。预计至 2027 年将完成四级通信网络优化改造工程，实现各地区光通信网升级改造，进一步提升传输网的承载能力，保障各地市公司通信网络安全可靠运行。

（3）数据通信网。

网络带宽、数据网覆盖率 100%。未来各地市公司数据通信网将基于通信光纤直连通道构建，网络将主要采用 IS-IS、OSPF、BGP、MPLSVPN、QOS、AAA 等相关技术。以南北两个广域环网为主架构，220kV 及以上变电站和市县公司为骨干节点，110kV 变电站为分支节点，35kV 变电站和供电所均在分支节点以业务终端站部署的 1000M 环状网络结构。

2. 终端通信接入网

（1）10kV 光纤专网。

未来 5 年，国网宁夏电力公司结合配电网络发展多业务承载需求，进一步延伸扩大通信网覆盖范围，开展无线专网建设，推进终端通信接入网光纤专网、无线公网、电力线载波、无线专网等多种技术体制融合。提升配用电通信网络安全可靠性，满足坚强智能电网接入灵活、即插即用和高度安全的通信接入要求。

（2）无线虚拟专网。

在国网银川供电公司、固原供电公司、宁东供电公司开展 5G 电力虚拟专网试点工作。

（3）其他通信系统。

截至目前，应急指挥通信系统共有卫星车载站 1 辆，为动中通通信车；卫星便携站 4 套；海事卫星电话 12 部；铱星电话 15 部；宽带无线自组网设备 2 套，配合"动中通"通信车使用；多网融合应急指挥终端 12 部；便携式"四快"应急装备（快放野战光缆抢修车、快联多通道组网装备、快视便携会议设备、快通应急车载通信机房）1 套。

（4）网络管理系统。

宁东公司、固原公司、中卫公司配电通信网项目建设配电通信网网管系统共计 4 套，其中中卫公司配电通信网网管系统按主备双系统配置，宁东公司、固原公司各建设一套网管系统。

第六节 高可靠性示范区自动化配置标准

一、设备配置

（一）配电终端设置

1. 电缆网选点原则

电缆网选点原则见表 5-9。

表 5-9 电缆网选点原则

地区级别	监控点
A	全部配电站、开关房
B	全部新建配电房或开关站、原有站房环网及分段开关
C	规划期间所有具有联络开关、关键分段开关①、重要分支开关②的配电站、开关房

注：① "关键分段开关"是指当发生线路故障时，能让自动化系统进行有效故障隔离，较快恢复用户供电、重要用户连续供电的分段开关；依据用户数量将线路分隔为 2～4 段的分段开关。
② "重要分支开关"指分支线路较长或与重要用户相关或用户数量较多或配置了联络开关的支线的首个开关。

2. 架空网选点原则

（1）联络开关、重要分段开关进行自动化改造。故障易发区域未配置开关的，可配置故障指示器（须具备通信功能）。

（2）每条架空线路纳入就地馈线自动化功能的自动化负荷开关不应超过 9 个（一些架空线路较长，发生故障后，变电站断路器首次重合闸后进行故障信息检测，如故障点未检测出则开关闭锁分闸，变电站断路器再次重合闸时，自动化开关仍为闭合状态。架空线路越长，故障定位范围越大，容易造成变电站断路器误动问题，影响非故障线路的正常运行）。

3. 配电终端改造技术线路

（1）新建配电站、开关站的配电终端采用具备三遥功能的站所终端（DTU），新建架空断路器（负荷开关）配套采用具备三遥功能的馈线终端（FTU）。

（2）已投运配电站、开关站，如新增 DTU，应配置具备三遥功能 DTU。

（3）已投运配电站、开关站，如旧 DTU 需报废退役（报废标准参照《国家电网公司退运配自动化终端技术鉴定标准》执行），按照终端选点原则确定是否需配置新的 DTU，若需配置，应配置具备三遥功能 DTU。

（4）已投运配电站、开关站新增（拼）柜时。

1）未配置配电终端。各类供电区域宜根据选点原则同期考虑该站房的配电自动化整体改造。如未进行同期改造，则不加装配电自动化终端，但需对新增（拼）柜配置电流互感器和二次接线箱，在施工时完成电流互感器安装及控制电缆接线。

2）已配置配电终端。如原终端接入回路（计入站房备用柜间隔）数还有剩余，则直接接入原配电终端；否则，配置扩展配电终端接入。如原终端为二遥终端，则可增配一台新三遥终端，并将新建（拼）柜按三遥要求接入新终端。

（5）现有架空自动化断路器（负荷开关）的 FTU 功能不满足运行需求，如果断路器（负荷开关）成套设备满足退役报废条件的，进行成套设备更换改造；否则只进行 FTU 更换，所更换的 FTU 应具备三遥自动化功能。

4. 站所配电终端设置

在配电房或开关站安装配电自动化终端（简称 DTU），位于配电线路末端的室内配电站、箱式变电站及台架变压器，按照计量自动化建设要求配置配电变压器监测计量终端，不另外设置配电自动化终端。

单环网型电缆线路站所终端典型设置如图 5-10 所示。

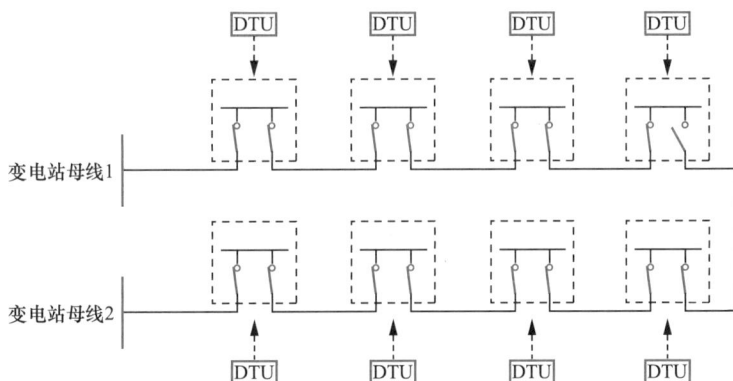

图 5-10　单环网型电缆线路站所终端典型设置

5. 馈线配电终端设置

在架空网柱上断路器或负荷开关安装馈线配电装置（简称 FTU），智能柱上断路器配置了保护单元与控制单元；智能柱上负荷开关配置了控制单元。

配电自动化建设中，馈线自动化基于智能柱上断路器和柱上负荷开关实现，建设方案如下：

（1）对该线路没有配置智能柱上开关的，结合配网一次建设项目，在需工程改造的相关线路上加装智能柱上开关，原有柱上开关迁移至支线或其他分段不足的线路上。

（2）新建柱上智能开关配置"三遥"功能，在线路中段加装 1 台智能柱上断路器，其他开关为电压型智能负荷开关。

架空线 FTU 配置如图 5-11 所示。

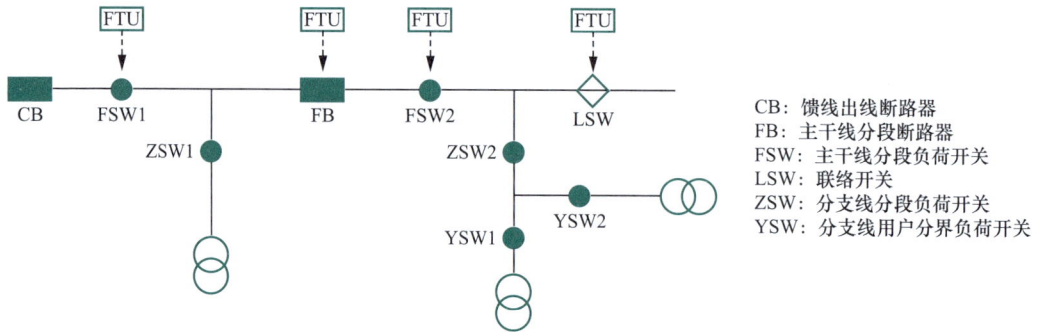

CB: 馈线出线断路器
FB: 主干线分段断路器
FSW: 主干线分段负荷开关
LSW: 联络开关
ZSW: 分支线分段负荷开关
YSW: 分支线用户分界负荷开关

图 5-11　架空线 FTU 配置图

6. 配电自动化电源配置方案

（1）电源取电模式。开关站和配电站的电源系统可采用公用低压电源供电或加装站用变的供电方式。具备从公用变压器接取低压电源条件时，原则上应采用从附近公用变压器接取低压电源的取电方式（"就近"是指需敷设的低压电缆长度在 100m 以下范围内且不跨较宽车道、河涌，若线路过长，低压电源不可靠），不具备条件的采用站用变取电方式。

（2）电源配置方案。配电自动化终端需满足为自身设备、通信设备、开关操作机构低压供电。因此自动化设备电源应与环网柜开关操作电源相互独立。

配电网系统正常运行时，环网柜开关操作采用交流电源模块。当交流线路失电需要对环网柜开关进行遥控时，要求自动化设备电源能满足开关分合闸达到 3 次及以上的要求。

配电自动化终端应配置储能电池作为后备电源，满足设备自身与通信设备运行需求。当交流线路失电后，储能电池应能满足终端与通信设备至少持续工作 8h 运行的要求。

（二）一次设备改造

1. 功能定义及配置

（1）遥信。指负荷开关分、合位置、接地开关位置、当地远方闭锁信号、SF_6 气体压力、带信号触点灭弧器、熔断器熔断信号、储能状态以及故障指示器信号等。配电自动化以采集开关分合、接地位置信号、故障指示器信号及气体压力告警信号为主，可配合设备升级改造，逐步实现对其他信号的接入。

（2）遥测。通常指电流量。通过安装电流互感器，实现对进出线电流的测量。配电自动化以实现开关站和配电站电缆进出线柜的电流遥测为主，一般安装 A 相、C 相、零序电流互感器各一套。对于具备安装电压互感器条件的站所可以同时安装电压互感器实现电压量的测量。

（3）遥控。指开关的远方分合操作。配电自动化以实现联络开关及分段开关（具有转供电功能的开关）遥控功能为主，可通过改造开关操作机构实现开关远程遥控。

2. 开关自动化功能配置及改造方案

负荷开关的改造需与运行需求相结合。一遥改造指为开关配置具备远传功能的故障指示器，实现故障信号远传；二遥改造指为开关配置辅助接点及互感器，实现遥测和遥信；三遥改造指在两遥基础上配置电动操作机构，实现对开关远方遥控。

（1）新建开关。该高可靠示范区属 A 类供电区，所有新建（含改造更换）的开关设备应具备三遥功能。

（2）原有开关。为实现供电区全体开关三遥自动化，若对不具备三遥自动化但未达到报废条件的开关进行整体更换，改造工程量较大，施工停电时间较长，因此可采用分期建设方案进行改造，具体如下。

1）对于满足退运报废条件的配电开关设备，在进行配电自动化三遥改造时应整体更换，新设备按三遥功能配置。

2）对 A 类供电区全部电房的进出线及联络开关、关键节点电房的进出线及联络开关以及其他电缆网联络开关进行三遥功能改造。

3）对于能够安装电动操作机构和辅助接点，且具备电流互感器安装空间的进出线及联络开关，采用加装电动操作机构的方式实施三遥改造。

4）对于关键分段节点、重要分支、联络开关房，若空间满足要求的可考虑在不降低现有用户供电可靠性的情况下，以新增开关柜拼柜方式实施房内进出线及联络开关的三遥改造。

采用更换原有开关方案时，现场可采用先将新柜整体拼好再整体更换的施工方案。

对原有开关进行自动化改造时，可通过临时供电方案减少停电时间。

3. 开关自动化三遥改造方法

（1）实现遥信功能：安装电流互感器。

1）考虑电流互感器存在测量误差，若利用三相电流互感器计算零序电流，可能使误差进一步增大，甚至无法准确采集零序电流。一般为每个开关柜加装 A 相、C 相、零序 TA。

2）新建联络开关、分段开关，同步安装 TA。

3）采用单芯电缆进柜的开关柜，可在电缆室安装 A 相、C 相两只 TA，电缆进柜分线点安装一只零序 TA。

4）采用三芯电缆接入的开关柜，可在电缆室安装 A 相、C 相两只 TA，电缆进柜分线点安装一只零序 TA。

5）电流信号引至开关柜二次端子排，并通过控制电缆接入配电自动化终端。

6）为方便安装维护，可采用具有重量轻、体积小、免维护等优点的分裂式电流互感器。

7）10kV 配电网最大短路电流 20kA。为避免一般测量级 TA 在短路电流下发生铁芯饱和而造成的测量误差，可选用保护级 TA。

（2）实现遥控功能：安装电动操作机构。

1）加装电机，使负荷开关具备电动分合闸功能。

2）新建开关应配置电动操作机构，功能一次到位。

3）由原厂工程师进行开关操作机构安装与调试。

4）开关电动操作机构控制接点引至开关柜二次端子排后，通过控制电缆接入配电自动化终端。

（3）实现遥信功能：安装辅助触点。

1）未配置辅助触点的开关可增加开关分合位信号辅助触点各两组、接地开关信号常开辅助触点一组、气压异常信号常开辅助触点一组、远方/就地信号辅助触点一组，断路器柜可增加断路器保护动作跳闸信号辅助触点一组。

2）新建联络开关、分段开关应具备开关相关辅助触点，功能一次到位。

3）由原厂工程师安装开关辅助触点。

4）开关辅助触点应接入开关二次端子排，通过控制电缆接入配电自动化终端。

二、通信配置

1. 通信通道建设方法

可按以下方法进行通信通道建设：

（1）生产控制大区控制类业务应以光纤通信方式为主，无线通信为辅，不采用中压载波方式。高可靠示范区，结合配电自动化改造项目同步建设光纤通道，覆盖配网自动化三遥终端和智能分布式终端。在有条件的情况下宜随线路建设光缆或预留通信管沟。

（2）新建与改造电缆线路通道时，应同步建设光纤通道。

2. 基于网格化的组网通信建设方案

传统的配电网系统庞大而复杂，由于历史原因造成的配电网跨供电区域供电等问题，导致配电网网络不清晰且联络复杂；用地问题导致站点布局混乱，均给运维人员带来一定的管理难度。"网格化"配电网网格清晰，便于运维管理。而前期与配电网同步实施建立起来的配电自动化系统，光纤随电力电缆敷设方式连接两边站房，配电自动化网络也显得凌乱不清晰，配电自动化同样需要实现"网格化"。

将辖区划分为具体的功能片区，开展一次目标网架优化和二次自动化及通信建设，杜绝一、二次建设脱节的现象，避免以单回线路或单个站房为对象的改造方式效果不佳及可能造成遗漏的缺陷，防止通信建设覆盖不到位和低压电源配套不完善等问题。同时，划分网格后有利于后续分片区精细化管控，统筹配电网一次和二次运维工作。

"网格化"组网结构。光纤通信建设方式采用"手拉手"组网方式，优先建立变电站之间的环网，不具备条件或者经过技术经济论证后可以采用同一变电站内不同交换机之间的环网，通信建设过程中，将对原有"主干—分支"的组网方式进行逐步改造。在综合考虑线路站房分布、目标网架规划、区域发展程度等因素的基础上，光纤路由基本按照典型馈线组跟着一次电缆的路径敷设，以便统筹配网一次电缆和通信光缆的统一运维管理。图5-12所示为三层结构组网示意图。

"网格化"组网方式通信建设方案以光纤作为通信通道，光纤通信终端在线率较其他通信方式高。光纤通信方式需专门通道，在大规模建设原有光纤通信时仍面临许多不确定因素，特别是受管线通道的影响。因此规划阶段按所有站房全覆盖考虑，但在实际推进过程中，考虑该高可靠示范区地域与原有电力走廊情况，将光纤通信建设分两期建设，一期建设以90%以上的覆盖率作为规模化覆盖的目标，剩余10%的站房采用无线公网通信方式，二期建设以100%的覆盖率作为规模化覆盖的目标。

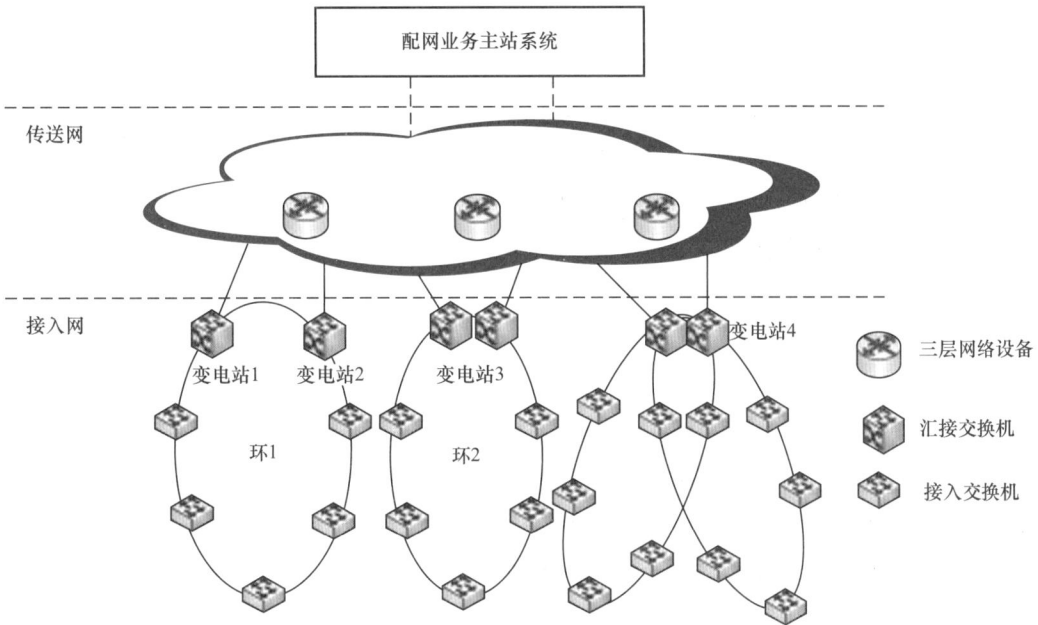

图 5-12　三层结构组网示意图

三、软件配置

1. 信息集成方案

随着供电企业管理精细化要求和信息一体化要求的提高，管理人员和生产人员要求通过自动化信息系统能够方便快捷地查看到更多的相关信息，能够实现运行和管理的无缝连接。

配电自动化系统是供电公司用于监控配电网和运行管理应用平台，它与调度自动化系统、GIS 系统、计量自动化系统、电力营销和呼叫中心系统有密切业务联系。图 5-13 为信息交互示意图。

宁夏已经建成准实时数据平台，与其他相关信息系统的交互均通过准实时数据平台进行，所有数据都能从准实时数据平台中获得。因此，按宁夏信息集成方案建设即可。

为了保证配电设备参数及模型的唯一性，配电自动化系统应从营配一体化系统中获取配电设备参数、空间地理信息、图形信息、设备拓扑信息等。应按宁夏自动化及信息系统的功能范围及安全区域进行建设，为配电自动化系统的信息共享及系统集成奠定基础。

2. 系统间数据交互

配电自动化系统通过准实时数据平台与其他系统间的数据交互主要包括以下 3 个方面：

（1）主站系统通过准实时数据平台，从计量系统处取得配电变压器运行相关数据和大客户用电负荷信息，为分区域负荷预测工作提供负荷数据。计量自动化系统通过准实时数据平台，从配电自动化系统处取得 10kV 配电线路运行数据，作为线损分析计算数据，提供实时运行信息。

（2）为保证开关控制命令的及时性，配电自动化系统直接与调度自动化系统进行数据接口，实现对变电站 10kV 出口开关的间接控制。

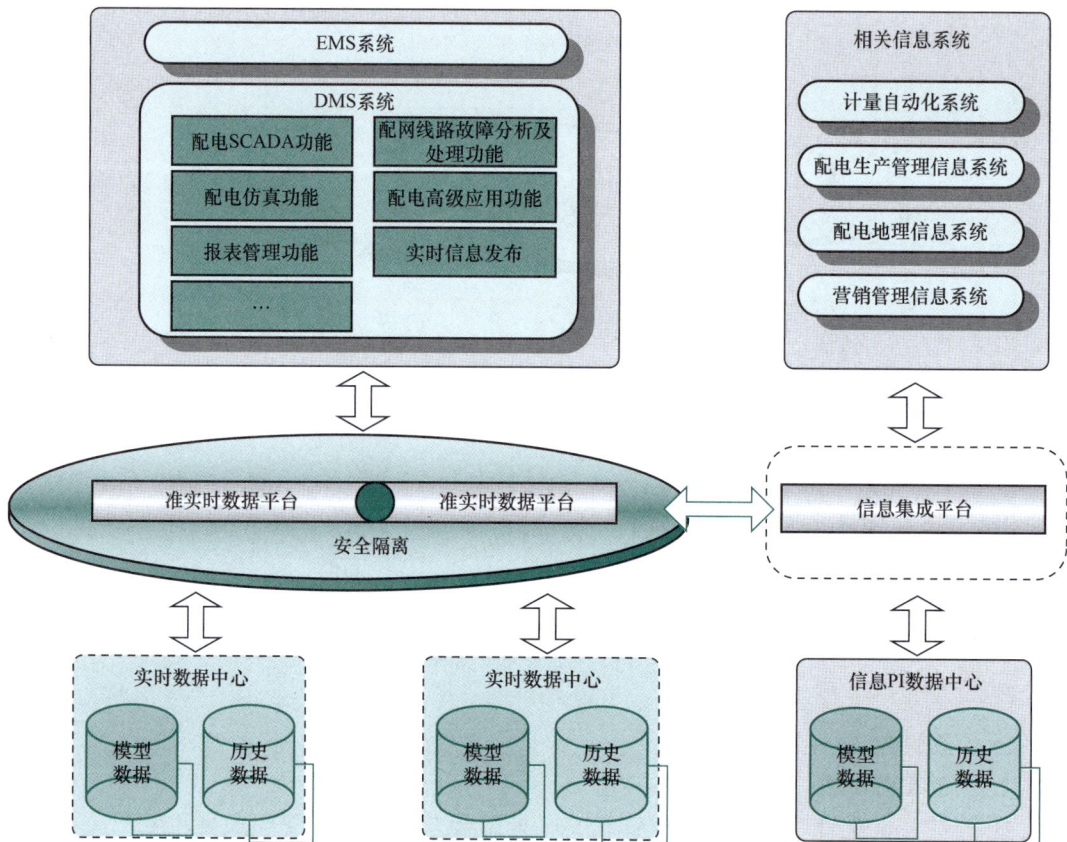

图 5-13　信息交互示意图

（3）配电自动化系统通过准实时数据平台从配电生产管理系统取得配电网静态设备参数，从 GIS 系统获取拓扑模型。配电 GIS 系统通过准实时数据平台取得配电自动化系统实时运行数据。

四、安全配置

配电自动化系统安全防护部署必须满足《电力监控系统安全防护规定》的要求，同时应遵循《电力监控系统安全防护总体方案》的相关规定。具体部署方式及效果如图 5-14～图 5-16 所示。

满足规范规定的同时，还应满足以下要求：

（1）配电自动化安全防护相关各类安防设备选型应符合国家安全可控的要求，禁止选用国家有关部门检测或通报有安全漏洞的设备，涉及密码的设备应符合国家密码管理局的有关要求，并入南方电网的设备选型应符合南方电网公司有关规定。

（2）配电自动化系统至少应完成主站侧安防部署（即安全接入区部署）。

（3）按上级电网公司配网安全防护相关科技项目推广要求，结合主站侧安全接入区，完成相关试点部署及应用评估。

（4）应加强配电自动化安全防护人才培养，建立完善的人才培训机制。

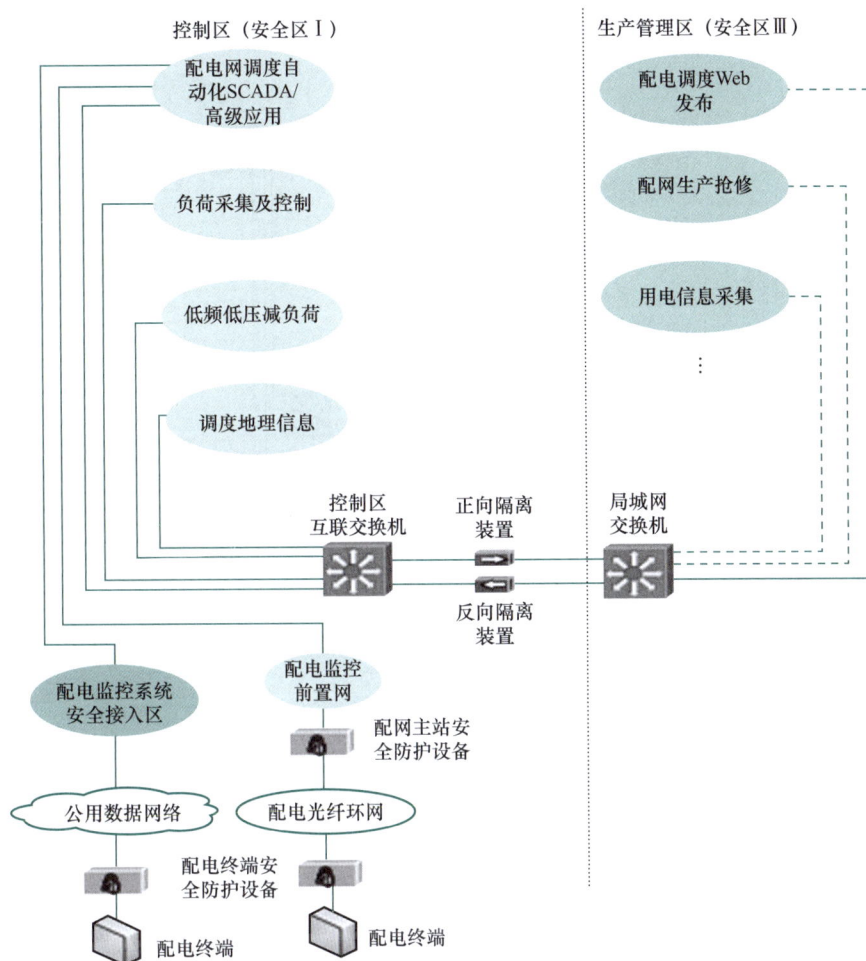

图 5-14　配电监控系统安全防护总体逻辑结构示意图

五、运维管理

建成后的配电自动化系统分为配电自动化主站系统、配电自动化终端设备、配电通信设备等。

运维检修部是与配电自动化相关的所有设备的归口管理部门。

调度控制中心负责配电自动化主站系统、通信设备的运行维护，包括 ONU、OLT 设备、GPRS 通信模块。

检修公司配电运检专业、各市县级供电公司负责配电终端设备和配电通信线路的运行维护，包括开关站、柱上开关、配电室、环网柜、箱式变电站（台式变压器）、故障寻址器等一次设备和二次安全防护设备的运行维护。

建设区域实施配电自动化完成后，调度控制中心（自动化、信息通信专业）、配电运检专业及各市县级供电公司需组建专业班组进行日常运行维护。参照各地区在配电自动化主站系统建设和运行维护过程，要求运维厂家常驻，更好、更快地完成主站系统建设，及时解决后期运行维护中出现的问题。

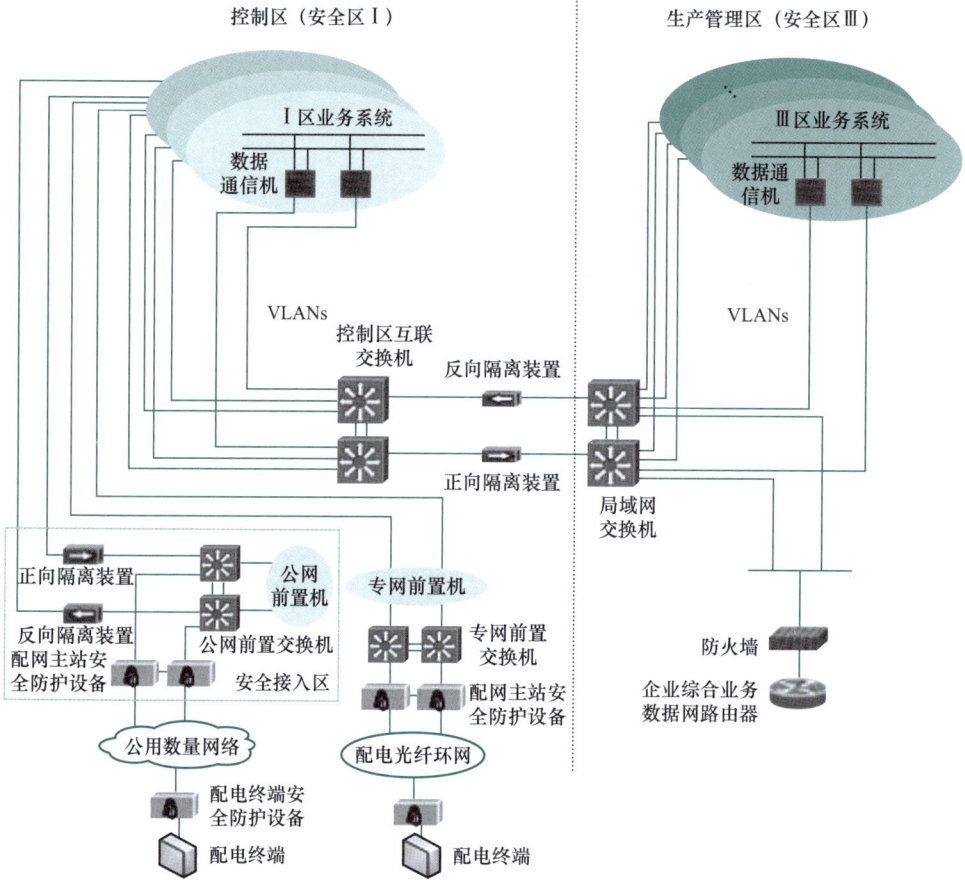

图 5-15 配电监控系统安全区横向及纵向拓扑结构图

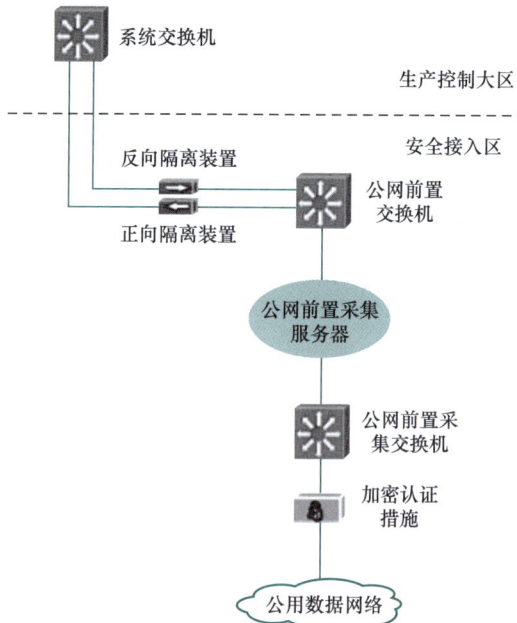

图 5-16 配电监控系统安全接入区横向及纵向拓扑结构图

第七节 技术经济评估

宁夏电网全面实施配电自动化后，能够实现配电网络的实时监测与控制，解决"盲调"问题以及对故障快速的定位、故障区段隔离以及非故障区段恢复供电等功能，从而实现快速缩小故障影响，提高供电可靠性，同时带来社会效益及经济效益的提高。

一、经济效益分析

通过配电自动化的建设，提高电能在终端能源消费中所占的比例，增加售电量和营业收入；提高电网运行和输送效率，降低运营建设成本；提高供电可靠率，减少停电时间，带来的经济效益主要体现在如下几个方面：

（1）增加售电量和营业收入。通过配电自动化建设提高光伏发电及分布式发电的利用率及电动汽车充换站设施的利用率，可有效提高电能在终端能源消费中所占的比例，增加售电量，提高公司市场占有率。

（2）降低运营成本。通过配电自动化的建设可进一步加强电网与用户之间的友好互动，降低高峰负荷，减少峰谷差，提高设备利用率，从而降低电网设备的备用率，减少电网建设投资。

（3）降低维护和检修成本。通过配电自动化设备的推广应用，可有效提高电网的可靠性水平，缩短故障查找时间。对于实现三遥的地区，可大幅减少倒闸操作时间，省去操作人员到现场，对于实现一、二遥的地区，可依靠配电自动化，对故障进行快速定位，大幅减少故障查找时间。配电自动化的实施可大大减轻工作人员的工作量，提高工作效率，降低维护和检修成本。降低年运行维护成本包括节省车辆、机材等运行维护成本以及节省日常运维人力成本。

（4）提高供电可靠性。通过配电自动化工程建设的实施，供电可靠性得到了提高，一次设备利用率水平也将得到改善，有效减轻重载、过载问题，缓解电网投资建设压力。

（5）防止配电设备的损坏以及人员的意外伤害或死亡。配网自动化的实施，能及时发现运行设备出现事故的隐患，防止设备的损坏，能对停电及操作在系统中进行预演，验证其合理性、正确性，避免误发令、误操作。

二、社会效益分析

建设配电自动化，有利于提高电网对清洁可再生能源的消纳能力，促进清洁能源集约高效开发，发展低碳经济；有利于提高电力工业效率，方便用户接入系统；有利于降低污染物排放量，改善环境质量，建设资源节约型和环境友好型社会。

（1）优化能源结构、保障能源安全。通过进行配电自动化建设，能够有效提高宁夏电网的兼容性，实现可再生能源集约化开发、灵活接入，并能有效促进分布式可再生能源发电的发展。通过电力存储技术的推广提高低谷时段电能，特别是可再生能源的利用效率。改善能源结构，推动"低碳经济"发展，促进资源节约型、环境友好型社会建设。

（2）加强网络结构，提升控制水平，适应各类电源接入。随着电网网架结构的加强及电网控制技术和管理水平的提高，将大大提高电网对各类电源（水电、太阳能等新能源）接入的能力，促进经济可持续发展。通过削峰填谷可减少机组的备用容量，从而减少装机容量，减少发电企业的建设成本；增加发电设备利用小时数，稳定发电机组出力，促进发电侧节能。

（3）为社会提供更为安全可靠、灵活优质的电力供应。宁夏配电自动化建设的实施将为用户提供更为安全、可行性更高、更为灵活、更为优质的电力供应。同时依托电力流和信息流的集成，可以为用户提供更为多样的互动化服务。

（4）改变电力消费模式、改善能源消费比重。宁夏电网用电环节的配电自动化和互动化程度的提高，以及分布式电源和分布式储能设备的应用，将在一定程度上改变电力消费模式，通过电网与电力用户的双向互动，引导用户主动参与电网的需求侧管理，同时降低用户的用电成本，减少电费支出。同时，智能用电的建设将构建新的智能营销组织模式和标准化业务体系，实现营销管理的现代化运行和营销业务的智能化应用，极大提高现行营销管理模式的运行效率，加速电气化程度的提升，从而加大电能消耗在终端能源消耗中的比重。

三、管理效益分析

（1）有效提升配网管控能力。以配电自动化建设为技术支撑，在此基础上，逐步实现配网调度、运行监视、检修操作、故障抢修等业务信息的一体化管理，调度员拥有了更直接、更快捷处理电网事故、调整电网运行方式的手段，减少了事故汇报与指令流转环节，缩短了事故处理时间，提升大电网的管理能力。

（2）有利于配网实现精细化、集约化管理。通过配电自动化建设，理顺配网调控、运行、检修和营销各个环节的关系，实现管理方式的变革，有利于增强配电网抵御和防范风险的能力，减轻了值班员的工作强度，同时提高了工作细致程度，达到减人增效、规范业务、提高工作效率和提升配网管理水平的目的。

（3）隐形效益。配电自动化将配网运维人员从日常负荷测量、状态检查等重复性繁琐的工作中解放出来，使配网运维人员能集中精力关注设备缺陷，把凌乱离散的数据变为海量的连续数据，进而针对性自动分析，为优化设备运行方式、改善网络结构、提升设备健康水平提供依据。

在实现了运行数据集成共享后，可充分利用各个应用功能来自动分析和处理各项管理工作业务，为其他系统提供了强力支持，极大地减少了人工参与量与数据核对量，也提高了数据提交的正确及时性，节约相关系统的等待时间，提升整体工作效率。

配电自动化为配网精益化管理奠定了基础，更有利于规范业务、减人增效、提升工作效率，可强有力提升配网管理水平。

在减少对外停电，降低用户损失方面，可极大提高用电客户满意度，提高中央企业的社会形象，为我们增加潜在用户数和售电量。

四、整体效益分析

（1）提高电网安全稳定运行水平。通过电网各环节的配电自动化建设，电网设备的自动化尤其是智能化水平有了明显提高。通过配电自动化建设，加强对电网设备、运行状态的监控，能及时发现电网的安全隐患，降低故障发生的可能性，在电网发生故障时，能按既定方案进行转供、隔离等操作，减少人工操作环节，减少人为因素造成的损失，能自动指示故障地点并隔离故障，指示维护人员直接到达现场，节省故障区域排查时间，从而缩短事故检修时间，缩小故障停电范围，提高配电网的安全稳定运行水平，提高用户供电可靠率；通过电网智能化调度及安全稳定在线预警等手段，实现网厂协调、信息互动，提高电网抵抗事故的能力，实现更大范围的能源和电力资源优化配置，大幅度提高能源的转换和使用效率，增强能源供给的安全性、经济性和可靠性。

（2）实现电网管理的信息化和精益化。通过配电自动化通信信息平台建设，实现电网数据管理、信息运行维护和生产、调度应用集成等功能；通过调控一体化建设，可实现电网监控调度流程的优化，实现调控人员对电网的全天候的集中监控，全面掌握电网的实时信息数据，大大提高园区电网的紧急事故的应急处理能力；通过相关高级功能的扩展应用，提高调度环节的智能化水平，提高电网的经济运行水平，形成覆盖面更广、集成度更高、实用性更强、安全性更好的信息系统，有效支撑以信息化、自动化和互动化为特征的配电自动化建设，促进公司发展方式的转变。

（3）促进能源结构升级。通过电网各环节自动化建设，光伏发电接入、光储微网、电动汽车充电站等项目建设，可实现新能源的可靠、灵活接入，提高电网的灵活性和资源优化配置能力。

第六章

现代智慧配电网关键技术

第一节　电网韧性提升关键技术

一、技术研究重点

（一）国内外研究现状

1. 韧性评估技术研究现状

（1）极端天气下的电网韧性评估框架。有效的评估框架应该致力于将破坏性事件发生的可能性和影响降至最低，并提供准确的资源调度指导，以实现在事件发生时的高效响应和恢复。

韧性评估可以采用定性和定量两种方法。定性评估方法包括问卷调查、矩阵评分和层次分析等。定性评估由于评估者的经验和判断会存在一定的主观性。

韧性定量评估主要分为统计法、推理分析法、仿真模拟法三类。统计法是通过从历史极端事件中提取中断和恢复过程的数据来量化系统韧性。推理分析法利用停电概率预测结果来描述韧性水平。其中一种方法是基于历史数据建立大范围停电的贝叶斯网络，进而根据灾情推断电网停电范围和停电概率。仿真模拟法则通过仿真计算来获取韧性指标。这种方法结合场景，物理概念清晰，易于理解和接受。

（2）系统响应与恢复模型。在韧性评估中，系统响应模型被用来分析在极端事件和控制措施下系统结构或状态的变化。系统响应模型主要包括复杂网络模型、最优潮流模型和连锁故障模型。复杂网络模型将变电站表示为节点、线路表示为边，以拓扑网络的形式描述电力系统，并通过建立级联失效模型来模拟系统故障过程，从而评估电力系统的结构韧性。最优潮流模型考虑电力系统的充裕性，利用交流潮流或直流潮流模型建立最优负载分配模型，广泛应用于可靠性评估和韧性评估中。然而，这种方法常常对故障后系统的动态过程进行简化，导致评估结果偏乐观，缺乏实际应用价值。为了更准确地描述灾难情景下系统的状态，提出了考虑连锁故障过程的系统响应模型。这种模型运用短暂态仿真和长期稳态仿真交替进行模拟，以模拟灾害中系统故障的演化过程。虽然这种方法在某种程度上更接近严重故障情况下系统状态的变化，但仍未能实现对极端情况下系统动态全过程的完整模拟。

系统恢复模型在可靠性评估中被用于分析在运行控制和应急抢修等措施下系统的恢复过程。通常情况下，为简化计算，这些模型假设故障元件的修复时间为平均修复时间，从而实际恢复过程的复杂性。极端情况下，电力系统的恢复过程极其复杂，涉及多个决策变量和非线性约束。而在应急层面，研究主要涉及电力和交通基础设施的耦合，包括抢修人员和应急物资的调配，以及应急电源的优化调度。在构建系统恢复模型时，需要重点考虑分布式间歇性电源输出和负荷的不确定性，故障点修复时间的不确定性，以及交通路况的时变性等问题。此外，为了实际应用中能够得到恢复方案，模型需要在短时间内得出解决方案，并保证计算的准确性和高效性是学者们关注的重要方向。

2. 灵活资源优化配置

在电力系统灵活资源优化配置方面，已有诸多相关研究成果。

基于广义灵活电源概念，构建了资源投资决策与运行模拟校验的双层统筹规划模型。针对配电网灵活性欠缺的状况，一是提出了以电网灵活性辅助服务费用为导向的配电网灵活型资源优化配置方法，此方法聚焦于灵活资源运行 - 规划的联合优化双层配置；二是提出了以弹性性能和经济性最优为目标的配电网储能优化配置方法。此外，还建立了协同考虑电动汽车充电站选址定容的主动配电网"源 - 网 - 荷 - 储"多主体协调规划模型。并且，分别构建了包含规划层、运行层和灵活层的电力系统灵活资源优化配置方法，以及基于灵活性需求与资源调节效益的多时间尺度协调优化的资源规划方法。还提出一种考量新能源发展目标的电力系统灵活资源多阶段优化配置方法。通过剖析电力系统灵活性需求与供给能力的平衡机制，提出适应灵活资源规划的评价指标。同时，考虑调峰调频需求与新能源的不确定性，构建了灵活资源多阶段随机优化配置模型。结合新能源发展目标与灵活资源优化配置模型，提出灵活资源多阶段优化配置算法，旨在统筹规划多种类型的灵活资源，达成新能源与灵活资源的协同发展。众多研究以经济、灵活性等作为主要考量因素来提出资源配置方案，这些研究成果进一步为电网项目中的资源配置提供了参考方向。

3. 韧性提升措施研究

（1）源网储荷协同优化提升配电网。随着分布式电源的规模化发展和接入，针对极端天气下可能会出现的大规模停电事故，许多研究都提出了源网储荷的解决方法。针对分布式能源出力的不可控性和时变性，建立了光储和风储系统模型，同时也根据负荷实际变动可能，建立了极端灾害下的负荷需求响应模型。

配电网搭建大规模储能系统，将储能设备与风光发电结合，解决了可再生能源出力不确定性的问题。此外，不仅固定储能设备，还可以利用电动汽车和移动储能等移动电源通过 V2G 技术参与故障恢复，提升配电网的韧性。优化算法如动态规划、整数规划和智能优化算法等也能优化配电网韧性，实现最佳调度和调节。移动应急电源和固定储能等多种资源协同应用，提高配电网韧性，为清洁能源融入提供支持并实现最优化。

随着电力市场的不断发展，需求响应技术（DR）作为一种有效的经济手段目前已经引起国内外学者的广泛关注。利用可用的分布式电源、微电网和需求响应计划进行协同恢复，并利用 OWS 设备和孤岛微电网等系统结合，从而得出一种电网韧性提升策略，如图 6-1 所示。

图 6-1 中的韧性指标应能准确反映配电网在正常运行、灾害产生、灾后恢复阶段的系统功能高低。可根据计算出韧性指标进一步来灵活调整配电网系统，以此保障电力系统运行的稳定性。

（2）部分电网韧性提升措施及原理。提升配电网的韧性是指在故障过程中最小化负荷损失、快速恢复正常运行并减少失电负荷。可以采取措施从减小极端天气引起的故障规模、降低故障过程中的负荷损失和缩短故障恢复时间等三个方面入手。具体措施包括强化线路元件、电缆化架空线路、增加分布式能源接入、提升故障定位能力和修复速度，以及

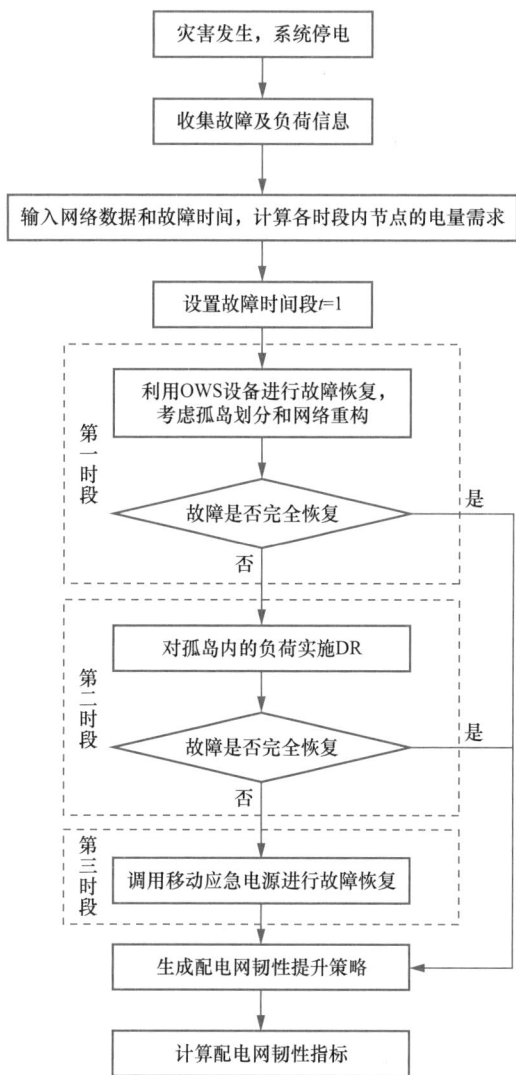

图 6-1　考虑源网荷储协同的配电网韧性
提升策略流程

设置备用供电路径等。通过规划改造、增强灾害预警、天气预报精度以及建立应急预案等措施也是解决办法的有效途径。这些措施旨在提高配电网的韧性，确保在极端情况下电网能够快速恢复正常运行。

（二）技术理论依据

1. 韧性评估矩阵与指标

以配电网韧性评估矩阵为基础找到韧性指标，进而提出配电网韧性评估方法。评估矩阵是从十分宽泛的角度，对整个配电公司的韧性管理进行评估。它不仅包括配电网本身的韧性，还包括公司组织、人员分配等方面对配电网灾害应对的支持作用。评估矩阵从技术（technical）、组织（organization）、社会（social）和经济（economical）4 个维度（简称 TOSE）对配电网韧性展开评估。其中，技术维度描述了配电网遭受极端灾害时维持原有运行状态的能力；组织维度是指电网公司管理重要设备，执行灾害决策、行动措施等关键行为的能力；社会维度是指灾害引起公司、政府等机构正常服务缺失所造成的影响及其应对能力；经济维度是指减小灾害所造成直接或间接经济损失的能力。对于 TOSE 的每个维度，韧性又包含鲁棒性（robustness）、冗余性（redundancy）、有源性（resourcefulness）和迅速性（rapidity）4 个属性（简称 4Rs）。

将 TOSE 和 4Rs 相互组合成 44 阶的矩阵，矩阵中的每个元素代表了配电网韧性的一个评估方面。配电网韧性就可以用这个矩阵进行评估，评估结果涉及配电网的规划运行、电网公司的应急管理、停电造成的用户经济损失等多个方面。

2. 配电网韧性提升策略

（1）考虑现代智慧配电网源网荷储协调优化的电网韧性提升方法。首先，提出了考虑源网荷储协调优化提升配电网韧性的策略框架。其次，针对分布式能源出力的不可控性和时变性，建立了光储和风储系统模型（optical storage and wind storage system，OWS）和负荷需求响应（load demand response，LDR）模型。最后，建立了考虑源网荷储协同优化的配电网韧性提升模型。

（2）考虑现代智慧配电网主配微协同控制方法的电网韧性提升方法。主配微网自动化系统协同模式的实践提升了主配微网信息的一致性，显著提升主配网信息交互的实时性、一致性、安全性和韧性，协同模式标准化且可扩展。考虑现代智慧配电网承载能力优化技术的电网韧性提升方法。

（3）考虑能源互联网的配电网韧性提升方法。随着能源互联网技术的发展，配电网、天然气网、城市交通网络以及信息网络的深度融合为韧性配电网的发展开辟了新的途径。考虑能源互联网的配电网韧性提升要明确，归纳能源互联网背景下配电网与天然气网、交通网以及信息网络深度融合运行时韧性提升策略的研究现状。考虑配电网灵活资源优化配置的方法。

（三）技术实践依据

1. 极端天气对配电网的影响

极端天气具有发生概率小、影响范围大、危害严重等特点，这些灾害天气会对配电网的元件造成不同程度的损坏，或导致架空线路的导线或杆塔发生断线、倒杆，或引起架空线路发生短路跳闸，导致配电网发生故障，不能正常供电，造成电网中的大面积负荷失电。

配电网对极端天气的抵御能力研究要基于极端天气对配电网的影响，极端天气是否会对配电网造成巨大影响取决于在这种天气状况下的电网元件故障率，如果天气因素使得元件故障率显著增大，则会导致电网的大面积停电，根据不同天气类型及其对配电网元件故障率影响机理可将极端天气划分为两类：

（1）第一类是对配电网元件产生作用力影响。例如风力作用、覆冰和降雨会对架空导线和杆塔产生通过力学载荷效应，如果元件受力载荷大于元件自身强度，则会对元件造成损害，造成电网大面积发生断路。同时此类天气对配电网元件的影响范围具有一定的可预测性，可以根据天气状况的预测结果提前得知可能的配电网受灾区域，提前采取相应的措施。

（2）第二类是造成配电网发生短路故障。例如雷暴灾害，会使配电网多处发生短路，其中一部分是瞬时性故障，可以通过重合闸恢复，一部分是永久性故障，需要修复，多处短路跳闸可能引起配电网的大面积停电。但几类极端天气的共同点是通过影响元件的故障率使得配电网发生大面积停电，区别在于影响的机理和计算方法不同。

自然灾害特征说明见表 6-1。

表 6-1　　　　　　　　　　自然灾害特征说明

灾害类型	影响区域	可预测性	影响跨度/面积	影响时间
飓风/热带风暴	海岸区域	24～72h	大/半径可达	几小时～几天
		轻至中度	1600km	
龙卷风	内地平原	0～2h	小/半径小于	几分钟～几小时
		中至重度	8km	
雪灾	高纬度地区	24～72h	大/半径可达	几小时～几天
		轻至中度	1600km	
地震	故障线路覆盖区域	几秒～几分钟	小至大	几分钟～几小时
		重度		
海啸	海岸区域	几分钟～几小时	小至大	几分钟～几天
		中度		
干旱/野火	内地	几天	中至大	几天～几个月
		轻度		

2. 配电网应对灾害可使用的灵活性资源

灵活性资源包括 V2G、移动电源、可时移负荷、柔性负荷、储能设施等，移动储能，储能设施（设备）等。

通过 V2G 技术，电动汽车可以作为储能设备，将多余的电能供应给电网，以平衡电力系统的负荷波动。移动电源可以在紧急情况下提供临时电力供应，也可以在临时活动、工地施工等场景中满足电力需求。通过合理调度可时移负荷，可以在高峰期减轻电力系统负荷，平衡供需关系。通过柔性负荷的调整，可以在电力系统需求变化时提供灵活支持，平衡电力供需。储能设施可以在电力系统需求变化时提供灵活的电能调节，平衡电力供需。移动储能可以在紧急情况下提供临时的电力支持，也可以在临时活动、工地施工等场景中满足电力需求。

（1）V2G。有序放电控制（Vehicle-to-Grid，V2G）技术的初衷是打通电动汽车与电网的界限，利用电动汽车的电池作为电网和可再生能源的缓冲。当车辆亏电时，由电网补给能量；当电网出现短时电力缺口时，由电力富余的电动汽车主动向电网补给电能。

由于电动汽车负荷的可调节性和高灵活性，使得它和电网具有良好互动，表现在：一方面，它可充分发挥其灵活负载的优点，利用有序充电的方法，完成调峰辅助、"削峰填谷"等功能；另一方面，也可以利用 V2G 将电动汽车当作一种可以存储能量的备用系统，在高峰时段将电能馈入到电网中，从而达到车网友好互动的目的。既能减少电动汽车充电对电网的消极效应，又能调节电力系统的平衡，从而节省费用，来避免电网建设的重复投资。

（2）可移动式应急电源。可移动式应急电源是指具有大容量和便捷移动性特点的车载式发电机，当电力设备发生持续性故障导致配电网长时间停电时，它们可以作为最有效地快速恢复配电网负荷供电的重要灵活性资源。可移动应急电源可以视为可移动的可控分布式电源，由于具备灵活移动的特性，在配电系统恢复过程中，能灵活移动到指定位置以恢复关键负荷，因此是应用于配电系统韧性提升的关键资源。诸如大风、暴风雨、地震等重大自然灾害可能会破坏配电系统线路的完整性，造成大面积停电事故。假设在自然灾害引发配电网严重故障后，故障区域被有效隔离，一些孤立失电区内重要负荷需要及时恢复供电。

（3）可时移负荷。

1）分布式可时移负荷。分布式可时移负荷包含分布式电采暖、分布式商业及居民暖通空调、电动汽车、户用光伏等多种形式。它们的共同特点是最小单位是用户，即单个负荷运行功率较小，需要经过第三方平台整合才能利用其调节能力的一类负荷。

除了分布式户用光伏，以分布式电采暖为代表的可时移负荷应用场景十分广泛。常见的应用场景包括建筑物取暖、工业保温、交通领域和农业生产等。交通领域中电采暖系统常用于站台保暖及道路融雪；农业生产中育雏箱、花房中的人工太阳及蔬菜大棚中的果蔬培育均广泛应用电采暖设备。此外，分布式电采暖的种类也非常丰富。地源热泵、环流散热器、地热电缆、电热膜、功率较小的蓄热式电锅炉和直热式电锅炉等均在实际应用中得到广泛使用。

2）集中式可时移负荷。区别于分布式可时移负荷，集中式可时移负荷运行功率较大，设备的最小应用单位通常是楼宇或小区。由于单个集中式可时移负荷的可调节潜力较大，此类负荷无需通过第三方平台对其调节能力进行整合，仅通过电力系统的直接调度，集中式负荷的调节能力即可得到利用，因此在需求响应中该类负荷得到了较早的开发和利用。集中式可时移负荷的种类包括楼宇蓄热式电采暖、楼宇直热式电采暖、电制氢储能、工商业光伏等。集中式可时移负荷的应用场景通常是学校、商场、宾馆、图书馆等大型公共建筑供暖。

（4）柔性负荷。需求端的负荷通常包括柔性负荷和刚性负荷，其中柔性负荷是指依据供需关系可以在一定程度上进行调整的那部分负荷。它可以根据需求变化，主动调节和控制以响应电网的运行，具有柔性和可变性。柔性负荷作为一种新的元素接入电网，将得到迅速发展。在各种负荷快速增长的趋势下，电网为了保证用电，往往忽视了提高电能效率。柔性负荷可以显著提高电网设备的利用率，对经济效益起到重要作用。

国内外对柔性负荷的研究具体见表6-2。

表6-2　　　　　　　　　　　　　柔性负荷研究现状

能量互动方式	单向互动 双向互动	温控负荷、智能家居
		楼宇照明、特殊生产
		电动汽车、储能装置
调度响应方式	可削减负荷	温控负荷、楼宇照明
	可平移负荷	特殊生产
	可转移负荷	电动汽车、储能装置
设备类型	工业负荷	温控负荷、智能家居
	商业负荷	楼宇照明、特殊生产
	居民负荷	电动汽车、储能装置

随着新能源技术的普及和用电负荷的不断增加，电网调度运行的压力越来越大，需求侧调度也备受关注。同时，随着电力市场化改革的逐步深入，如何使柔性负荷适应电力市场环境下的优化调度逐渐成为研究热点。

（5）储能设备。目前电力系统中得到较多研究和应用的储能方式主要电池储能、抽水蓄能、飞轮储能、超导储能、超级电容储能以及将上述储能方式组合使用的混合储能。

1）移动（便携式）储能系统。移动（便携式）储能系统可以在配电系统中提供各种服务，包括负载均衡、可调节峰值、无功补偿，可再生能源集成以及传输延迟。与固定式储能单元不同，移动式储能系统可以通过卡车运输到不同的电力应用场景，以在配电馈线内提供不同的本地服务。正是由于其在使用过程中可以采用卡车去移动，这一优势极大地提升了整个移动储能设备的具体应用可行性。目前移动储能设备最新的技术是提出了一项提前能源管理系统，旨在最小化电网输入的电力成本。移动储能设备不仅可以将可再生能源电力转移到负荷高峰时段，而且还可以提供本地化的无功电力支持。由于其在整个电网输入带来的一系列的优势，目前整个配电网的过程中对该技术是比较青睐的。

2）固定储能系统。固定储能系统可以对低压配电台区的输、配电质量进行提升，其中主要包括负载转移、电网波动和削峰填谷。但是传统的固定储能系统在应用场景上限制较大。此外，固定储能系统可以通过对电网进行无功供电来提高电压质量。

二、配电网韧性评估技术

配电网韧性评估技术考虑了事前调度，可以有效提升配电网韧性水平。修复时间、通信故障等因素对配电网韧性有较大影响，实施事前调度策略可以减小配电网在极端天气中的失负荷量，提升配电网的韧性水平。

通过评估配电网的韧性表现，及时发现和处理问题，对提高地区的供电可靠性和安全性具有重要意义。配电网韧性评估不仅可以降低停电时间和损失，还可以优化电力系统的管理和运营，在保障供电可靠性的基础上推动电力系统的高质量发展。

（一）极端天气对宁夏地区配电网的影响分析

1. 基于结构可靠性理论的故障率分析

覆冰、强降雨等极端天气会对配电网元件产生力学效应，配电网元件是否发生故障取决于所受到的力学载荷和自身结构的大小关系。受力载荷涵盖了作用力大小、作用点等因素；自身结构强度与所用元件材料、尺寸型号有关。极端天气作用于电网元件对故障率产生的影响可以利用结构可靠性理论进行分析。

（1）元件强度分析。

当导线和电杆所承受的载荷效应大小超过了元件自身强度，元件将会遭到损害，而导线和电杆的元件都服从一定的概率分布。

1）导线强度随机变量：架空导线一般由钢芯铝绞线制成，其会在外力作用下发生拉断故障，因此导线的强度主要考量的是其抗拉强度，即断线时承受的最大综合应力。IEC 60826 标准指出，导线材料的抗拉强度服从正态分布，其概率密度函数可表示为：

$$f_R(\sigma_l) = \frac{1}{\sqrt{2\pi}\delta_l} \exp\left[-\frac{1}{2}\left(\frac{\sigma_l - \mu_l}{\delta_l}\right)^2\right] \tag{6-1}$$

式中，μ_l、δ_l 分别为导线抗拉强度的均值和标准差。

2）电杆强度随机变量：类似的，配电网中架空导线的电杆由于其制作施工误差等原因，其强度也具有不确定性，而电杆元件强度主要考察的是其抗弯强度，即所能承受的最大弯矩。抗弯强度服从正态分布，其概率密度函数可表示为：

$$f_R(M_P) = \frac{1}{\sqrt{2\pi}\delta_P} \exp\left[-\frac{1}{2}\left(\frac{M_P - \mu_P}{\delta_P}\right)^2\right] \tag{6-2}$$

式中，可通过实际运行经验得到抗弯强度的均值和标准差 μ_P、δ_P。

（2）天气因素基本模型。

1）覆冰：当降雪（雨）与低温天气共同作用时，可能导致线路发生覆冰现象，同时在风力作用的影响下，线路覆冰情况加剧，覆冰平均厚度甚至可达 30 ～ 60mm，远远超过导线的承载强度。覆冰对线路的影响包括两方面：一是使线路总半径显著增大，线路所受风力载荷效应显著增强；二是增加线路重量，增加重力载荷，所以计算覆冰对线路故障率影响的主要参数是覆冰质量和覆冰后的导线直径。

覆冰受各种气象因素包括温度、湿度、风速大小方向等综合影响，空气中垂直和水平方向碰撞导线的雪（水）质量为：

$$m_{\text{ice}} = \sqrt{p_w^2 \rho_w^2 + 0.033 k^2 W_\beta^2(t) V_{\text{ver}}^2 p_w^{0.88}} \tag{6-3}$$

式中，p_w 为降雪（雨）率；p_w 为水（雪）密度；k 为地形对风速的影响系数；W_β 风速与垂直方向的夹角；V_{ver} 为线路垂直方向上的最大风速。

撞击到导线上的雪（水）只有一部分结冰，引进覆冰系数：

$$\beta = \left(1 + \frac{1.64}{VD_i}\right)^{-1} \tag{6-4}$$

来表示最终在导线上形成覆冰的质量和撞击到导线上雪（水）质量之比。将覆冰的过程离散化计算，单位时间内导线覆冰的质量增量和第 i 时刻的覆冰后导线直径为：

$$\Delta M_{i+1} = \beta \cdot D_i \cdot L \cdot m_{\text{ice}} \tag{6-5}$$

$$D_i = \sqrt{\frac{4M_i}{\pi L \rho} + d^2} \tag{6-6}$$

式中，L 为导线长度；M 为覆冰重量；ρ 为覆冰密度；d 为不考虑覆冰厚度的导线实际直径。

2）强降雨：降雨对电网元件的冲击力可分为 2 个方向，竖直方向和顺风方向，各个方向作用力的大小与该方向上雨滴撞击元件时的速率 V_{rain} 直接相关，竖直方向的 V_{rain} 为雨滴的自由落体速度，顺风向 V_{rain} 为平均风速。雨滴对单位长度的元件产生的作用力为：

$$F_r(t) = \frac{2}{9} \pi d_1^3 n_{\text{rain}} S_{\text{rain}} V_{\text{rain}}^2 \tag{6-7}$$

式中，d_1 为雨滴直径，S_{rain} 元件迎雨面的面积，n_{rain} 单位体积内的雨滴个数，根据观测数据可知直径为 d_1 的雨滴个数可表示为：

$$n(d_1) = n_0 \exp(-\Lambda d_1) \tag{6-8}$$

式中，系数 n_0=8000 个 /（$\text{m}^3 \cdot \text{mm}$）；$\Lambda$ 为斜率因子，且 Λ =4.1Sr-0.21，Sr 为降雨强度（mm/h）。

降雨可按降雨强度分为 7 个等级，见表 6-3，一般小雨对线路的冲击较小，主要考虑强降雨和暴雨的冲击。

表 6-3　　　　　　　　　　　　　　　　降雨的分类

等级	小雨	中雨	大雨	暴雨	大暴雨（弱）	大暴雨（中）	大暴雨（强）
降雨强度（mm/h）	2.5	8	16	32	64	100	300

（3）元件载荷效应分析。

载荷是指结果产生内力或形变的外力等因素，线路元件的载荷效应是元件受到外力载荷的作用产生内力或形变，出现的变形和裂缝。受极端天气因素力学作用影响的元件主要包括导线和电杆，二者受力情况略有差别。

1）导线应力：导线是否发生断线取决于应力大小，定义为张力 T_g 与截面积 S_l 的比值：

$$\sigma_g = \frac{T_g}{S_l} \tag{6-9}$$

最容易发生断线的位置一般在导线最高悬挂点，该处切线方向综合张力 T_g 可根据架设时已知的导线弧垂最低点张力 T 和导线悬挂情况得到，表达式为：

$$T_g^2 = T^2 + \frac{N^2 l_{gv}^2}{\cos^2 \beta} \tag{6-10}$$

式中，导线悬挂情况的示意图如图 6-2 所示，β、l_{gv} 参量的意义标注在图中，N 为线路上的综合荷载。

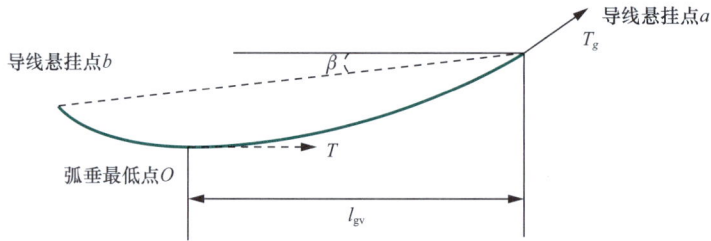

图 6-2　导线悬挂点示意图

单位长度导线所受综合荷载 N 为水平垂直两个分量的矢量和：导线悬挂时，作用其上的风引起的水平风荷载 N_1，自身质量和覆冰雨水等外加作用引起的垂直重力荷载 N_2，图 6-3 为导线不同截面的荷载示意图。

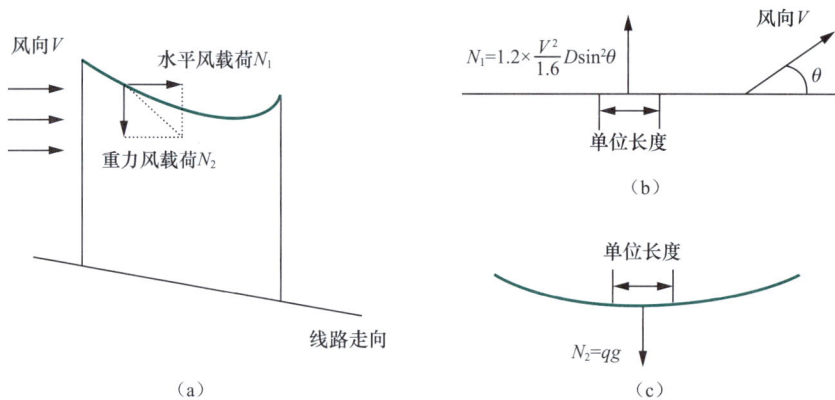

图 6-3　导线承受载荷示意图
（a）风向与导线挂线示意图；（b）导线平面图；（c）导线纵断面图

水平方向的风载荷只需要计算与导线方向垂直的风载荷，其计算表达式为：

$$N_1 = 1.2 \times \frac{V^2}{1.6} D \sin^2 \theta \tag{6-11}$$

式中，θ 为风向与线路的夹角。

导线垂直方向上重力荷载为：

$$N_2 = m_\Sigma g \tag{6-12}$$

式中，m_Σ 为导线单位长度的总质量；g 为重力加速度。

2）杆根弯矩：电杆是否发生断杆取决于弯矩大小，杆根弯矩来自两部分，为二者的矢量和：一是杆身受到风载荷 N_p 引起的弯矩 M_1，方向与风速一致；二是由导线张力引起的弯矩，由于两侧水平张力分量通常相等，因此只计算导线受到的水平风载荷作用间接对电杆引起的弯矩 M_2，方向与线路方向垂直，电杆载荷效应示意图如图6-4所示。这两部分弯矩的计算方法分别为：

$$M_1 = N_p Z \tag{6-13}$$

$$M_2 = \sum_{k=1}^{n} N_1 l h_k \tag{6-14}$$

式中，Z 为电杆中心高度；h_k 为第 k 根导线垂直高度；n 为电杆上悬挂的导线根数；l 为档距。

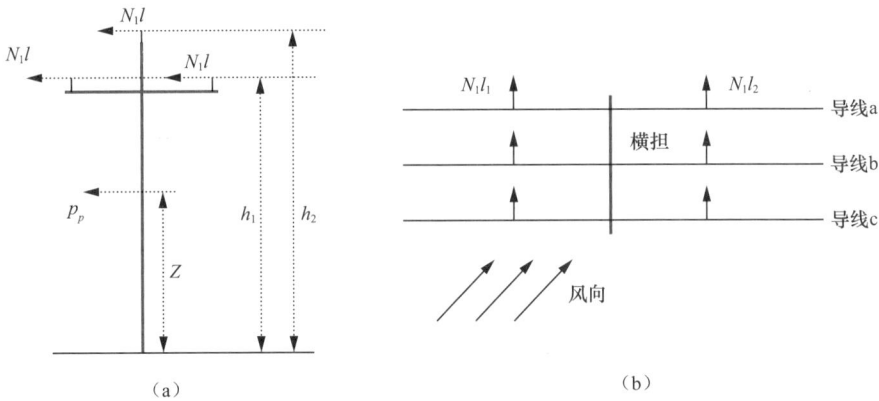

图 6-4 电杆载荷效应示意图

（a）电杆弯矩示意图；（b）导线对电杆载荷示意图

杆身受到风载荷计算表达式如下：

$$N_p = 0.7 \times \frac{V^2}{1.6} \frac{D_0 + D_p}{2} h_p \tag{6-15}$$

式中，D_0、D_p 分别为电杆顶径和底径；h_p 为电杆杆高。

（4）元件可靠状态概率。

由元件强度和元件所受载荷之间的大小关系可得到元件处于可靠状态、不发生损害、保持其结构功能的概率，定义元件功能函数为：

$$Z = R - S \tag{6-16}$$

式中，R 为元件的强度，S 为载荷效应，如导线的应力和电杆的弯矩。由功能函数的取值可以判断元件所处的状态：$Z>0$ 为可靠状态、$Z=0$ 为极限状态和 $Z<0$ 为失效状态。因为元件强度并不是一个定值，因此元件是否可靠运行也是一个不确定量，满足一定的概率。因此元件能够可靠运行不发生损坏的概率表示为：

$$P_r = P\{Z > 0\} \tag{6-17}$$

1）载荷为确定数值：此时认为元件所受载荷是可预测的，是某一确定的数，而元件强度 R 是随机变量，其概率密度函数为 $f_R(r)$，二者关系如图6-5所示。

元件强度大于荷载效应的区域即表示元件可靠运行的概率：

$$P_r = P_r\{R - S > 0\} = \int_s^{+\infty} f_R(r)\mathrm{d}r \qquad (6\text{-}18)$$

2）载荷为随机变量：当需要考虑不同天气强度时，相应的载荷效应也变成了随机变量，其概率密度函数为 $f_s(s)$，则元件强度与载荷效应的关系如图6-6所示。

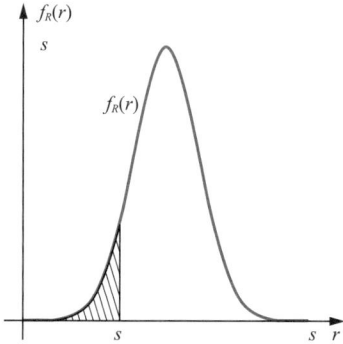

图6-5 元件强度随机变量与确定
载荷效应的关系示意图

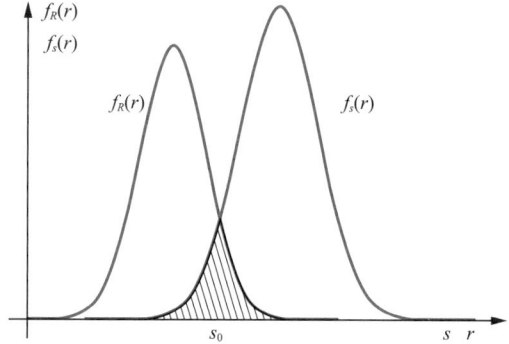

图6-6 元件强度随机变量与载荷效应
随机变量的关系示意图

图中元件强度大于荷载效应的区域即表示元件可靠运行的概率：

$$P_r = \int_0^{+\infty} f_s(s)\left[\int_s^{+\infty} f_R(r)\mathrm{d}r\right]\mathrm{d}s \qquad (6\text{-}19)$$

（5）元件故障概率。

对于连续性变量，元件强度恰好等于载荷的概率为零，元件仅有可靠运行和失效两种情况，故元件失效概率即故障率可表示为：

$$P_f = 1 - P_r \qquad (6\text{-}20)$$

当极端天气作用下，风速、降水、降雪等条件已知时，可以计算得到导线应力与电杆弯矩，导线和电杆的故障率为：

$$P_{\mathrm{fl}} = \int_0^{\sigma_g} \frac{1}{\sqrt{2\pi}\delta_l}\exp\left[-\frac{1}{2}\left(\frac{\sigma_l - \mu_l}{\delta_l}\right)^2\right]\mathrm{d}\sigma_l \qquad (6\text{-}21)$$

$$P_{\mathrm{fp}} = \int_0^{M_r} \frac{1}{\sqrt{2\pi}\delta_p}\exp\left[-\frac{1}{2}\left(\frac{\sigma_p - \mu_p}{\delta_p}\right)^2\right]\mathrm{d}M_p \qquad (6\text{-}22)$$

架空线路正常运行的条件是导线与电杆均不故障，因而架空配电线路故障率计算公式为：

$$p_{1,i}(V) = 1 - \prod_{k=1}^{m_1}(1 - p_{\mathrm{fp},k,i}(V))\prod_{k=1}^{m_2}(1 - p_{\mathrm{fl},k,i}(V)) \qquad (6\text{-}23)$$

式中，$p_{1,i}$ 为架空线路 i 的故障率；m_1 为线路 i 的电杆数，m_2 为线路 i 的导线档数；$p_{\mathrm{fp},k,i}$ 为线路 i 的第几个电杆的故障率；$p_{\mathrm{fl},k,i}$ 为线路 i 的第 k 档导线的故障率。$p_{\mathrm{fp},k,i}$、$p_{\mathrm{fl},k,i}$ 均

为该导线上时变风速的函数。

（二）基于短路跳闸率模型的故障率分析

区别与台风、暴雨等极端天气通过力学载荷来影响配电线路故障率，雷暴天气会使架空配电线路发生跳闸故障，其中部分跳闸为瞬时性故障，可以通过自动重合闸恢复；另一部分为永久性故障，可能由于绝缘子脱落、导线断线造成，发生跳闸故障的概率与地闪密度、耐雷水平、绝缘强度和雷电流幅值有关。

雷暴天气对配电线路的影响可以用雷击跳闸率来反映，目前广泛采用击距法计算。表 6-4 是某次雷暴活动实时变化情况统计，雷暴活动情况的地闪密度和电流强度是实时变化的，可根据雷暴监测系统提供的数据，将雷暴过程时间划分为 N 个小时段，由各时段的地闪密度 $N_g(t)$ 和雷电流幅值 I_i 求取相应的雷击跳闸率。

表 6-4   强雷暴天气下地闪密度和雷电流幅值情况

时间（h）	地闪密度［次／（km²·h）］	负闪最强电流幅值（kA）	正闪最强电流幅值（kA）
1	212	−145.193	+76.808
2	339	−328.659	+228.821
3	372	−145.241	+123.931
4	381	−353.228	+88.819
5	556	−311.374	+103.071
6	213	−130.59	+102.599
7	48	−75.879	+71.69

1. 击距法基本原理

雷电向地面放电时击中点是不确定的，取决于放电通道首端先进入哪个物体的击距内，落在导线击距 R_d 内引起直击雷跳闸，落在对地面击距 R_e 内引起感应雷跳闸，中压架空配电线路的击距模型如图 6-7 所示。

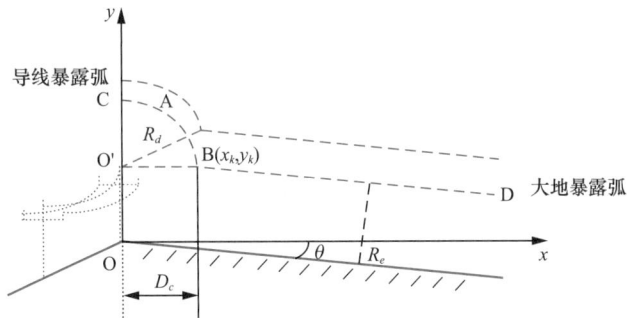

图 6-7 中压架空配电线路的击距模型原理图

导线击距和对地面击距的计算式分别为：

$$R_d = 0.67 h_e^{0.6} I_i^{0.74} \tag{6-24}$$

$$R_e = [0.168\ln(43 - h_e) + 0.36] \times R_d \tag{6-25}$$

式中，h_e 为导线平均高度。大地暴露弧和导线暴露弧的交点高度等于 h_e 时对应的雷电流 I_0：

$$I_0 = \left(\frac{h^{0.4} \times \cos\theta}{0.67 \times (0.168\ln(43 - h) - \sin\theta + 0.36)} \right)^{1/0.74} \quad (6\text{-}26)$$

架空配电线路单侧引雷范围 D_e 计算式为：

$$D_e = \int_0^{I_0} R_d\, p(I_i)\mathrm{d}I_i + \int_{I_0}^{+\infty} x_k\, p(I_i)\mathrm{d}I_i \quad (6\text{-}27)$$

式中，$p(I_i)$ 为雷电流幅值概率密度函数：

$$p(I_i) = \begin{cases} \dfrac{\ln 10}{88} 10^{\frac{-I_i}{88}}, & \text{一般地区} \\[3mm] \dfrac{\ln 10}{44} 10^{\frac{-I_i}{44}}, & \text{少雷地区} \end{cases} \quad (6\text{-}28)$$

在一般地区 t 时段内的线路跳闸率、直击雷跳闸率和感应雷跳闸率分别表示为：

$$TR_t(t) = TR_d(t) + TR_t(t) \quad (6\text{-}29)$$

$$TR_d(t) = N_g(t) \times \eta \times \frac{b_e + 2D_c}{10} \times 10^{-I_c(s)/88} \quad (6\text{-}30)$$

$$TR_r(t) = 0.2 \times N_g(t) \times \eta \times \int_{D_e}^{+\infty} 10^{-I_e(s)/88} \mathrm{d}s \quad (6\text{-}31)$$

式中，b_e 为最上层导线在地面的投影宽度；I_e 为线路的耐雷水平；s 为雷击点到线路距离；η 为建弧率，且 $\eta = (4.5E^{0.75} - 14) \times 10^{-2}$，$E$ 为绝缘子串的平均运行电压梯度。

2. 雷暴天气下的线路故障率计算

由于缺少计算线路发生永久性故障与累计跳闸率之间的模型研究，故可以采用历史数据拟合的方法得到二者之间的函数关系。采集历史上多年的雷击跳闸和永久故障次数数据，利用最小二乘法拟合二者的函数关系，由某区域历史数据得到二者之间为线性关系比例系数 $\alpha = 0.195$，由此可得架空配电线路瞬时性故障率和永久性故障率分别为：

$$\lambda_{sl}(t) = TR_l(t) \times (1 - \alpha) \quad (6\text{-}32)$$

$$\lambda_{yl}(t) = TR_l(t) \times \alpha \quad (6\text{-}33)$$

（三）配电网稳态仿真模型

为避免过多不必要的计算量，可结合配电网自身特征，针对建模过程中提出以下假设：

变电站出口母线可等效为理想电压源；配电线路可等效为集总参数模型；动态过程中分布式光伏直流侧输出功率保持不变。

基于以上假设，对有源配电 3 类典型元件分别进行稳态建模，其中包括：线路模型、负荷模型以及分布式光伏模型。

1. 配电网线路稳态模型

电力系统仿真常用的线路模型为 π 型线路模型。但实际配电系统中，绝大多数输电线路长度小于10km，此时可忽略线路的对地电容，将配电线路模型简化为阻感串联等值电路，如图6-8所示。

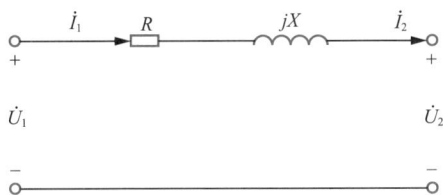

图6-8　配电线路等值电路

设线路电感为 L，可建立稳态数学模型：

$$(R + j\omega L)\dot{I} = \dot{U}_1 - \dot{U}_2 \tag{6-34}$$

式中，$\dot{I}$ 为线路电流；ω 为角频率。

2. 配电网负荷稳态模型

（1）恒阻抗模型。

配电网中常见的照明、取暖以及冶炼等类型的负荷阻抗在工作状态下可近似视为恒定值。由于配电网绝大多数负荷无功功率呈现感性，因此该模型可等效为电阻和电感的串并联组合。

（2）电动机模型。

配电网负荷的大部分是感应电动机，其稳态模型表达式为：

$$\begin{cases} P = P_0 (U / U_0)^{p_u} (f / f_0)^{p_f} \\ Q = Q_0 (U / U_0)^{Q_u} (f / f_0)^{q_f} \end{cases} \tag{6-35}$$

式中，P_0、Q_0、U_0、f_0 和 P、Q、U、f 分别为功率、电压、频率的基准值和实际值；p_u、p_f、q_u、q_f 为负荷有功功率电压特性指数、频率特性指数和无功功率电压特性指数、频率特性指数。

（3）分布式光伏模型。

分布式光伏的稳态模型结构较为简单，仅以输出有功功率 P 和输出无功功率 Q 两个参数表示。

$$I_{PV} = -(P + jQ) / U_{PV} \tag{6-36}$$

式中，I_{PV} 为输入电流；U_{PV} 为节点电压；P、Q 分别为分布式光伏的输出有功功率和无功功率。

（四）考虑事前调度和事后恢复的配电网韧性评估

1. 配电网韧性评估指标

衡量电力系统韧性应从多个角度出发，涵盖事件前、中、后系统的表现。对于不同的时间维度，应有不同的指标，包括长期指标和短期指标。韧性评估主要针对单个极端事件，时间尺度为小时，因此需要建立配电网短期韧性指标。

基于极端天气下电力系统的性能曲线，将配电网韧性定义为所有时段内系统负荷供给量与原始负荷的比值。图6-9表示了一个典型的极端天气下的电力系统性能变化曲线。

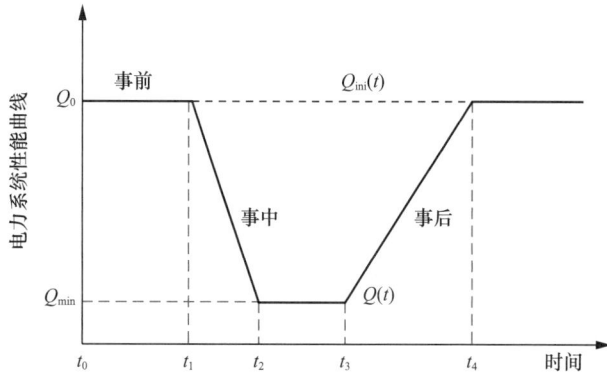

图 6-9　极端天气下典型的系统性能变化曲线

如图 6-9 所示，$Q_{ini}(t)$ 为系统正常运行的性能曲线，$Q(t)$ 为受到极端天气影响的系统性能曲线。$t_0 \sim t_1$ 期间为极端天气发生前的阶段，在这段时间内，电力系统运行人员可根据优化计算或运行经验将电力系统调至风险较低的运行状态，以减少极端天气对系统造成的期望损失。$t_1 \sim t_2$ 内配电网中发生元件故障，运行人员根据配电网的实时状态实施相应的调度方案来减少损失。在 t_2 时刻极端天气结束，电力系统处于性能最低的状态，其性能由初始的 Q_0 降低至 Q_{min}。$t_2 \sim t_3$ 时刻为恢复的准备阶段，需要在这段时间内对系统恢复的资源进行分配调度及相关准备工作。$t_3 \sim t_4$ 为系统的恢复阶段，配电检修人员需要对施工队及维修队进行调度，修复故障元件，使电力系统在最短时间内恢复对负荷的供电，同时尽量保证经济性。t_4 时刻系统的性能才能完全恢复到 Q_0。

电网的韧性评估需要综合考虑极端事件发生前（$t_0 \sim t_1$），事件持续时间内（$t_1 \sim t_2$）和事件发生后（$t_2 \sim t_4$）这三个阶段。图 6-9 的纵坐标既可以表示电网的电气性能，如供电能力、输电能力等，也可以表示物理意义上的系统性能，如未故障线路的条数等。将系统性能 Q_t 定义为每一时刻系统负荷供给量 $P_{sol,t}$，系统正常运行性能曲线定义为每一时刻的系统负荷 $P_{L,t}$，设系统失负荷量为 $P_{lol,t}$，显然有：

$$P_{L,t} = P_{sol,t} + P_{lol,t}, \forall t \tag{6-37}$$

对于一个已知的元件故障场景，该场景下的配电网韧性指标 R_s 定义为所有时段内（$t_0 \sim t_4$）系统负荷供给量与初始负荷的比值，即系统负荷供给率：

$$R_s = \frac{\int_{t_0}^{t_4} P_{sol,t}}{\int_{t_0}^{t_4} P_{L,t}} \tag{6-38}$$

根据定积分的相关知识，韧性指标 R_s 为图 6-9 中系统性能曲线 $Q(t)$ 与横坐标轴间面积除以系统正常运行性能曲线 $Q_{ini}(t)$ 与横坐标轴间的面积。显然，R_s 的取值范围为 $[0,1]$。

为评价配电网在极端天气下的韧性，需考虑多个可能发生的故障场景。故障场景可以通过模拟法抽样得出，也可通过对所有故障场景的遍历得出。若故障场景是抽样得出，则每个场景具有相同的发生概率。设总的抽样场景为 N_s，则系统在多个场景下的韧性指标为所有场景韧性指标的平均值，即配电系统的韧性指标 R 为：

$$R = \frac{1}{N_s} \sum_s R_s \tag{6-39}$$

若故障场景由遍历得出，ω_s 则表示某一场景发生的概率，则系统韧性指标 R 为场景韧性指标 R_s 的加权平均值：

$$R = \sum_s \omega_s R_s \tag{6-40}$$

显然，对同一系统而言，韧性指标 R 越大，表示电力系统在极端天气下的负荷削减比例越小，系统韧性越好，即电力系统对极端天气有较好的准备、适应和恢复能力。

评估电力系统韧性的目的是为电力系统的运行规划提供资料和意见。为了更好地展示配电网中的薄弱环节，给配电运行人员的下一步事前加固和调度策略提供意见，需要分析配电网中各个脆弱元件对系统负荷削减的"贡献"。通过假定单个元件在极端天气下 100% 可靠，定义配电网中各个脆弱元件对配电网负荷削减的贡献度指标 I_n，计算公式如下：

$$I_n = \frac{R_n - R}{1 - R} \tag{6-41}$$

式中，R_n 表示元件 n 完全可靠的情况下配电网的韧性指标。显然 $R > R_n$。

当配电网中有配电自动化接入时，类比上述元件贡献度指标，还可通过假设通信系统 100% 可靠，建立通信系统对配电网负荷削减的贡献度指标 I_C，计算公式为：

$$I_C = \frac{R_C - R}{1 - R} \tag{6-42}$$

式中，R_C 为不考虑通信系统故障的配电网韧性指标。

2. 考虑事前调度与事后恢复的配电网韧性评估方法

配电网的韧性评估需综合考虑极端天气前、中、后三个阶段的系统负荷供给量以获得韧性指标。需建立考虑通信元件修复的配电网事后恢复模型以获得事后阶段的配电网系统负荷供给量。

（1）考虑修复的元件故障场景生成。

配电网中的故障元件包括配电线路、通信线路和通信终端。为获得极端天气持续全过程中配电网元件的故障场景，提出考虑元件修复的元件故障场景生成方法。配电线路的修复时间为 8h，配电通信线路的修复时间为 6h，配电终端的修复时间也为 6h。考虑到通信影响配电网中的开关设备和分布式电源的可控性，可认为配电网中开关设备的修复时间与分布式电源的修复时间均为 6h。注意到由于极端天气持续时间内无法派出维修人员，元件修复的起始时间由极端天气结束的时刻算起。为简单起见，假设维修队充足，所有故障元件可同时进行维修，不存在维修的先后顺序问题。

图 6-10 表示了极端天气事件的发展过程和元件的故障与修复过程。事前、事中、事后的持续时间分别为 T_1、T_2 和 T_3。在场景 s 下，设线路故障状态为 $u_{ij,t,s}$，DG 受控状态为 $v_{g,t,s}$，远程开关受控状态为 $\mu_{m,t,s}$。T_1 时段内极端天气尚未到来，所有元件均不故障。T_2 时段内极端天气发生，元件发生故障，可根据抽样方法抽取其中的元件故障场景。T_3 内元件故障状态取决于事件结束时刻（T_2 时段末）元件的故障状态。若元件处于故障状态或不受控状态，则该元件在修复时间内仍处于该状态保持不变，反之，则元件不需要修复，T_3 时

段内元件始终保持完好状态。

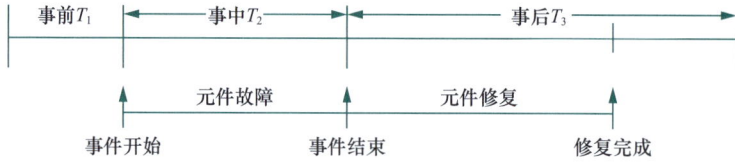

图 6-10　极端天气事件发展过程示意图

完整的元件故障场景生成方法如图 6-11 所示。设 T 为 T_1，T_2 和 T_3 的总和，元件 j 故障概率为 $P_j(vt)$，元件 j 修复时间为 T_{rj}。场景生成可以得到 N_s 个场景下时段 T 内线路故障状态、DG 受控状态和远程开关受控状态。

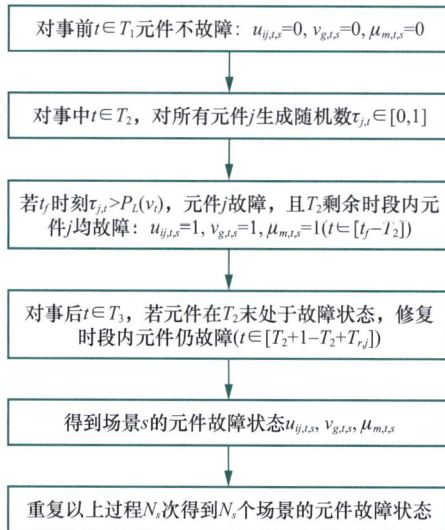

图 6-11　极端天气下元件故障场景生成过程

（2）考虑元件修复的配电网事后恢复模型。

元件修复过程中，配电人员只会根据当前时刻真实的元件故障状态，考虑网络运行约束，对配电网进行调度，以减少当前时刻的负荷损失。对自动化接入的配电网而言，元件故障状态包括线路故障状态 $u_{ij,t,s}$，DG 受控状态 $v_{g,t,s}$，远程开关受控状态 $\mu_{m,t,s}$，可由图 6-11 抽样方法得出。

由于恢复阶段系统的故障元件、故障后果和可调度资源均与事中相同，可将第三章的多时段事前调度模型改为单时段单场景的调度模型作为配电网事后恢复模型。模型的目标函数为当前时刻系统的失负荷量最小，如式（6-43）所示。$P_{i,t,s}$ 与 $\alpha_{i,t,s}$ 分别表示场景 s 中节点 i 的负荷大小与负荷削减比例。

$$\min P_{i,t,s}\alpha_{i,t,s} \tag{6-43}$$

模型约束条件同样包括潮流平衡约束、上下限约束、开关状态约束、辐射状约束和元件故障后果约束。其中，在事后的元件修复过程中，无论配电网中是否有自动化接入，配电网中开关设备可由人工或远程控制改变状态，因此修复过程的元件故障后果与自动化接入配电网的事中阶段相同，都为线路故障引起的分块隔离和通信故障引起的开关失控和分布式电源失效。设决策变量为 y_s，约束可记为：

$$y_s \in K(s) \tag{6-44}$$

式（6-45）表示了配电自动化接入配电网的事后恢复模型。

$$\begin{aligned} &\text{obj} \quad f_1 = \min P_{i,t,s}\alpha_{i,t,s} \\ &\text{s.t.} \quad y_s \in K(s) \end{aligned} \tag{6-45}$$

在约束条件 $K(s)$ 中，通信故障导致的开关设备失效约束为：

$$(1-\mu_{m,t,s})(x_{m,t,s}-x_{m,t-1,s})=0, \forall m, t \neq 1 \tag{6-46}$$

式（6-46）表征了相邻时段间开关设备的状态关系。式中，t 时刻远程开关受控状态 $u_{m,t,s}$ 为已知量。而对某一时段 t 而言，$t-1$ 时段的开关设备状态 $x_{m,t-1}$，s 也为已知量，是 $t-1$ 时段最优调度的结果。

此外，在恢复阶段，自动化接入配电网中的分布式电源可运行，但无自动化接入时，分布式电源无法得到控制，其出力 $P_{g,t,s}$ 为 0。因此无自动化接入的配电网恢复模型可用式（6-47）表示：

$$\begin{aligned} &\text{obj} \quad f_2 = \min P_{i,t,s}\alpha_{i,t,s} \\ &\text{s.t.} \quad \begin{cases} y_s \in K(s) \\ P_{g,t,s}=0, \forall g \end{cases} \end{aligned} \tag{6-47}$$

（3）评估方法。

基于配电网事前调度建立的考虑元件修复过程的配电网事后恢复模型，提出综合考虑事前调度和事后恢复的配电网韧性评估方法，以极端天气的前、中、后三个时段的负荷供给率为韧性指标评估配电网韧性水平。评估方法主要包括三部分：事前调度、事后恢复、指标计算（见图 6-12）。

事前调度部分通过蒙特卡罗模拟生成线路、分布式电源和开关设备在整个事件中的故障场景，运行事前调度模型计算配电网事前和事中的失负荷量 $P_{\text{shed},t,s}$（$t \in T_1, t \in T_2$），并获得所有场景下事中最后时刻的开关状态 $x_{T_2,s*}$（$s \in S$）。

事后恢复部分根据事后修复阶段配电网中元件的实时故障状态，运行配电网恢复模型计算所有场景所有时刻的配电网事后失负荷量 $P_{\text{shed},t,s}$（$t \in T_3, s \in S$）。模型中，上一时刻求得的最优开关调度策略 $x_{t-1,s*}$ 为下一时刻约束条件中的输入量。

指标计算将所有场景的失负荷量累加至 P_{shed}，并根据场景个数 N_s 和系统负荷总量 P 计算配电网在事件全过程的负荷供给率，即韧性指标 R：

$$R = (P - P_{\text{shed}}/N_s)/P \tag{6-48}$$

计算某元件或子系统对配电网负荷削减的贡献度指标 R_n 或 R_C 时，只需假设某元件 n 或子系统 C 的故障概率为 0%，然后重新评估系统韧性，再根据式（6-41）和式（6-42）即可算出。

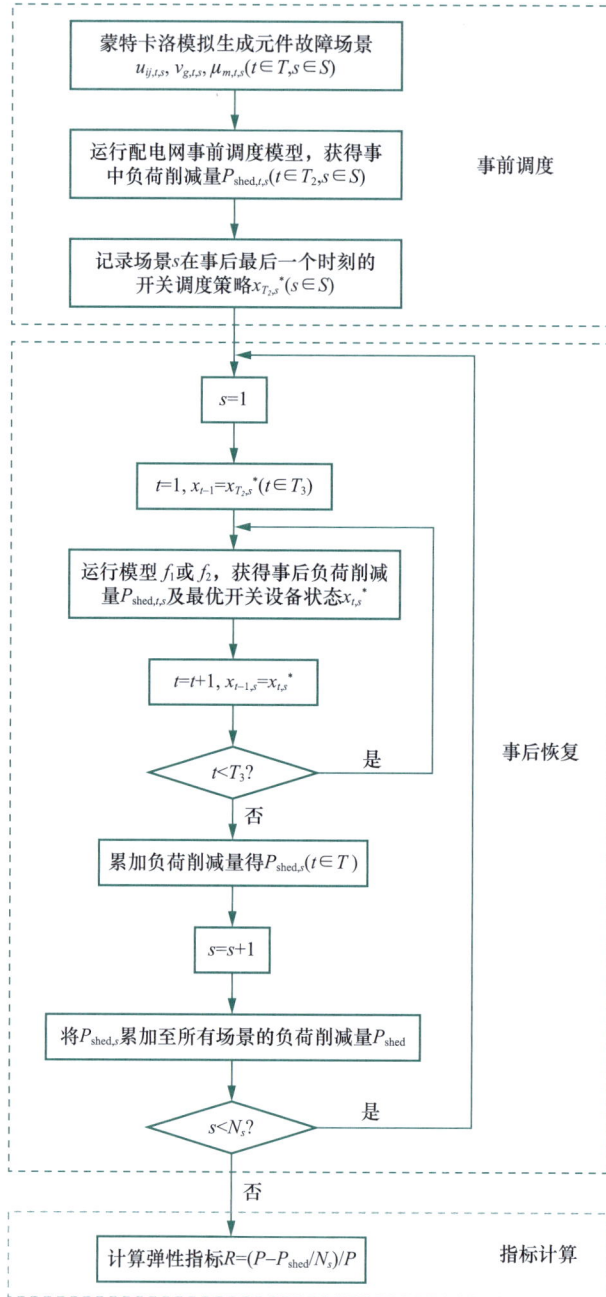

图 6-12　考虑事前调度和事后恢复的配电网韧性评估方法

三、配电网承载力综合评估指标体系构建

电动汽车的规模化接入导致城市电网运行特性发生了显著变化。对电网而言，电动汽车的规模化接入可视为整体性负荷，导致其对电网运行的影响方式多变，也会造成电网局部设备过载、部分支路潮流越限、电能质量下降、负荷峰谷差变大以及网损增加等区域性影响，进而影响电网的安全稳定运行。针对这些问题，需要通过优化供电设施承载能力来

缓解配电网的运行压力。

　　1. V2G 的应用场景

　　大规模电动汽车的并网充电不仅会对配电网运行产生不利影响，也会对路 - 电耦合网络的其他环节产生不同程度的影响。具体而言，受配电网架结构、系统其他类型负荷容量和分布式新能源出力等因素影响，不同区域的配电系统对电动汽车充电负荷的动态接纳能力也不同，同时也影响着电动汽车用户的充电需求和充电配套设施的分布。

　　V2G 是指将电动汽车（EV）与电网相连接，使其能够向电网提供电力，以及从电网获取电力的技术和应用。以下是 V2G 的几个应用场景：

　　（1）电力储备和调节。电动汽车电池可以在非高峰期或低负荷时段储存电力，而在高峰期或负荷紧张时将其释放回电网。这种能量存储和释放机制可以帮助平衡电力供需，提供电力储备并进行调节，从而增强电网的韧性和稳定性。

　　（2）频率调节和功率平衡。电动汽车车队可以通过 V2G 技术参与频率调节和功率平衡。当电网频率偏离标准时，电动汽车可以提供额外的电力或吸收多余的电力，用于平衡电网的频率并保证供需平衡。

　　（3）无电源地区应急电力供应。V2G 技术可以用于在无电源地区提供应急电力供应。在自然灾害或电力系统故障导致停电的情况下，电动汽车的储能系统可以作为备用电源，为住宅、医院、商业区等提供紧急电力供应。

　　（4）可再生能源的集成。V2G 技术可以用于集成可再生能源系统，如太阳能和风能系统。当可再生能源系统产生过剩电能时，电动汽车可以充当能量接收器，将多余的能量储存到电池中。而在可再生能源供应不足时，V2G 系统可以从储存的电池中释放能量，平衡能源供需。

　　（5）参与能源市场。通过 V2G 技术，电动汽车可以成为能源市场的参与者。电动汽车主人可以根据电网需求和能源价格的变化，灵活调整车辆的充电与放电时间，以实现更便宜的充电或通过以较高价格向电网提供电力获得经济补偿。

　　综上来说，V2G 技术的应用场景丰富多样，可以实现电力储备和调节、频率调节和功率平衡、应急电力供应、可再生能源集成以及参与能源市场等，为电网提供更加灵活、韧性和可持续的能源管理解决方案。

　　同时 V2G 技术实现了双向作用，使电动汽车能够在电网和车辆之间实现能源的双向流动。

　　电动汽车通过 V2G 技术可以从电网获取电力进行充电。这使得电动汽车可以在需求时从电网获取电力补充电池能量，延长行驶里程。这对于没有充电桩或充电设施的地区尤为有用，也为长途驾驶提供了额外的充电保障；V2G 技术还使得电动汽车能够将储存在其电池中的电能反向注入电网。在电动汽车处于停车或不使用状态时，车辆的电池可以为电网提供备用电源。这种能量供应方式被用于平衡电力需求与供应，参与功率调节、频率稳定和电力平衡等电网运营方面。

　　通过这种双向作用，V2G 技术为电动汽车提供了更大的灵活性和功能性。电动汽车不仅仅作为能源消耗者，还可以成为电网调节和支持的一部分。这种双向的能量交流不仅为电动汽车主人提供了更多便利和选择，也为电网的稳定性和可持续性提供了新的解决方案。

2. 电动汽车 V2G 潜力评估与优化调度策略研究

综合利用分布式新能源和电动汽车充电负荷的可调控特性，可以改善电网的运行水平。因此，针对负荷波动程度以及系统负载率等关键指标，对电动汽车参与 V2G 的调度方式提出了 EV 充电负荷与分布式光伏协同的优化调度模型，该优化调度模型分为电动汽车 V2G 潜力评估以及电动汽车集群分布式调度两部分，并最终通过算例对比验证了该策略的有效性。

主要考虑电动汽车以 V2G 形式参与电网调度。电动汽车 V2G 的响应容量以及可调度时段主要与电动汽车 SOC 状态、目的地停留时长和参与调度时段的电价等因素直接相关。通过建立电动汽车 V2G 的分群规则、功率分配策略以及价格信号响应模型，然后进一步建立以电动汽车 V2G 功率为主要待优化量的多目标优化调度模型。

（1）分群规则。一些电动汽车在每个时间断面下的出行和充电行为都具有相似性，集中体现在电动汽车 SOC 状态的时空分布上，此时可以对大规模的电动汽车个体进行分群分类。根据电动汽车 SOC 状态的不同可以将配电网中的电动汽车分为固定参与调度和弹性参与调度两类，具体的数据表示为：

$$K_{n,t}^{EV} = \begin{cases} 1, & R_{n,t}^{SOC} \leqslant R_{\min}^{SOC} \\ 0, & R_{\min}^{SOC} < R_{n,t}^{SOC} < R_{\max}^{SOC} \cup R_{n,t}^{SOC} \geqslant R_{\max}^{SOC} \end{cases} \tag{6-49}$$

式中，$K_{n,t}^{EV}$ 表示第 n 辆电动汽车在 1 时段参与 V2G 的可调度状态。其中，1 表示此集群中电动汽车需要优先保证其充电需求，且充电结束后处于可立即参与 V2G 的状态；0 表示此类电动汽车群体不主动参与电网调度，但可根据电网补贴价格自主选择是否参与调度；$R_{\max}^{SOC}$ 和 $R_{\min}^{SOC}$ 分别为电动汽车参与 V2G 调度的 SOC 值上下限，即车辆充电临界阈值。

（2）V2G 调度策略。配电系统调度机构（DSO）根据配电网运行要求和电网负荷水平制定日前调度计划，在每个调度时段中以电动汽车集群代理商的形式向电动汽车个体下发需要其 V2G 响应的充放电功率 P_{EV}^{V2G}。电动汽车集群代理商根据实时的电动汽车 SOC 状态信息，优先对固定参与调度的电动汽车集群进行调度，其次根据弹性调度集群中的车辆参与调度意愿的高低，筛选出参与此时段调度的电动汽车，直至 V2G 的充放电功率总量达到 P_{EV}^{V2G} 时结束此次调度。其中，配电系统的 V2G 调度指令可通过下式来表示：

$$P_{EV}^{V2G} = \begin{cases} N_1 P_c^+, & P_{EV}^{V2G} > 0 \\ 0, & P_{EV}^{V2G} = 0 \\ N_1 P_c^-, & P_{EV}^{V2G} < 0 \end{cases} \tag{6-50}$$

式中，N_1 为电动汽车集群中实际参与 V2G 的电动汽车数量；P_c^+ 和 P_c^- 分别为电动汽车参与 V2G 时的充放电功率；$P_{EV}^{V2G} > 0$ 和 $P_{EV}^{V2G} < 0$ 分别表示配电系统调度机构下发的充放电调度指令。

本书提出的电动汽车 V2G 调度策略，是在保证电动汽车用户行车需求的前提下，对电动汽车选择参与 V2G 调度的意愿进行建模。基于上文提出的电动汽车 V2G 分群规则，对满足调度要求的电动汽车采用如下策略进行充放电功率的调整：

对 $K_{n,t}^{EV}$ =1 的 EV 集群：此集群中 SOC 状态处于 $R_{n,t}^{SOC} \leq R_{\min}^{SOC}$ 的车辆表示其在当前时刻和地点有充电需求，由于车辆可以在充电结束后向电网放电，因此能够同时响应调度机构的充放电指令。类似地，SOC 状态处于 $R_{n,t}^{SOC} \geq R_{\min}^{SOC}$ 的车辆剩余电量安全度相对较高，在保证其下一段出行需求的前提下，可以同时响应调度机构的充电和放电调度指令。

对 $K_{n,t}^{EV}$ =0 的 EV 集群：此集群中电动汽车的 SOC 状态处于需要充电和完全不需要充电之间，其参与调度的意愿主要受到价格因素的影响。若此时段电网电价较低，则此群体中部分电动汽车响应充电调度指令的意愿会相应提高；若此时段电网电价较高，则此时其响应充电调度指令的意愿下降。

每辆电动汽车参与 V2G 的开始时刻和持续时间与车辆在目的地停留时间直接相关。可参与 V2G 调度容量与电动汽车当前 SOC 状态和下一行程的 SOC 出行需求有关。因此在每个调度时段内电动汽车个体可参与充放电容量的计算方法如下：

$$\begin{cases} S_{ch}^{EV} = (R_{n,t}^{SOC} - R_{next}^{SOC}) \cdot S^{EV} \\ S_{dis}^{EV} = (R_{n,t}^{SOC} - R_{\max}^{SOC}) \cdot S^{EV} \end{cases} \tag{6-51}$$

式中，R_{next}^{SOC} 为电动汽车下一段出行的 SOC 需求；S_{ch}^{EV} 和 S_{dis}^{EV} 分别为车辆 V2G 的充放电功率。

（3）价格信号响应。针对上述两类电动汽车对配电网调度机构充放电指令的响应行为，电网对参与 V2G 互动的电动汽车给予一定的补贴。根据电网总负荷曲线的峰谷变化，可以采用如下式的半梯形隶属度函数来划分 V2G 补贴时段，并确定补贴价格。

$$\begin{cases} A_{peak}(L) = \dfrac{P_{\max} - L}{P_{\max} - P_{\min}} \\ A_{valley}(L) = \dfrac{L - P_{\min}}{P_{\max} - P_{\min}} \end{cases} \tag{6-52}$$

式中，L 为任意时刻的系统负荷值；$P_{\max}$ 和 $P_{\min}$ 分别为系统负荷的峰谷值；A_{valley} 和 A_{peak} 分别为高补贴价格和低补贴价格的隶属度值。根据系统总负荷曲线，可计算得到日内 V2G 补贴价格在各时段的隶属度值，见表 6-5。

表 6-5　　　　　　　　　　　　　　V2G 补贴时段的隶属度值

时段（h）	A_{peak}	A_{valley}	时段（h）	A_{peak}	A_{valley}
1	0.8636	0.1364	9	0.6370	0.3630
2	0.8900	0.1100	10	0.4090	0.5910
3	0.9237	0.0763	11	0.3238	0.6762
4	0.9390	0.0610	12	0.2674	0.7326
5	0.9699	0.0303	13	0.4176	0.5824
6	0.9835	0.0165	14	0.3722	0.6278
7	1	0	15	0.3004	0.6996
8	0.9706	0.0294	16	0.3138	0.6862

时段（h）	A_{peak}	A_{valley}	时段（h）	A_{peak}	A_{valley}
17	0.2830	0.7170	21	0.0830	0.9170
18	0.1895	0.8105	22	0.3589	0.6411
19	0.0232	0.9768	23	0.5448	0.4552
20	0.0043	0.9957	24	0.6774	0.3226

表 6-5 显示，V2G 价格补贴时段与电网负荷峰谷时段呈负相关。以隶属度值为 0.6 来划分电网 V2G 价格补贴时段，将隶属度值大于 0.6 的时段分别确定为 V2G 充电和放电价格补贴峰时段，隶属度值小于 0.6 的时段分别确定为 V2G 充电和放电价格补贴谷时段。因此，日内 1:00—9:00 和 23:00—24:00 为 V2G 充电补贴高峰时段，同时也为 V2G 放电补贴谷时段；10:00—12:00 和 14:00—22:00 为 V2G 放电补贴高峰时段，同时也为 V2G 充电补贴谷时段。

关于电动汽车 V2G 放电补贴价格的制定，参考了分时电价和目前 V2G 试点实行的补贴价格，确定 V2G 的峰谷补贴价格见表 6-6。其中，V2G 放电补贴以放电完成立即现金结算的方式补贴用户，V2G 充电补贴以低于当前时刻上网电价的充电电价给予用户补贴。

表 6-6 V2G 峰谷补贴价格

V2G 类型 \ 时间	峰时段（元 /kWh）	谷时段（元 /kWh）
V2G 放电	0.90	0.32
V2G 充电	0.20	0.02

对于参与电网调度的电动汽车群体而言，其参与电网 V2G 调度的意愿受电网各时段电价的直接影响，电动汽车用户根据不同时段系统提供的放电补贴价格选择是否参与 V2G 调度。以 V2G 放电调度为例，建立如下数学模型来表示电动汽车参与 V2G 调度意愿的变化程度，具体解释如下：

$$Re(c) = \begin{cases} (0.9c + 0.1)^{3.5}, & c_0 \leqslant c \leqslant c' \\ 1, & c > c' \end{cases} \qquad (6\text{-}53)$$

式中，c_0 表示开始吸引电动汽车用户参与 V2G 调度的最低补贴价格；c' 为电动汽车 V2G 放电补贴响应的饱和价格，高于此价格的 V2G 补贴对电动汽车用户参与 V2G 意愿的改变程度不强，同时出于对系统运行成本的考虑，电网也不会继续提供高于此价格的补贴电价。

参与 V2G 调度集群中的电动汽车用户对 V2G 放电补贴的响应程度变化曲线如图 6-13 所示。

四、配电网结构灵活性设备优化配置技术

（1）基于可达性的外层配置模型。外层模型基于可达性来获得开关的初始配置，计算成本约束以及配网结构约束最大化提升配网的可达性水平，其目标函数为：

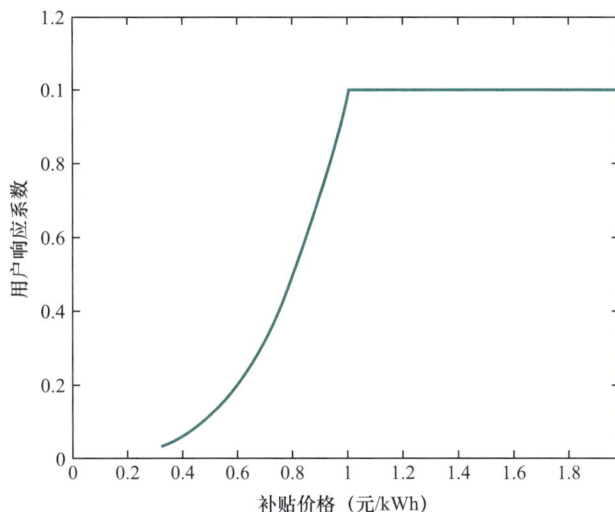

图 6-13　电动汽车用户对 V2G 放电补贴的响应程度

$$\max_{\Omega_{SW}} F(\Omega_{SW}) = AC(\Omega_{SW}) - AC(\Omega_{SW0})\Omega_{SW0} \subseteq \Omega_{SW} \tag{6-54}$$

式中，AC 表示配网的可达性测度值；Ω_{SW} 表示开关增设后配网的开关配置集合；Ω_{SW0} 表示开关增设前配网的开关配置集合；式（6-54）以最大化可达性增量为目标。

该阶段满足如下约束条件：

1）成本约束。开关投资费用 C_{INV} 为：

$$C_{INV} = \sum_{(i,j) \in E} \sum_{ss \in \Omega_{SS}} C_{SS} x_{ij}^{ss} + \sum_{i,j \in V} \sum_{ts \in \Omega_{TS}} C_{ts} x_{ij}^{ts} \quad \Omega_{SS} \cup \Omega_{TS} = \Omega_{SW}/\Omega_{SW0} \tag{6-55}$$

式中，C_{ss} 为分段开关的单位购买成本；C_{ts} 为联络开关的单位购买成本；E 表示配网图模型的边集；V 表示配网图模型的节点集合；Ω_{SS} 表示增设分段开关集合；Ω_{TS} 表示增设联络开关集合；x_{ij}^{ss}、x_{ij}^{ts} 属于布尔变量，依次代表线路上分段开关增设的有无与节点间联络开关增设的有无。

开关运行维修费用 C_{MC} 为：

$$C_{MC} = \sum_{yr \in \Omega_{YR}} \frac{1}{(1+d)^{yr}} \eta C_{INV} \tag{6-56}$$

式中，Ω_{YR} 表示研究年限集合；d 表示贴现率；η 表示一年中 CMC 与 $CINV$ 的比值。

总投入费用 C_{TOT} 应满足下述约束：

$$C_{TOT} = C_{INV} + C_{MC} \leqslant (1+K_c)C_{TOT\_max} \tag{6-57}$$

式中，K_c 为成本控制系数；C_{TOT_max} 为设定的最大总投入费用。

2）每条线路上开关安装约束。

$$\begin{cases} x_{ij}^{ss} + x_{ij}^{ts} \leqslant 1 \\ x_{ij}^{ss}, x_{ij}^{ts} \in \{0,1\} \end{cases} \tag{6-58}$$

$$\begin{cases} x_{ij}^{ss} + x_{ij}^{ss0} \leqslant 1 \\ x_{ij}^{ts} + x_{ij}^{ts0} \leqslant 1 \\ x_{ij}^{ss0}, x_{ij}^{ts0} \in \{0,1\} \end{cases} \quad (6\text{-}59)$$

式中，x_{ij}^{ss0}、x_{ij}^{ts0} 属于布尔变量，依次代表增设开关前线路上分段开关的有无与节点间联络开关的有无。约束 2）表明分段开关与联络开关不能配置于同一安装位置，同时考虑了开关增设前配网的开关配置状态，若安装位置上已有开关设置则无须再进行增设。

3）全网开关安装数目约束。

$$\begin{cases} \displaystyle\sum_{(i,j)\in E} \left(\sum_{ss\in\Omega_{ss}} x_{ij}^{ss} + \sum_{ss0\in\Omega_{ss0}} x_{ij}^{ss0} \right) \leqslant (N-1) \\ \displaystyle\sum_{i,j\in V} \left(\sum_{ts\in\Omega_{TS}} x_{ij}^{ts} + \sum_{ts0\in\Omega_{TS0}} x_{ij}^{ts0} \right) \leqslant \{C_N^2 - (N-1)\} \end{cases} \quad (6\text{-}60)$$

式中，N 表示配网中节点总数；Ω_{SS0} 表示增设前分段开关集合；Ω_{TS0} 表示增设前联络开关集合。除考虑开关成本约束外，约束 3）基于配网拓扑，限制分段开关与联络开关的总安装均不超过各自安装位置的全集，N-1 为分段开关安装位置全集，$C_N^2 - (N-1)$ 为联络开关安装位置全集。

（2）基于适配性及敏捷性的内层配置模型。在外层模型确定合适可达性水平后，将对应的开关初始配置方案传递给内层模型，内层模型计算配网运行状态，同样需要满足配网结构约束，同时考虑配网运行约束来最大化配网的适配性和敏捷性水平，其目标函数如下：

$$\max_{\Omega_{SW}} F(\Omega_{SW}) = AD(\Omega_{SW}) + AG(\Omega_{SW}) \quad (6\text{-}61)$$

式中，AD 表示适配性测度值；AG 表示敏捷性测度值；Ω_{SW} 表示开关增设后的配网开关配置集合。

该阶段满足如下约束条件：

1）辐射状运行约束。运行配网为辐射状，无环网和孤岛情形。

2）支路潮流约束。

$$0 \leqslant f_{ij} \leqslant f_{ij\max} \quad (6\text{-}62)$$

3）节点电压约束。

$$U_{i\min} \leqslant U_i \leqslant U_{i\max} \quad (6\text{-}63)$$

4）开关潮流容量约束。

$$\begin{cases} (C_{ss} - f_{ij}) x_{ij}^{ss} \geqslant 0 \\ (C_{ss} - f_{ij}) x_{ij}^{ts} \geqslant 0 \end{cases} \quad (6\text{-}64)$$

式中，C_{ss}、C_{ts} 分别为分段开关和联络开关的潮流容量。

5）光伏发电出力约束。

$$\begin{cases} P_{PV\min} \leqslant P_{PV} \leqslant P_{PV\max} \\ Q_{PV\min} \leqslant Q_{PV} \leqslant Q_{PV\max} \end{cases} \quad (6\text{-}65)$$

6）潮流平衡约束。

$$\sum_{i,j\in E} f_{ij} - \sum_{i,j\in E} f_{ji} = \begin{cases} v(f), & i = s \\ 0, & i \neq s, t \\ -v(f), & i = t \end{cases} \quad (6\text{-}66)$$

式中，s 表示源点；t 表示汇点；$v(f)$ 表示潮流的流量值。

7）可达性水平约束。该阶段将外层模型确定的配网可达性水平作为配网结构约束：

$$\Omega_{SW} \in \Omega_{SW}^* \quad (6\text{-}67)$$

式中，Ω_{SW}^* 表示通过外层模型获得的达到所需可达性水平的初始开关配置。

（3）内外层模型的交互。随开关安装数目增加，配电网可达性会逐渐趋于饱和；具有相同可达性水平的开关配置，针对不同的分布式发电配置方案，其适配性存在差异；此时达到每一适配性水平都可对应多种配网结构变换过程，敏捷性通过量化配网结构变换过程中开关的动作效率，有助于选取系统最优运行状态。

建立的双层优化配置模型便是基于上述结构灵活性三维属性的内在联系：外层模型通过最大化配网可达性水平，确定配网较高的可达值范围，同时将对应的一组初始开关配置传递给内层；内层模型依据分布式发电的配置情况，计算系统运行水平，计算初始开关配置的适配性和敏捷性，由于此时每一适配性水平都对应跨越范围较大的敏捷值，因此通过综合判断最优适配性及最优敏捷性，从初始开关配置中选取最佳配置，进而获得配网最优开关配置方案及其对应的配网最佳运行状态；同时可将内层所获开关配置方案反馈给外层模型，求解其可达值，与内层得到的最优适配值、最优敏捷值一同实现配电网结构灵活性的量化。

双层配置方法是计及不同时间尺度的两阶段优化过程：外层基于可达性为配电网提供开关配置框架，该框架保证了配电网具有充足的可达性水平，是一个粗略配置；内层基于适配性、敏捷性及运行场景的设置，通过衡量运行时结构能力的发挥水平，在初始配置基础上实现了精细配置，考虑了运行场景的反馈，另外通过内层的优化重构同时也可获得配网最佳运行状态。因此，该方法实现了配电网规划与运行相结合的结构灵活性设备广义优化配置。

五、考虑灾害预防、响应、恢复策略的配电网韧性提升方法

1. 灾前防御策略

小概率—高损失极端事件对配网基础设施的攻击方案是不确定的，此外，由于可再生能源出力随机性导致的配网节点净负荷不确定性、实时市场电价以及非计划性孤岛事件等不确定性对配网灾前防御策略的制定均有直接影响。针对灾前韧性提升这一不确定优化问题，现有建模可分为如下类型：

（1）考虑灾害攻击不确定性的鲁棒优化模型。针对极端事件攻击的不确定性，很多文献采用配网线路遭受破坏的不确定集进行描述：

$$U = \left\{ u \in \mathbf{R}^{N_{br}} | \sum\nolimits_{l \in \Gamma} a_l \geqslant N_{br} - k_{\max} \right\} \tag{6-68}$$

式中，u 表示线路损坏的不确定量；N_{br} 表示配网线路数；$k_{\max}$ 表示线路最大损坏数；l 和 Γ 分别表示线路索引及其集合；二进制变量 a_l 表示线路 l 的状态，线路闭合时取值为 1，断开时取值为 0。

当灾前防御策略为线路加固时，可建立基于防御—攻击—防御三层框架的鲁棒优化模型。

$$\left\{ \begin{array}{c} \min_h \{ \sum_{l \in \Gamma} c_l^{str} h_l + \max_{u \in U} \min_y \sum_{t \in T} \sum_{j \in J} c_j^{cur} P_{jt}^{cur} \} \\ \text{s.t.} \quad B_1 h + C_1 h + D_1 a + E_1 u \leqslant g_1 \end{array} \right\} \tag{6-69}$$

式中，二进制变量 h_l 表示线路 l 是否进行加固，线路加固时取值为 1，否则为 0；t 和 T 分别表示时段索引及其集合；j 和 J 分别表示配网节点索引及其集合；P_{jt}^{cur} 表示节点 j 的弃负荷量；h 表示由 h_l 构成的线路加固决策向量；a 表示由 a_l 构成的线路状态向量；y 表示配网潮流优化有关的连续变量组成的向量；c_l^{str} 表示线路 l 的加固成本；c_j^{cur} 表示节点 j 的单位弃负荷惩罚成本；B_1、C_1、D_1、E_1 表示常系数矩阵；g_1 表示常系数向量。

由于上述研究在灾害发生后仅考虑潮流优化的运行策略进行韧性提升，故内层防御层的向量 y 仅包含连续变量。当灾害发生后同时考虑配网重构和潮流优化 2 种策略时，建立的鲁棒优化模型如下：

$$\left\{ \begin{array}{c} \min_h \{ \sum_{l \in \Gamma} c_l^{str} h_l + \max_{u \in U} \min_{y,x,z} \sum_{t \in T} \sum_{j \in J} c_{jt}^{culr} P_{jt}^{cur} \} \\ \text{s.t.} \quad B_2 h + C_2 h^+ + D_2 a + E_2 u + A_2 x + G_2 z \leqslant g_2 \end{array} \right\} \tag{6-70}$$

式中，x 和 z 分别为网络重构有关的连续变量、离散变量构成的向量；A_2、B_2、C_2、D_2、E_2、G_2 为常系数矩阵；g_2 为常系数向量。

（2）考虑多重不确定性因素的鲁棒优化模型。在极端事件场景下，配电网中除了灾害攻击不确定性外，接入的可再生能源出力也存在高度不确定性，可用如下不确定集 w 描述：

$$w = \{ \tilde{P}^{re} \in R^{N_{re} \times T} \} \tag{6-71}$$

式中，N_{re} 为可再生能源机组数目；T 为调度时段数；g 为可再生能源机组索引；$\tilde{P}^{re}$ 为可再生能源机组出力构成的向量；$\tilde{P}^{re}$、P_{gt}^+、P_{gt}^- 分别为机组 g 在时段 t 的实时出力及其上、下限值。

故考虑灾害攻击、可再生能源出力双重不确定性的鲁棒优化模型如下：

$$\left\{ \begin{array}{c} \min_h \{ \sum_{l \in \Gamma} c_l^{str} h_l + \max_{u \in U, \tilde{P}^{re} \in w} \min_y \sum_{t \in T} \sum_{j \in J} c_j^{cul} P_{jt}^{cur} \} \\ \text{s.t.} \quad B_1 h + C_1 y + D_1 a + E_1 u + G_1 \tilde{P}^{re} \leqslant g_1 \end{array} \right\} \tag{6-72}$$

同理，当融入更多不确定量信息（如市场电价、非计划性孤岛事件）后，可建立考虑多重不确定性的鲁棒优化模型，其形式与式（6-72）类似。

（3）计及故障概率信息的分布鲁棒优化模型。上述鲁棒优化模型式（6-69）和式（6-70）采用线路损坏不确定集，式（6-68）描述极端事件攻击的不确定性，并未考虑极端事件下线路故障率对线路加固策略的影响。

有关研究基于历史灾害数据建立配网元件故障率模型，以线路故障概率信息为基础构造关于线路损坏不确定量的模糊集：

$$F = \left\{ P \in K \, \middle| \, \begin{array}{l} p_l^- \leqslant E_P(1-u_l) \leqslant p_l^+ \\ E_P(\sum_{l \in \Gamma} u_l) \geqslant N_{br} - k_{ave} \end{array} \right\} \tag{6-73}$$

式中，P 和 K 分别为 u 的发生概率及其概率分布集合；$E_{p(.)}$ 为期望值算子；p_l^- 和 p_l^+ 分别为线路 l 故障概率的下限和上限；k_{ave} 为线路期望损坏数。

以融入线路故障率信息的模糊集 F 为基础，可建立如下三层优化框架下的分布鲁棒优化模型：

$$\begin{cases} \min_h \{ \sum_{l \in \Gamma} c_l^{str} h_l + \sup E_{P_{P \in F}} \min \sum_{t \in T} \sum_{j \in J} c_j^{cur} P_{jt}^{cur} \} \\ s.t. \quad B_1 h + C_1 y + D_1 a + E_1 u \leqslant g_1 \end{cases} \tag{6-74}$$

（4）基于信息间隙决策理论的鲁棒优化模型。

$$U\alpha = \left\{ u \in R^{N_{br}} \, \middle\| \, u - \hat{u} \right\| \leqslant \alpha \right\} \tag{6-75}$$

式中，α 和 $\hat{u}$ 分别为不确定量偏差系数和期望取值。

由此建立基于信息间隙决策理论的鲁棒优化模型：

$$\begin{cases} \max_{h,y} a \\ s.t.f \quad (h,y,u) \leqslant 0, g(h,y,u) = 0, u \in U_\alpha \\ \max \sum_{t \in \Gamma} \sum_{j \in J} c_{jt}^{cur} P_{jt}^{cur} \leqslant (1+\delta) \sum_{t \in T} \sum_{j \in J} c_{jt}^{cur} \hat{P}_{jt}^{cur} \end{cases} \tag{6-76}$$

式中，δ 为鲁棒偏差因子；$\hat{P}_{jt}^{cur}$ 为不考虑灾害攻击不确定性时求解确定性模型所得弃负荷基准值；f 和 g 分别表示不等式约束和等式约束条件。

（5）基于最小最大后悔值的鲁棒优化模型。传统鲁棒优化方法通过辨识最恶劣灾害攻击制定事前防御策略，导致策略过于保守。将最小最大后悔度准则融入 RO 方法中以兼顾机组组合决策的鲁棒性和经济性，可表示如下：

$$\begin{cases} \min_{x_1} \left\{ c^T x_1 + \max_{x_1, \bar{y}_1 \in X(u)} \min_{y_1} [b^T y_1 - \Pi(u)] \right\} \\ s.t. A x_1 \geqslant d, W y_1 + T x_1 \leqslant h - Mu \end{cases} \tag{6-77}$$

$$\begin{cases} \Pi(u) = \min_{\bar{x}_1 \bar{y}_1} c^T \bar{x}_1 + b^T \bar{y}_1 \\ s.t. \quad A \bar{x}_1 \geqslant d, W \bar{y}_1 + T \bar{x}_1 \leqslant h - Mu \end{cases} \tag{6-78}$$

式中，x_1 和 $\bar{x}_1$ 分别为鲁棒优化模型的第一阶段和第二阶段决策向量；$\Pi(u)$ 表示不确定量实现的完全信息条件下的优化问题；$\bar{x}_1$ 和 $\bar{y}_1$ 表示优化问题 $\Pi(u)$ 的决策向量；A、W、T、M 为常系数矩阵；d 和 h 为常系数向量。

上述模型中 x_1 和 $\bar{x}_1$ 包括离散变量和连续变量，y_1 和 $\bar{y}_1$ 中仅包含连续变量。

（6）基于故障场景集的随机规划模型。采用蒙特卡罗模拟法获取故障场景集，建立如下随机规划模型：

$$
\begin{cases}
\min(c^T y_0 + \sum_{s \in S} \sum_{t \in \Gamma} \sum_{j \in J} c_j^{cur} P_{jts}^{clur}) \\
\text{s.t.} \quad f_0(y_0) \leqslant 0 \\
\quad\quad f_s(y_0, y_s) \leqslant 0, \forall s \in S
\end{cases}
\tag{6-79}
$$

式中，s 和 S 分别为故障场景的索引和集合；P_{jts}^{cur} 为故障场景 s 下节点 j 的弃负荷量；c 为常系数向量；y_0 和 y_s 分别为第一阶段、第二阶段变量构成的向量；f_0 和 f_s 分别为第一阶段、第二阶段约束条件。

（7）混合随机鲁棒优化模型。上述（1）～（6）考虑不确定性因素的建模包括鲁棒优化和随机规划模型两类。针对不同类型不确定量的可获取信息，有关研究分别采用盒式不确定集和概率性场景集对其进行描述，融合鲁棒优化和随机规划的思想建立混合随机鲁棒优化模型。

综上可知，上述模型虽然立足于制定灾前防御策略，但其目标函数除了包含相应防御策略的投资成本之外，还计及了极端事件发生后系统的失电惩罚成本，且其约束条件也包括灾害发生前后各阶段的运行约束。在极端灾害发生时，配网将采取潮流优化、网络重构等灾中响应策略与灾前防御策略相配合最小化失电损失。由此可知，灾前防御策略和灾中响应策略具有内部关联性，在建模中是作为整体韧性提升策略进行联合优化的。

上述模型中，模型（1）和（2）适用于无法预先获取极端事件所引发灾情信息的场合，上述鲁棒优化模型针对辨识出的最严重攻击方案制定防御策略，导致其决策过于保守。为降低鲁棒优化决策的保守性，模型（3）结合线路故障率信息构造线路损坏模糊集，并建立分布式鲁棒模型，制定最严重攻击方案分布下弃负荷期望最小的防御策略。模型（4）试图寻找最恶劣攻击方案下尽可能规避极端事件风险的防御策略，当决策者可获取灾害事件的历史经验信息时，可基于随机规划构建考虑信息支撑的风险规避决策模型，兼顾防御决策的鲁棒性和经济性。与模型（1）和（2）寻求绝对鲁棒性相比，模型（5）将最大最小后悔度准则融入传统鲁棒模型以寻找完全信息方案下的相对鲁棒性，可有效降低仅针对最恶劣攻击方案所作鲁棒防御决策的保守性。此外，不同于模型（1）～（5）采用不确定集描述故障发生的不确定性，模型（6）通过一系列故障场景集表征其不确定性，制定基于随机规划的防御策略。然而，对随机攻击具有良好鲁棒性的防御策略在面对蓄意攻击（如网络攻击）时，将导致系统呈现出较高的脆弱性。因此，模型（7）将随机规划和鲁棒优化两种建模方法相结合，降低系统对于蓄意攻击的脆弱性，同时缓解多重不确定因素下传统鲁棒防御策略过于保守的问题。

2. 灾中响应策略

极端灾害事件发生时，配电网结合分布式电源、联络开关、需求响应、可移动储能等源网荷储多元化灵活性资源进行网络重构及潮流优化实现负荷的快速恢复。此外，微网群也可作为一种韧性提升的有效灵活性资源，分为具固定电气边界和动态边界的两种运行模式。前一种模式下微网通过公共耦合节点接入配网；后一种模式下利用分布式电源和线路开关的配合生成候选的微网形成方案。现有研究针对灾中韧性提升的建模方法见表 6-7。

由于灾中阶段的韧性提升策略的模型建立思想都在灾前防御策略中已有详细论述，故此处不再赘述。

表 6-7 灾中韧性提升的建模

模型	不确定因素	模型	不确定因素
混合整数二阶锥规划	—	随即规划	负荷需求、线路状态
混合整数非线性规划	—	鲁棒模型预测控制	可再生能源出力、微网边界
鲁棒优化	可再生能源出力、负荷需求	随机规划	可再生能源出力、负荷需求
随机规划	可再生能源出力	随机规划	可再生能源出力、负荷需求 电价、意外孤岛及再同步事件

3. 灾后恢复策略

极端灾害事件发生后的恢复阶段，配电网通过故障基础设施修复、配网供电恢复等任务协同，使其回到正常运行状态。其中，故障元件修复任务可建模为检修人员调度子问题（第一阶段问题），结合分布式电源调度和网络重构可建立供电恢复子问题（第二阶段问题）。针对上述两阶段优化问题，整体求解比分阶段求解的弃负荷量更小，可获得更优良的恢复策略。

（1）上述研究中的两阶段优化问题建模较粗略，未计及不确定性因素的影响，无法满足实际应用需求。在灾后恢复的实际过程中，故障元件的修复时间以及用户负荷需求均存在不确定性。可以基于对数正态分布和截断正态分布生成一系列场景描述上述不确定性，并建立不确定运行条件下的两阶段随机规划模型；也可以建立计及元件修复时间不确定性的两阶段鲁棒优化模型。此外，针对诸如级联故障的多重突发灾害、检修资源等不确定性，可以在多时间尺度优化框架下建立以连续两个时间步长为周期的检修调度和动态形成孤岛的协同恢复模型，求解该模型获取当前时间步长的检修任务和下一时间步长形成孤岛的最优边界，重复以上过程直至灾后恢复任务完成。

（2）以上灾后恢复模型均未深入考虑故障抢修与供电恢复两个任务之间的交互影响。当极端灾害事件较严重导致配电网出现多处故障时，故障元件修复顺序与供电恢复路径的选取直接影响着配网韧性提升的效果。考虑到故障抢修顺序和供电恢复路径之间的交互影响，可以建立分阶段分层的故障抢修与供电恢复协调优化模型。

此外，上述灾后恢复模型中未考虑配网实际恢复阶段开关操作方式的影响。其中，远动开关可由系统操作员在控制中心进行远控操作，而手动开关则需运行人员在设备现场进行现地操作。故除了故障抢修任务（对应检修人员调度）、供电恢复任务之外，还需考虑手动开关操作任务（对应运行人员调度），由此提出基于上述多重任务协作的配网综合恢复框架以实现以下目标：①提供每个负荷的估计复电时间；②远动／手动开关的操作顺序；③检修及运行人员的调度决策。在该综合恢复框架下，分别建立基于固定时间步长和可变时间步长的序贯恢复模型。其中，固定时间步长模型在灾后恢复阶段的每个时间点定义决策变量和状态变量，便于处理跨时段的运行约束和控制策略；可变时间步长模型是基于"虚拟通电代理"和"检查点"的概念提出的，可视为基于事件的模型，仅需在有限的检查点对运行约束进行检验。

综上，可将灾后恢复策略建模面临的技术问题及建模思路总结于表 6-8 中。

4. 全过程韧性提升策略

上述策略分别聚焦于极端灾害事件发生过程中的某一个阶段对配电网韧性提升策略的

建模及求解进行研究，由于不同阶段策略存在内部耦合关系，故可将灾前、灾中、灾后不同阶段的策略进行综合考虑，从而实现全过程韧性提升。关于配网全过程韧性提升的研究见表 6-9。

表 6-8 灾后韧性提升的策略

技术问题	建模思路
不确定因素（负荷需求、故障修复时间）	RO SP 多时间尺度优化框架
抢修及复电的复杂交互影响	分阶段分层优化模型 双层联合优化模型
抢修—复电—开关操作 等多重任务协作	基于固定时间步长的序贯模型 基于可变时间步长的序贯模型

表 6-9 全过程韧性提升的建模

模型	研究内容		
	灾前防御	灾中响应	灾后恢复
确定性优化问题	负荷岛储能配置薄弱线路加固	网络潮流优化	能量运输船紧急调度故障抢修顺序优化
随即规划模型	主动孤岛	基于远动开关的故障隔离	基于远动开关的网络重构
随即规划模型	应急供电车容量配置及部署	—	应急供电车的实时调度
鲁棒优化模型	多元化可移动应急电源的事前部署	—	结合网络重构的应急供电车调度

第二节 配电网投入效率与投资模式优化

一、技术研究重点

1. 国内外研究现状

（1）管理与规划。

在项目管理与规划领域，以往的研究大多聚焦于工程项目管理这一视角，针对新形势下电网投资项目所产生的社会效益展开量化分析与探讨。具体而言，一方面通过深入研究英国、挪威、加拿大以及美国加州等地区电力改革的实际案例，引入具有代表性的竞争性电力市场模型，着重对发电侧的投资效益进行剖析。在此过程中，发现了一系列可能致使电力改革失败的关键因素，诸如卖方存在滥用市场权力的现象、竞价市场的设计不够完善合理、电力客户对价格变动缺乏敏感性，以及供电需求与实际增长情况不相匹配等等。这些研究成果为我国开展电力体制改革在合理管理层面提供了极具价值的参考建议。另一方面，充分结合国外电网建设过程中所积累的先进管理经验，并紧密立足于国内电力体制改革的大背景，构建一套符合我国国情的电网企业投资收益综合评价模型。同时，依据我国电网企业自身独有的特点，进一步形成了与之相适应的综合评价方法。该模型与方法的建立，旨在为我国电力体制改革后针对投资效益展开深入研究提供有力的借鉴依据，从而助力我国电力行业在改革进程中实现更加科学、高效的发展。

定义工程项目中投资建设及运行对社会具有正外部性，同时说明正外部性以及负外部性产生的不同效果，在外部性与内部性之间而产生社会效益，通过此类指标的计算与研判来给出决策方案。除此之外，目前的部分研究中还对电力系统运行和市场风险进行建模，研究了电力市场投资风险、电力市场规划和电力市场交易等重要问题。同时关注电力市场中的投资问题，尤其聚焦于与风险相关的层面。重点在于揭示投资者在该市场环境下可能遭遇的风险，以及市场规划给电力投资带来的影响。另外，探讨发电企业成本收益、企业发电能力评估以及在放松管制的电力市场中投资发电资产的机会评价问题，还涉及电力行业投资风险管理和投资时机决策。着重关注电力企业在成本效益与投资策略上的考量，涵盖发电能力评估以及电力市场放松管制对投资机会的评估内容。

（2）微观研究。

随着全球气候问题日益严峻，对于清洁能源项目的投资效益评估变得越发重要，通过统计分析方法，筛选出一套指标体系，可用于评估清洁能源发电投资项目的效益。同时研究了发电企业的成本效益、发电能力评估和在放松管制的电力市场中投资发电资产的机会评价等问题。这些研究为电力行业的风险管理和投资决策提供了有益的参考。

（3）风险评价研究。

在评价方法研究上，近年来评价方法已经涵盖多个领域需要广泛的知识与方法结合，针对电网投资项目而言，判断项目的合理性、经济性以及项目实际运行的可靠性和优化能力都非常重要。

国内外由于社会经济、政策规划以及地理因素的影响在电网风险评价研究上都有着不同的研究。在这些评价研究中包括了经济性、可靠性、稳定性以及优化提升等，例如以可靠性评估算法为基础能够对电网中接线方式进行分析，也可以利用鱼骨分析法对影响电网项目规划的因素进行分析。对城市轨道交通项目（URT）进行结构优化评价，将客观熵值与主观权重相结合，以避免传统评价方法根据专家评分的不确定性和任意性，利用熵系数最优化模型对城市轨道交通的影响进行后评价，得出科学合理的结果，为城市轨道交通的项目后评价工作提供科学参考。同时，有研究指出电网投资评价是对电网企业一定时期内从投资收益中获得的利润与利润占用或消耗的投资之间的比例关系的评价，并建立了权重计算模型，采用变异系数法、德尔菲法、熵权法计算权重，最后结合三种方法计算得到组合权重。这些研究从不同的角度对电网技术的经济水平和一些风险都做出了相应的评价研究，但由于各类评价方法众多并不能很好地应用到实际项目中，因此根据现有项目的特点与其地域性做出合适的评价模型是解决问题的较好方法。

（4）宏观考虑及科学评价指标。

在宏观政策与经济发展因素中，同样需要考虑到外部经济环境的影响，并对电网投资与经济发展之间的关联性做进一步研究，电网投资的相关影响因素有很多，对于存在多个变动的因素时，要合理分析之间的关联性，通过经济的发展趋势来合理规划电网项目投资及资源。

对电网工程项目的投资效益进行深入研究，需要建立一套科学完善的评价指标体系。已有许多研究从不同角度逐步构建了全面的配电网投入产出评价方法，这些方法包括考虑电网经济效益、配电网运行维护成本和生产建设安全性等因素。评价指标体系的构建通常分为目标层、准则层和指标层三个层次，采用不同理论方法对指标进行筛选、权重确定和数据标准化处理。最终，可以得到配电网投资项目的客观评价结果，为决策制定提供辅助。例如在构建配电网规划项目评价指标体系和分析项目属性与评价指标映射关系的基础上，提出一种项目属性重要程度确定的方法。该方法将层次分析法作为评价指标权重确定方法，同时为了避免采用专家意见获得判断矩阵所带来的主观影响，以运行状态指标改善紧迫程度为数据基础来构建判断矩阵，不仅提高了评价指标权重的客观性，而且充分体现了现有配电网的实际运行水平。依照此类分析将项目中的不同项目属性与其对应的关联指标联系起来，综合分析项目的影响因素。通过结合对项目实施效果和配电网投资历史数据的分析，使得能够合理规划配电网规划投资规模和项目属性投资分配比例。在此基础上，综合考虑项目属性分类、投资规模和投资分配比例以及项目评价结果，为配电网规划项目做进一步的考虑和投资选择。

传统投资策略制定分配方案仅依据电量需求、发展需求等简要指标，盲目投资、过度投资现象频频发生，更无法制定一个长期的配电网规划发展方向。当前研究指出，投资资金在不同地区不同项目之间的分配可以概括为两类。一类是基于直观的规划目标来估计各地区所需投资规模。这种方法对于中低压配电网投建项目众多的情况来说，工作量巨大且不太适用。另一类是通过建立评价体系和评分函数来指导分配方案。这种方法的关键是建立评价投资效益的指标体系，评分的高低将影响投资资金的地区分配比例，从而实现优选项目。这种方法可以更好地综合考虑各项指标，有助于有效地进行投资分配。

2. 理论依据

理论依据包括配电网投入产出效益评价内涵及其特点和不同配电网评价方法和模型的比较，还有整体技术线路的基本步骤。

（1）配电网投入产出效益评价。

投入产出效益评价的目的就是给投资对象提供投资决策的依据。综合分析项目投资预期的经济效益和公共价值产出，科学评估投资项目的技术难度，提高电网企业盈利。电网公司投资决策受国家政策引导，国家财政提供建设资金，投资效益不局限于经济收益。投资效益评价按评价的时间节点和进行评价的目的可划分为前评价和后评价。

配电网投入产出效益评价在实际工作过程中总结出以下特点：

1）综合性：配电网的效益包括显性的电量增长，又有供电安全性等技术指标的隐性效益提升。

2）系统性：用户通过配电网络获得电能，电网效益来源难于识别，电网企业按照系统的观点评价配电网的经济效益。

3）长期性：配电网投资具有长时间的投资建设期和运行维护期，后续还要不断投资来扩大电网规模或优化电网结构，配电网效益也需要长时间考察获得。

（2）不同配电网评价方法和模型的比较。

通过对综合评价法、公共服务价值模型（PSV）、数据包络分析（DEA）、经济增加值模型（EVA）几种方法进行分析比较，总结出了表6-10结果。

综合上述配电网评价方法的内容及特点，结合现有投入产出效益评价相关理论方法优缺点分析，考虑到评价体系是对配电网技术、效益等情况全面综合的评价，采用综合评价方法对配电网投入产出效益进行评价。指标权重采用德尔菲方法、改进的层次分析法、熵权法三种方法组合赋权，结合主观赋权与客观赋权各自优势，充分利用专家经验和客观数据，一定程度上弥补综合评价方法相对主观的劣势，保证评价结果的可靠性。

表 6-10 各种评价方法比较结果

方法和模型	优势	劣势
综合评价法	（1）使定性问题定量化，提高评估的准确性、可信性； （2）评价结果是信息比较丰富的矢量，既可以准确评价对象又能得到进一步的参考信息	主观性明显
公共服务价值模型（PSV）	（1）同时关注绝对产出／效益和相对产出／效益，不同于传统以产出为主的绩效评价体系； （2）评估公用企业创造公共价值优势大，有助于推动服务绩效和提高为公民服务的成果	应用领域有限
数据包络分析（DEA）	（1）多投入、多产出的复杂评价中应用优势大； （2）投入和产出不需要显示表达，受主观性影响小； （3）相对计算量小	（1）单一形式模型不适合多种具体问题； （2）不能反映数据统计过程中的随机性，随机干扰项都被看成是 x 因素； （3）受极值影响
经济增加值模型（EVA）	（1）综合考虑时间成本，对各阶段企业经营状况都能准确评价； （2）财务报表中获得相关数据，可操作性强	评价指标体系相对简单，重点关注产出指标不利于企业调整投资运营策略

（3）考虑配电网差异化的投资优化策略。

最优化理论，或称为数学规划、运筹学，指研究数学上定义的问题的最优解，一般可归结为在给定的各种约束条件下寻找最佳方案的问题。最佳的含义有很多：成本最小、收益最大、利润最多等，其本质即在资源给定时寻找最好的目标，或在目标确定下使用最少的资源。

投资决策是指投资者为实现预期目标，运用一定的科学理论、方法和手段，对投资的必要性、投资目标、投资规模、投资方向、投资结构、投资成本与收益等经济活动中重大问题所进行的分析、判断和方案选择的过程。投资决策具有择优性，即投资决策问题可以转化成求解最优化问题。在实际决策过程中，影响目标方案的因素是多方面的，为了使决策结果更加合理，应同时考虑多方面因素，确定多个约束条件，从而保证决策的综合效果最佳。

投资分配模型应在参考规模、兼顾需求的基础上，充分考虑配电网投资效益评价结果，实现配电网投资策略最优化。首先，搭建配电网投资分配模型，将投资分配问题简化为如下形式：

$$V = \max(f(X))$$
$$\text{s.t.} \begin{cases} g_i(X) \leqslant 0, i = 1, 2, \cdots, m \\ X = (x_1, x_2, \cdots, x_n) \in E_n \end{cases} \tag{6-80}$$

式中，V 为优化目标；X 为自变量组成的向量；$f(X)$ 为目标函数，优化目标即为实现目标函数的取值最大化；$g_i(X)$ 为多个约束条件。

3. 实践依据

（1）配电网评价指标。

首先评价指标选取遵循了系统性原则，可操作性原则，独立性原则，定性与定量相结合原则这四个原则。其次明确配电网关键投入类指标、产出类指标范围，经关联分析后得出投入产出指标，产出指标还包括一些支撑性技术指标如电网结构、装备水平、智能化水平等，并参照电网公司已有投资效益评价成果，科学选取典型指标。最后对配电网投入产出评价指标体系进行构建并简化。为投资多目标优化模型构建提供基础。

（2）综合赋权。

采用德尔菲法、改进的层次分析法、熵权法组合计算得到各项具体指标的权重，德尔菲法的特点是收集专家的意见确定指标权重，不断进行专家意见反馈和修改，得到充分借鉴专家经验的指标权重，故将会选择该专业领域内有足够实际经验和理论知识水平的专家，专家人数（10～30人），将权重确定相关的参考资料和规则发给选定专家，要求专家独立给出 n 项指标的权重值。而层次分析法综合主观赋权和客观赋权的优势，既尊重专家专业意见，又能客观地对指标权重进行比较。

（3）配电网投入产出相关性分析。

首先将项目属性投资作为关键投入指标，以简化后的评价指标体系作为关键产出指标。配电网投入产出分析是制定配电网优化投资策略的基础。选取的基于项目属性分类的投入指标对关键产出指标具有明显的提升作用，具备现实指导意义。其次基于配电网投入产出历史数据，采用物理含义分析和灰色关联分析结合的方法得到配电网投入与产出之间的对应关系。最后采用线性函数来表征投入产出之间的关系，建立投入产出函数关系矩阵，实现投入产出指标间的量化分析。从而构建投资多目标优化模型并采用模糊多目标优化方法。

（4）配电网规划项目属性。

规划项目属性可以帮助全面了解和把握配电网规划项目的特征和特点，从而更好地进行项目管理和决策。可将配电网规划项目划分为满足新增负荷供电要求、解决"卡脖子"、解决设备重载、过载等8类，精细化地描述和分类配电网规划项目的不同特征和问题，从而更好地指导和管理项目。

配电网规划项目的属性与评价指标之间存在一定的映射关系，具体来说，不同的属性对应着不同的评价指标，通过评价指标的测量和分析，可以反映出配电网规划项目的不同属性的情况，从而更好地对指标进行改善。

某一项目属性能够解决的配电网现状问题越多、关联的配电网规划评价指标越多、所关联指标的权重越大，则该类项目的实施越有利于改善配电网，该类项目属性的重要度越高，有助于确定项目管理和决策的重点，以确保项目的成功实现。

1）项目属性定义及分类。项目属性是指解决配电网现状存在问题的举措，配电网规划项目可按照项目属性进行归类。结合配电网规划项目实施目的，可将配电网规划项目划分为满足新增负荷供电要求、解决"卡脖子"、解决设备重载、过载、消除设备安全隐患、变电站配套送出、加强网架结构、改造高损配变、配电自动化建设8类。

2）项目属性与评价指标的映射关系。由项目属性定义可知，同一属性的项目可改善多项配电网运行状态指标，而同一个配电网运行状态指标也可由多个不同属性的项目来改善。14类配电网规划项目与评价指标的映射关系见表6-11。

表 6-11　　　　　　　　　　项目属性与评价指标的映射关系

项目属性	关联指标集合
满足新增负荷供电要求	线路"N-1"通过率改善程度 台区"N-1"通过率改善程度
解决"卡脖子"	线路"N-1"通过率改善程度 台区"N-1"通过率改善程度
	重载线路占比改善程度
解决设备重载、过载	线路"N-1"通过率改善程度 台区"N-1"通过率改善程度
	重载线路占比改善程度
	重载配电变压器占比改善程度
消除设备安全隐患	线路绝缘化率改善程度
变电站配套送出	线路"N-1"通过率改善程度 台区"N-1"通过率改善程度
	线路标准化结构占比改善程度
	线路长度超限比例改善程度
加强网架结构	线路联络率改善程度
	线路截面标准化率改善程度
	线路标准化结构占比改善程度
	线路"N-1"通过率改善程度 台区"N-1"通过率改善程度
	线路分段数不合理比例改善程度
改造高损配电变压器	高损配电变压器占比改善程度
配电自动化建设	配电自动化覆盖率改善程度
政策性投入	用电需求增长程度 经济增长与投资回报程度
民生性投入	电力供应可靠性改善程度 居民用电质量改善程度
煤改电	外部环境质量改善程度
新能源	电力消纳率改善程度 能源生产效率改善程度 可再生能源可消耗结构改善程度
电动汽车充电桩	充电设施充电可及率改善程度 电网承载能力改善程度 充电设施的可持续性改善程度
业扩	线路负载率改善程度 电网承载能力改善程度 用电负荷动态平衡改善程度

3）项目属性重要程度确定。基于"项目属性与评价指标的映射关系"和评价指标权重，可确定出项目属性重要程度指数，计算公式为：

$$H_k = \sum_{i=1}^{n_k} \omega_{ik} \qquad (6\text{-}81)$$

式中，H_k 为第 k 类项目属性的重要程度指数；n_k 为第 k 类项目属性的关联指标集合中的指标数量；ω_{ik} 为第 k 类项目属性的关联指标集合中第 i 项指标的权重。

二、配电网投入产出评价指标体系构建

1. 投入产出评价指标评分方法

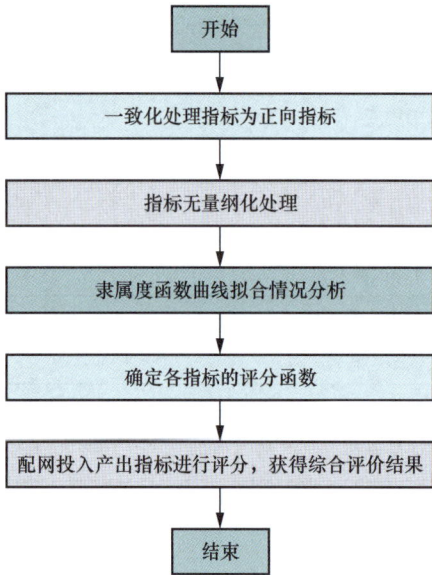

图 6-14　评价方法基本步骤

步骤包括：评价指标的一致化处理、指标无量纲化处理、隶属度函数类型、采用百分制评分、进行综合评价。如图 6-14 所示。

（1）评价指标的一致化处理。评价指标常见类型包括正向指标、负向指标和区间型指标。不同类型指标需要先一致化处理，才能进行综合比较。

极小型指标 x，可转换为 $x^*=M-x$，M 为允许上界，或者 $x^*=1/x$。

区间型指标 x，则根据下式转换：

$$x^* = \begin{cases} 1 - \dfrac{q_1 - x}{\max(q_1-m, M-q_2)}, & x \leqslant q_1 \\ 1, & x \in [q_1, q_2] \\ 1 - \dfrac{x - q_2}{\max(q_1-m, M-q_2)}, & x \geqslant q_2 \end{cases} \qquad (6\text{-}82)$$

将全部指标统一为极大型指标类型。

（2）指标无量纲化处理。不同指标往往具有不同的单位和数量级，不利于进行指标比较。为了避免指标数据在数量级间的悬殊差别导致的不可比性，对指标进行无量纲化处理。选择极值法对数据进行无量纲化处理。

极值法是令 $M_j=\max\{x_{ij}\}$，$m_j=\min\{x_{ij}\}$，则

$$x_{ij}^* = \frac{x_{ij} - m_j}{M_j - m_j} \qquad (6\text{-}83)$$

（3）隶属度函数类型。指标评分的隶属度函数可选择采用线性、二次函数、三次函数、指数函数、对数函数、幂函数等多种函数形式进行数据拟合得到。考虑评价工作的实际操作难度，配电网指标评分函数可采用二次函数，二次函数的拟合情况较优，且推广应用难度低。二次评分函数公式为 $y=ax^2+bx+c$，y 表示指标评分结果，x 表示评价指标实际值，a、b 为对应系数，c 为随机误差项。

（4）采用百分制评分。采用百分制设定，指标最大值对应评分为 100 分，标准值对应 70 分，最小值对应评 0 分。根据各指标的最大值、标准值、最小值三点确定指标的二次函数评分曲线。

（5）进行综合评价。根据设定的二次评分函数曲线，计算各项指标的评分，再根据各指标权重加权算得配电网投入产出评价总得分。纵向上对配电网不同年份的数据进行评

价,可比较配电网历史效益情况;横向上对不同地区的配电网进行评价可比较各地区效益高低。

2.配电网投入产出评价指标体系简化

评价指标选取过程,更多是为了合理评价投资建设的实际效益和地区发展状况,基于对评价指标重要程度以及两两指标间相关性的分析,采用主成分分析方法和灰色关联分析方法简化构建的配电网评价指标体系。该方法保证了指标体系简化后信息完整性的同时实现评价效率的提高。首先通过主成分分析法计算各指标的重要程度,删除次要指标;再通过灰色关联分析法避免指标体系中存在含义重复的指标。

(1)主成分分析法。

步骤包括:构造样本矩阵、标准化处理、相关系数矩阵、确定主成分、计算重要程度。

1)构造样本矩阵。

$$X = \begin{bmatrix} x_1 \\ x_2 \\ \vdots \\ x_n \end{bmatrix} = \begin{bmatrix} x_{11} & x_{12} & \cdots & x_{1p} \\ x_{21} & x_{22} & \cdots & x_{2p} \\ \vdots & \vdots & \cdots & \vdots \\ x_{n1} & x_{n2} & \cdots & x_{np} \end{bmatrix} \qquad (6\text{-}84)$$

式中,x_{ij} 表示第 i 个指标下第 j 个样本的数据值,p 为样本个数。

2)标准化处理。当样本数据间量纲不一致时,需要对数据标准化处理,此时的样本矩阵:

$$Z = \begin{bmatrix} z_1 \\ z_2 \\ \vdots \\ z_n \end{bmatrix} = \begin{bmatrix} z_{11} & z_{12} & \cdots & z_{1p} \\ z_{21} & z_{22} & \cdots & z_{2p} \\ \vdots & \vdots & \cdots & \vdots \\ z_{n1} & z_{n2} & \cdots & z_{np} \end{bmatrix} \qquad (6\text{-}85)$$

式中,$z_{ij} = \dfrac{x_{ij}}{s_i}$,$s_i$ 为样本矩阵第 i 行数据的标准差。

3)相关系数矩阵。

$$R = [r_{ij}]_{p \times p} = \frac{Z^T Z}{n-1} \qquad (6\text{-}86)$$

式中,r_{ij} 表示两个指标的相关系数。

4)确定主成分。

$$\left| R - \lambda I_p \right| = 0 \qquad (6\text{-}87)$$

$$\left(\sum_{i=1}^{m} \lambda_i \right) \bigg/ \left(\sum_{i=1}^{p} \lambda_i \right) \geqslant 0.85 \qquad (6\text{-}88)$$

$$F_i = \sum_{j=1}^{p} a_{ij} \cdot z_j \qquad (6\text{-}89)$$

式中，p 表示特征根数；m 表示主成分个数；λ 表示特征根向量；F_i 表示第 i 个主成分；z_j 表示第 j 个指标；a_{ij} 为第 i 个特征向量第 j 项指标的权重。式（6-88）表示主成分信息比例要达到 85%。

5）计算重要程度。

$$k_i = \lambda_i / \sum_{i=1}^{m} \lambda_i \qquad (6\text{-}90)$$

$$w_j = \sum_{i=1}^{m} k_i a_{ij} \qquad (6\text{-}91)$$

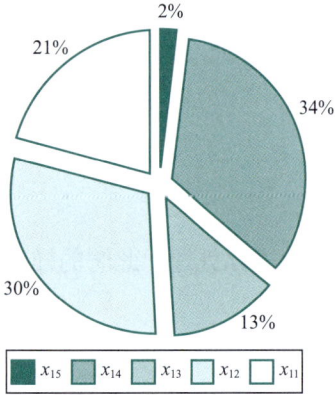

图 6-15　指标重要程度占比

式中，k_i 为第 i 项的贡献度；w_j 为重要程度，由各主成分贡献度加权计算得到。从最重要指标开始，向下累加直到总重要程度大于 80%，保留这些指标，删减掉剩余不重要的指标。

（2）算例分析。

选取宁夏各地区配电网历史数据，以网架结构指标下的 5 个三级指标为例，基于上述方法进行指标简化。

1）主成分分析法。二级指标"网架结构"共包括 5 个三级指标。分别用 x_{11}、x_{12}、x_{13}、x_{14} 和 x_{15} 对三级指标编号，计算所得各指标重要程度如图 6-15 所示。

由图 6-15 可知，x_{11}、x_{12} 和 x_{14} 等指标的累加重要程度 21%+30%+34%=85%，因此删减重要程度仅为 13% 的指标 x_{13} 和 2% 的 x_{15}。

2）灰色关联分析法。

第一轮主成分分析简化后，对剩余三个指标进行灰色关联分析简化，两两指标相关程度见表 6-12。

表 6-12　指标间相关系数

指标	x_{11}	x_{12}	x_{14}
x_{11}	1	0.76	0.64
x_{12}	—	1	0.62
x_{14}	—	—	1

由表 6-12 中数据可知，指标 x_{11} 和 x_{12} 灰色关联系数大于阈值 0.75，两指标相关性较强，结合两个指标的实际物理含义，线路联络率和线路"N-1"通过率在工程评价中意义相近，可进行取舍。最终网架结构类指标保留线路"N-1"通过率和线路供电半径减小值两个指标。

将该指标简化方法应用于全配电网投入产出评价指标体系，简化后指标数从 31 个减少到 17 个，大大减少了数据搜集量和提高了评价工作的效率。

三、基于投入产出关联性的配电网投资多目标优化方法

1. 配电网投入产出相关性分析

（1）配电网关键投入产出指标。

从投资建设的需求方面来看，电网各项投资可划分为硬性需求投资、相对硬性需求投资和软性需求投资，硬性需求项目不可协调，相对硬性需求项目和软性需求项目是可协调的。进行配电网投资项目的优选，实质就是对相对硬性需求和软性需求项目的资金优化配置问题。

配电网投资项目，基于电压等级分类，可归为高压配电网（10、35kV）项目和中压配电网（10、20、6kV）项目。

分析配电网的投资驱动因素，根据配电网项目投资建设的目的可分类如下。

高压配电网规划项目含110（66）、35kV电压等级，包括线路工程、变电站工程以及变电站间隔扩建，共计三大项八小项工程，见表6-13。

表6-13　高压配电网规划项目分类

工程分类	项目名称
新（扩）建工程	无电地区供电
	加强与主网联系
	孤网运行县域电网联网
	满足新增负荷供电要求
	解决设备重过载
改造工程	消除设备安全隐患
	网架结构加强
接入工程	电源接入

中压配电网规划项目是电压等级10（20、6）kV及以下配电网工程项目，包含配电线路（包含架空和电缆）、配电网开关设施、配电变压器设施、分布式电源接入、低压配电线路等几类工程，共可划分三大项十小项工程，见表6-14。

表6-14　中压配电网规划项目分类

工程分类	项目名称
新（扩）建工程	无电地区供电
	解决"低电压"台区
	变电站配套送出
	满足新增负荷供电要求
	解决设备重过载
改造工程	消除设备安全隐患
	网架结构加强
	解决"卡脖子"
	改造高损配电
接入工程	分布式电源接入

将上述项目属性投资作为关键投入指标，以简化后的评价指标体系作为关键产出指标。由于基于项目属性的投资在电压等级不同时，数量有所不同，所以建立投入指标和产出指标明确对应关系时应首先根据电压等级进行划分。

配电网投入产出分析是制定配电网优化投资策略的基础。选取的基于项目属性分类的投入指标应对关键产出指标具有明显的提升作用；选取的产出指标，要能够代表性反映配电网各方面的效益情况，指标数量不宜过多。如以中压配电网为例，选取 7 个不同项目属性的投资作为投入指标，从指标体系中选取了 8 个关键产出指标，代表配电网的供电可靠性、网架结构、运行效率和经济收益等方面的产出效益，建立的投入产出对应关系指标体系见表 6-15。

表 6-15   中压项目属性及产出指标选取

投入指标	产出指标	
满足新增负荷供电要求	一级	二级
解决设备重载、过载	供电可靠性	线路重过载条数占比降低值
		主变压器重过载台数占比降低值
消除设备安全隐患		用户年平均停电时间降低值
网架结构加强	网架结构	线路 N-1 通过率提升值
		主变压器 N-1 通过率提升值
变电站配套送出	运行效率	线路轻载条数占比率降低值
		主变压器轻载台数占比率降低值
分布式电源接入	售电收益	售电收入增加值

（2）投入产出相关性分析方法。

基于项目属性分类的投入指标与产出指标并不是一一对应的关系，由于工程项目投资一项多能的特点，配电网投入与产出之间关系复杂多变，难以直观得到投入指标与产出指标的相关性。因此，基于宁夏配电网投入产出历史数据，采用物理含义分析和灰色关联分析结合的方法得到配电网投入与产出之间的对应关系。

首先基于项目属性投资的目的，可以直观得到该投入指标与部分产出指标的关联性。然后对不能直观得出投资对产出指标提升或降低的影响的指标，采用灰色关联法分析。

规定 $z_i(k)$ 为第 k 年与第 $(k-1)$ 年产出指标数据的差值：

$$z_i(k) = y_i(k) - y_i(k-1) \tag{6-92}$$

式中，$y_i(k)$ 为第 k 年产出指标的实际值。以产出指标"主变压器 $N-1$ 通过率"为例，$y_i(k)$ 为某地市第 k 年"主变压器 $N-1$ 通过率"的值，$z_i(k)$ 为某地市第 k 年与第 $(k-1)$ 年"主变压器 $N-1$ 通过率"的差值，即第 k 年"主变压器 $N-1$ 通过率"。

投入指标作为比较数列，不同的产出指标依次作为参考数列：

$$Y_0 = (z_0(k) \mid k = 1, 2, \cdots, p)$$
$$X_i = (x_i(k) \mid k = 1, 2, \cdots, p) \tag{6-93}$$

式中，Y_0 与 X_i 分别为参考数列和比较数列。

参考数列与比较数列的差值大小作为相似程度的衡量标准，得到两级最大差与最小差：

$$\Delta_i(k) = \left| z_0(k) - x_i(k) \right|$$
$$\Delta(\max) = \max_i \max_k \Delta_i(k) \qquad （6\text{-}94）$$
$$\Delta(\min) = \min_i \min_k \Delta_i(k)$$

式中，$\Delta_i(k)$ 为曲线差值，$\Delta(\max)$ 与 $\Delta(\min)$ 分别为两级最大差与最小差。
关联系数可表达为：

$$\gamma_{0i}(k) = \frac{\Delta(\min) + \rho\Delta(\max)}{\Delta_i(k) + \rho\Delta(\max)} \qquad （6\text{-}95）$$

式中，$\gamma_{0i}(k)$ 为两个指标间的关联系数；分辨系数 $\rho = 0.5$。

比较数列与参考数列的关联程度是由 p 个关联系数反映的，采用平均值定义指标间的关联程度：

$$\gamma_{0i} = \frac{1}{p}\sum_{k=1}^{p} \gamma_{0i}(k) \qquad （6\text{-}96）$$

设定 0.75 作为阀值，当两指标的关联程度 $\gamma_{0i} \geqslant 0.75$ 时，两个指标间是强相关，也即该项目属性投资对产出指标具有明显提升作用；

$\gamma_{0i} < 0.75$ 时，投入与产出关联性较弱，对该项目投资不能改善产出指标。

2. 配电网投入产出关联性量化分析

为深入挖掘项目属性投资和产出指标的量化关系，基于数据拟合的思想，采用线性函数来表征投入产出之间的关系，建立投入产出函数关系矩阵，实现投入产出指标间的量化分析。

为确保投入产出函数关系的准确性，应尽可能减小基于函数关系的指标计算结果（预测值）与指标历史数据（实际值）间的偏差，确保预测趋势与实际变化趋势一致。基于拟合思想，对任一产出指标，以指标各年实际数值与预测该年指标数值之差的绝对值之和最小为优化目标，建立优化模型如下：

$$\min \sum_{k=1}^{s} \left| y_j(k) - \hat{y}_j(k) \right|$$
$$s.t. \begin{cases} \hat{y}_j(k) = \hat{y}_{j-1}(k) + \sum_{i=1}^{n} a_i \cdot r_i \cdot x_i \\ a_{\min} \leqslant a_i \leqslant a_{\max}, \qquad i=1,2,3,\cdots,n \end{cases} \qquad （6\text{-}97）$$

式中，$y_j(k)$ 和 $\hat{y}_j(k)$ 分别为第 k 年第 j 个评价指标的实际值和预测值；a_i 为第 i 个项目属性下单位投资对应的指标提升值；r_i 为第 i 个项目属性与产出指标间的相关系数；n 为项目属性个数；x_i 为第 i 个项目属性下的投资金额。考虑到配电网实际运行过程中的约束，对单位项目投资产出指标提升设置边界值。考虑到部分项目属性投资对于部分产出指标具有明显提升作用（例如，"解决设备重载、过载"投资对"主变压器/线路重、过载占比"），规定单位投资下指标提升下限为 $a_{\min}=0$；同时考虑到实际中随投资增加指标的提升速率逐渐下降，规定单位投资指标提升不超过 $a_{\max}=10$。

现代智慧配电网建设探索与实践

上述优化模型每次针对一个产出指标，求取对应所有项目属性投资的预测系数。对每个产出指标重复该过程，求得全部产出指标与投入指标的量化关系。模型中a_{min}和a_{max}的取值均是通过对历史数据的统计和分析给出。最终得到的投入产出函数关系矩阵可表达为：

$$A = \begin{bmatrix} a_{11} & a_{12} & \cdots & a_{1n} \\ a_{21} & a_{22} & \cdots & a_{2n} \\ \vdots & \vdots & \cdots & \vdots \\ a_{m1} & a_{m2} & \cdots & a_{mn} \end{bmatrix}$$ （6-98）

矩阵中元素表示某一项目属性单位投资对产出指标的改善程度，对于某一项产出指标，其指标提升与项目属性投资间的函数关系表达式可表达如下：

$$\hat{y}_i = \sum_{j=1}^{n} A_{ij} \cdot x_{ij}$$ （6-99）

式中，$\hat{y}_i$为某一产出指标的提升值；x_{ij}为第i个产出指标对应的第j个项目的投资金额；n为项目属性个数。

灰色关联分析方法是通过计算所有指标的相关系数，分析两两指标相关性完成第二轮指标简化。

步骤包括：选定参考数列和比较数列、数据标准化处理、计算灰色关联系数、计算关联度。

1）选定参考数列和比例数列。

$$X_0 = (x_0(k) | k = 1, 2, \cdots, n)$$
$$X_i = (x_i(k) | k = 1, 2, \cdots, n)$$ （6-100）

式中，X_0为参考数列；X_i为第i个比较数列。

2）数据标准化处理。

$$Z_i = (z_i(k) | k = 1, 2, \cdots, n)$$ （6-101）

式中，$z_i(k) = \dfrac{x_i(k)}{s_i}$，$s_i$为第$i$项指标数据的标准差。

3）计算灰色关联度系数。

$$\Delta_i(k) = |x_0(k) - x_i(k)|$$
$$\Delta(max) = \max_i \max_k \Delta_i(k)$$
$$\Delta(min) = \min_i \min_k \Delta_i(k)$$ （6-102）

式中，$\Delta_i(k)$为参考数列与比较数列对应点的绝对差；$\Delta(max)$为两级最大差；$\Delta(min)$为两级最小差。

灰色关联系数为：

$$\gamma_{0i}(k) = \frac{\Delta(min) + \rho\Delta(max)}{\Delta_i(k) + \rho\Delta(max)}$$ （6-103）

式中，$\gamma_{0i}(k)$表示两两指标的关联系数；设分辨系数 $\rho=0.5$。

4）计算关联度。

$$\gamma_{0i} = \frac{1}{n}\sum_{k=1}^{n}\gamma_{0i}(k) \tag{6-104}$$

式中，γ_{0i}为两两指标关联度，以 $\gamma_{0i}>0.75$ 作为指标是否相关的阈值。对强相关的指标进行取舍时，结合指标实际意义或主成分分析得到的重要程度，完成冗余指标的简化。

3．配电网投资多目标优化模型

考虑到配电网的发展程度和薄弱环节不同，不同配电网对投资建设重点应有所差别，理应根据各方面薄弱环节的重要程度和处理紧迫程度，制定不同的投资策略，以满足地市配电网建设的实际需要。

（1）投资优化目标函数。

兼顾电网企业、电网用户和社会的需求，将配电网投资发展方向分为提高网架结构、提高供电可靠性、提高运行效率、提高售电收益四个方面。以每一类发展方向产出指标改善作为投资优化子目标，以配电网整体的产出指标改善情况最优作为投资分配的优化总目标。

对于每一类子目标优化问题，表征配电网该类指标改善情况的目标函数是：

$$\min f = \sum_{i=1}^{m} w_i y_i \tag{6-105}$$

式中，f表示某一类发展方向指标投资改善综合结果；w_i表示该类所含第 i 项产出指标权重；y_i表示投资改善后的第 i 项产出指标评分；m 表示该类所含产出指标个数。

其中产出指标投资改善结果为：

$$y_i = y_i' + \hat{y}_i = y_i' + \sum_{j=1}^{n} A_{ij} \cdot x_{ij} \tag{6-106}$$

式中，y_i表示该年第 i 项产出指标投资改善预测结果；y_i'表示上一年该产出指标实际值。

（2）约束条件。

配电网项目投资分配优化的目标是最大化提升配电网发展水平，即令上述所有产出指标尽可能接近理想值。

实际中电网公司投资能力有限，不能满足所有产出指标的投资需求，投资能力约束如下：

$$\sum_{n=1}^{N} x_n = I \tag{6-107}$$

式中，I为配电网可供分配投资总额；x_n表示第 n 个项目属性投资额；N 为项目属性个数。

此外，从物理意义上说，投资对产出指标改善结果不能超过其理想值，即：

$$y_i = y_i' + \hat{y}_i \leqslant y_i'' \tag{6-108}$$

式中，y_i''为该项产出指标改善的理想值。

4. 多目标函数模糊化

由于地区配电网投资策略优化是多目标优化问题，各类薄弱环节评价指标量纲不一，且权重难以确定，通过多目标函数模糊化，将多目标优化问题转换为单目标优化问题。

（1）多目标模糊函数。

地区配电网投资策略优化是多目标优化问题，各类薄弱环节评价指标量纲不一，且权重难以确定。因此本书采用模糊多目标优化方法，采用梯形曲线将各子目标函数进行模糊化处理。

$$\mu(f_i)=\begin{cases}1, & f_i\leqslant S_{fi}\\(S_{fi}+\delta_{fi}-f_i)/\delta_{fi}, & S_{fi}<f_i<S_{fi}+\delta_{fi}\\0, & f_i>S_{fi}+\delta_{fi}\end{cases}\qquad(6\text{-}109)$$

式中，S_{fi} 为运行效率类等负荷指标单目标优化最优值；δ_{fi} 为单目标优化最优值的差值。

对于网架结构类等正向指标，隶属函数为：

$$\mu(f_i)=\begin{cases}0, & f_j\leqslant S_{fj}-\delta_{fj}\\(f_j-S_{fj}+\delta_{fj})/\delta_{fj}, & S_{fi}-\delta_{fi}<f_j<S_{fj}\\0, & f_j>S_{fj}\end{cases}\qquad(6\text{-}110)$$

式中，S_{fj} 为正向指标的单目标优化最优值；δ_{fj} 为单目标优化最优值的差值。

投资者的满意度用 μ 来表示，令 μ 是所有子目标模糊化后所有值中的最小值，即：

$$\mu=\min\{\mu(f_1),...,\mu(f_n)\}\qquad(6\text{-}111)$$

这样原来各项子目标量纲不同、权重比例难以确定的多目标优化问题，变成了单目标非线性优化问题，只需要在满足所有约束条件下，满意度指标取得最大值，此时模糊多目标优化模型为：

$$\begin{cases}\max\mu\\\text{s.t.}f_i+\delta_{fi}\mu\leqslant f_i+\delta_{fi}\\-f_j+\delta_{fj}\mu\leqslant -f_i+\delta_{fj}\\0\leqslant\mu\leqslant1\end{cases}\qquad(6\text{-}112)$$

（2）模糊模型转型步骤。

输入配电网历史数据，求解所有单目标优化问题，设定伸缩系数，将配电网投资分配的多目标优化问题转换为单目标优化问题，得到最大化满意度时配电网项目投资的分配情况。

具体如下：

1）输入配电网历史数据，求解配电网以第 i 发展方向改善效果最优为目标的单目标优化问题，如以运行效率类为例，得到运行效率改善最优期望值 $f_{1\max}$ 和其他类的相应改善值 f'_n。

2）同理，可得所有发展方在单目优化题中的优期值 $f_{i\max}$，以及最小改期望 $f_{i\min}$。

3）基于上述步骤设定伸缩系数 ε_i，对各类发展方向的差值 δ_{fi} 进行调节，其取值范围为：

$$0 \leqslant \delta_{fi} \leqslant \varepsilon_i(f_{i\max} - f_{i\min}) \tag{6-113}$$

式中，$\varepsilon_i \in [0,1]$，ε_i的取值表现电网公司投资的主观意向，ε_i越小说明电网公司发展该类薄弱环节的意愿越强烈，对该类指标未能达到最优值的容忍度更低。

4）综上，将配电网投资分配的多目标优化问题转换为单目标优化问题，得到最大化满意度时配电网项目投资的分配情况。

四、考虑配电网发展差异化的投资策略优化研究

1. 目标函数

在给定全省总投资的情况下，以各地市最优化投资分配为目标展开研究。目标函数主要考虑投资效益，即在何种投资分配方案下得到投资效益的最大化。因此，目标函数设置如下：

$$f(x) = \sum_{i=1}^{n} a_i x_i \tag{6-114}$$

式中，x_i为第i个地市的投资分配额；a_i为第i个地市投资分配额对于目标函数的贡献度。

贡献度的量化主要根据历史某投资期内配电网投入、产出评价结果，采用投入、产出得分作为衡量贡献度的主要参数，得到如下确定方案：

$$a_i = \frac{S_i}{S_{\min}}(i = 1, 2, \cdots, n) \tag{6-115}$$

式中，a_i为贡献度；S_i为第i个地市的投入、产出得分值；$S_{\min}$为所有参与评价的地市中投入、产出得分最小值。

2. 约束条件

统筹考虑规模和需求确定约束条件，本模型的约束条件共有2个，分别是总投资额约束和规模及需求约束。

（1）总投资额约束。

$$I = \sum_{i=1}^{n} x_i \tag{6-116}$$

式中，I为全省总投资，即n个地市投资额的加和，应等于全省总投资。

（2）规模和需求约束。按照规模确定各地市投资基准值：

$$x_{i0} = \frac{\mu_i}{U} I(i = 1, 2, \cdots, n) \tag{6-117}$$

式中，x_{i0}为第i个地市的初始投资基准值；μ_i为各地市等效规模量，此处采用现状负荷量进行等效；U为全省等效总规模量。

按照需求对投资基准值进行优化，确定需求引导下的优化投资基准值x'_{i0}：

$$x'_{i0} = k_i x_{i0} \tag{6-118}$$

式中，k_i为需求系数，$k_i = k_{1i}k_{2i}$。需求系数主要从两方面考虑，一是负荷增长系数k_{1i}，二是电网发展需求系数k_{2i}。

负荷增长系数 k_{1i} 确定为

$$k_{1i} = 1 + l_{zi} - l_{ci} \quad (6\text{-}119)$$

发展需求系数 k_{2i} 的确定如下：

1）发展差异化分析。为客观评估现状配电网建设改造需求和差异化，此处引入配电网匹配度分析及均衡度分析以确定匹配度因子、重载因子和轻载因子。

发展匹配度分析：为量化分析配电网发展水平与负荷增长的匹配关系，本书结合配电网容载比的选择标准，根据水平年各电压等级容载比实际值按照下述函数模型计算分电压等级匹配度。然后以各电压等级网供负荷比例作权重，加权计算得到配电网综合匹配度。

$$p = \begin{cases} \dfrac{r}{R_{\min}}, r < R_{\min} \\ 1, R_{\min} \leqslant r \leqslant R_{\max} \\ \dfrac{r}{R_{\max}}, r \geqslant R_{\max} \end{cases} \quad (6\text{-}120)$$

式中，p 为匹配度；r 为地市实际容载比；$R_{\min}$ 为导则推荐容载比区间的下限值；$R_{\max}$ 为导则推荐容载比区间的上限值。35～100kV 电网容载比选择范围见表 6-16。

表 6-16　　　　　　　　35～110kV 电网容载比选择范围推荐表

负荷增长情况	年均负荷增长率 k	35～110kV 容载比
较慢增长	$k \leqslant 7\%$	1.8～2.0
中等增长	$7\% < k \leqslant 12\%$	1.9～2.1
较快增长	$k > 12\%$	2.0～2.2

均衡度分析：为分析配电网发展水平的均衡度，引入重载因子和轻载因子 2 个指标，重载因子函数模型如下：

$$Z = \frac{Z_{主变} + Z_{线变}}{2} \quad (6\text{-}121)$$

式中，Z 为重载因子；$Z_{主变}$ 为主变压器重载系数；$Z_{线变}$ 为线路重载系数。

主变压器重载系数及线路重载系数的确定函数为：

$$Z' = \frac{Z_i}{Z_省} \quad (6\text{-}122)$$

式中，Z' 为重载系数；Z_i 为地市重载占比；Z 省为全省重载占比。

轻载因子的函数模型为：

$$q = \frac{Q_{主变} + Q_{线路}}{2} \quad (6\text{-}123)$$

式中，q 为轻载因子；$Q_{主变}$ 为主变压器轻载系数；$Q_{线路}$ 为线路重载系数。

主变压器轻载系数及线路轻载系数的确定函数为：

$$Q' = \frac{Q_i}{Q_省} \quad (6\text{-}124)$$

式中，Q 为轻载系数；Q_i 为地市轻载占比；$Q_省$ 为全省轻载占比。

2）发展需求系数的确定。发展需求系数在参考电网发展水平评价结果的基础上，综合考虑电网发展匹配度和均衡度，引入调整因子，共同确定发展需求系数。

$$\begin{cases} k_{2i} = \dfrac{1}{\log_{100} S_i(1 + \lg(t_i))} \\ t_i = \dfrac{p_i}{z_i} q_i \end{cases} \tag{6-125}$$

式中，k_{2i} 为 n 个地市组成的发展需求系数向量；S_i 为以分数形式体现的电网发展水平评价结果组成的向量；t_i 为调整因子，由匹配度因子 p_i，重载因子 z_i，轻载因子 q_{i3} 部分构成。

以优化的投资基准值为参考，上下 20% 作为投资分配额的调整范围，即规模和需求约束表示为：

$$(1 - 20\%)x'_{i0} \leqslant x_i \leqslant (1 + 20\%)x'_{i0} \tag{6-126}$$

综上，配电网投资效益分配模型如下所示：

$$V = \max(f(X))$$

$$\text{s.t.} \begin{cases} F = \sum_{i=1}^{n} x_i \\ (1 - 20\%)x'_{i0} \leqslant x_i \leqslant (1 + 20\%)x'_{i0} \end{cases} \tag{6-127}$$

式中，X 为投资分配方案（$X=x_1, x_2, \cdots, x_n$）；F 为全省总投资；x'_{i0} 为优化投资基准值。

为满足国民经济发展的用电需求以及人民对供电质量的要求，电网在配电网领域需不断加大投资力度。在此背景下，相关技术发挥着重要作用，其既能提高地区配电网的投入效率，又可优化投资模式，对于国内城市配电网同样效果显著。

具体而言，首先要构建科学量化的配电网投入产出评价指标体系，对配电网投入与产出的各方面情况进行全面量化评估。接着，基于丰富的历史数据开展配电网投入产出相关性的量化分析，以最大化配电网综合效益为目标，充分考量各地市差异化发展的特点，进而制定出精准的配电网投资策略。最后，结合配电网发展存在的差异，进一步提出针对性的配电网投资优化策略。

通过上述一系列举措，能够为地区电网及国内城市配电网有效提高配电网投入产出效率，优化投资模式，提供坚实的理论和技术支撑。这不仅有助于提升配电网运行的效益，还能促使电网运行更加科学合理。由此可见，关注投入产出效益，深入研究配电网投入产出关联性，实现配电网精准投资，对电网公司而言具有极为重要的意义，能够助力其在配电网投资建设与运营管理等方面做出更为科学明智的决策，推动配电网事业持续健康发展。

第七章

宁夏现代智慧配电网发展提升策略

第一节　精益规划，筑牢建设基础

从电网数字化转型入手，开展配电网规划实践创新。深化配电网规划精益管理，利用数字化手段统筹开展配电网建设规划的制订和调整，实现配电网全业务资源精准统筹，以解决配电网规划制订过程中存在的规划研究针对性待提升、可研储备冗余度较大、规划方案执行率不高等问题。

一、完善高压变电站布点规划

一是加强与政府部门沟通协调，推动公司电网规划及时、完整、准确纳入国土空间规划等政府规划，从规划源头落实站址、廊道等资源。二是针对选址选线难度较大、负荷未达预期的变电站布点项目，在"十四五"配电网滚动规划工作中已优化调整规划方案，确保项目可落地、可实施；三是加快项目前期手续办理，加强项目建设进度管控，缩短建设周期，推动变电站布点项目早落地、早实施、早见效。

二、解决电网重过载问题

一是优先采取调整运行方式、主变压器轮换等技术措施，解决非正常运行方式下、季节性重过载主变压器及线路。二是结合地区负荷发展需求，实施输变电工程负荷改切，解决长期重过载主变压器。三是利用"网上电网"系统功能，常态化开展迎峰度夏（冬）主变压器重过载预警分析工作，分级分类制定治理措施，多方发力消除主变压器重过载风险隐患。四是通过基建项目切改优化配电变压器接带负荷，解决运维措施无法解决的季节性、长期重过载问题。五是运维单位加强季节性负荷集中台区负载率、供电电压、三相负荷平衡度等配电变压器运行指标监测及治理，保障居民安全可靠用电。

三、推进优化网架构建

优化完善配电网网架。坚持目标网架引领，认真做好"十四五"配电网规划中期评估及滚动调整。按照"一城一网""一乡一策"原则，结合全域网格化规划，全面落实 DL/T 5729—2023《配电网规划设计技术导则》，持续优化改造配网网架，适度增强站间或线间联络，加强线路互联互通能力。大力推广配电网典型模式，按照标准接线统筹规划高层住宅小区双电源改造、电动汽车充电桩建设、老旧小区改造等工程。

1. 加快推进城网目标网架构建

一是改造早期非标准砖混结构、无法分层布置的电缆沟道，提高电缆安全运行水平，满足新建电缆线路敷设需求，为建设发展创造条件。二是针对城市地区重要街道新建电缆通道，打通目标网架构建关键节点。三是刚性管理网架类项目，配电网网架类项目由省公司统一管理，随规划编制、修编滚动纳入规划项目库，原则上不予调整。四是及时将规划成果纳入城市规划和土地利用规划，保障变电站站址和电力廊道落地，加快高压配电网对侧电源变电站的规划落实，加强中压线路站间联络。

2. 优化完善农网 10kV 线路网架结构

结合新增变电站 10kV 配出线路、网架结构优化等基建项目，一是消除农网区域无效联络、单辐射线路，提升标准化接线率；二是提升农网地区分段不合理线路，解决线路大分支问题。

四、合理控制区域容载比

一是严格按照区域负荷发展，控制变电站新增布点，合理选择新增变压器容量。二是通过轻、重载主变压器轮换，将轻载变电站的变压器调整至新建变电站，优化变电站主变压器容量分布。三是加强区域新增负荷管理，协同各专业部室配合，营销部、各县公司积极开拓市场，合理接入 35kV 及以下负荷。

五、提升设备设施利用效率

1. 提高变电站主变压器、输电线路效率

一是针对主变压器长期轻载、空载问题，通过主变压器轮换等方式统筹开展轻重载主变压器治理，提升主变压器运行效率；二是结合负荷发展情况合理选择主变压器容量，针对变电站布点不足的偏远地区，推广应用 35kV 简易变电站，提升规划电网精益化水平，合理控制变电站建设规模。

2. 提升变电站出线间隔利用效率

一是通过新建开关站、环网柜优化整合现有专线间隔等措施，充分挖掘变电站间隔资源利用效率，为网架结构优化和负荷接入创造有利条件。二是加强专线用户间隔审批管理，严格控制变电站专线数量，节约廊道和间隔资源，提升 35、10kV 间隔出线负荷标准率。

3. 提升 10kV 线路利用效率

一是针对新配出线路负荷未改切造成的轻空载问题，设备运维管理单位结合负荷接入需求合理优化切改地区负荷；二是针对负荷未达预期造成的轻空载问题，优化后续规划项目建设时序，深化项目可研必要性论证。

4. 提升 10kV 配电变压器利用效率

一是针对"煤改电"、机井灌溉等负荷引起的季节性轻空载问题，采取配电变压器轮换、迁移、季节性停用等技术措施，提升配电变压器利用效率；二是针对新建配电变压器负荷未改切造成的轻空载问题，设备运维管理单位结合负荷接入需求合理优化切改台区负荷；三是严格执行"小容量、密布点、短半径"的配电变压器建设原则，合理选择配电变压器容量。

5. 提高装备标准化水平

明确各类供电区域建设改造标准，以运行年限 20 年及以上且存在较严重缺陷的电网设备升级改造为重点，加大老旧低标设备改造力度，提升在运设备健康指标。全面梳理现有配电网输送电力受阻断面，更换大截面导线，解决负荷发展及分布式电源接入局部受限问题。按照"先主干、后分支"原则，优先开展 10kV 主干线及故障频发分支线绝缘化改造。提高优质设备应用率，降低设备故障率，保障电网和设备本质安全。

6.提升故障自愈水平

推进面向高比例分布式能源接入后配电网自愈与保护控制技术应用，按需调整优化分布式电源高渗透率地区的故障处理策略。在示范区应用分散式 DTU 终端，利用 5G 技术实现"配电网区域保护 + 智能分布式馈线自动化"，对重点客户实现毫秒级故障隔离及恢复供电。开展新一代配电自动化系统主站实用化提升建设，实现网络快速自愈等应用功能。

六、服务新能源有序发展

1.提升配电网承载能力

保障分布式新能源、新型储能和电动汽车充换电设施等"应接尽接"。滚动开展新能源消纳能力分析及消纳责任权重指标监测，推动政府差异化制定发展策略，合理确定发展规模、布局及时序，引导分布式电源科学布局、有序开发、就近接入、就地消纳。坚持"整体平衡、量率协调"，统筹整县屋顶分布式光伏、"绿电园区"等新能源接网服务。深化专题研究，密切跟踪新能源自备、直供、源网荷储一体化等新模式，分析研判及时提出措施建议，积极引导项目合规有序建设。

2.推动储能设施规划建设

促请政府采取加强规划引领、完善市场机制、保障高效利用等措施，综合施策，加快推动储能建设。支持分布式新能源按照"新能源 + 储能"方式推进，引导电网侧独立储能在关键电网节点布局建设，稳妥开展电网侧替代性储能示范应用。持续提升配电网承载能力，保障新型储能"应接尽接"。强化储能安全技术研究，提升储能安全管理水平。拓展新能源云平台储能管理子系统，实现建设、租赁及统计分析等模块应用，为储能健康有序发展提供技术支撑。

3.构建农村现代化能源体系

树立"创新、协调、绿色、开放、共享"的发展理念，推动构建以电能为中心的农村现代化能源体系，充分考虑农村电力发展特点和发展需求，坚持差异化规划原则，因地制宜做好农村分布式光伏等资源的就地开发和规模化利用。着力推进农村能源结构调整，扎实开展乡村电气化提升工程，积极服务农村煤改电清洁能源建设。推动建设乡村振兴"光伏 +N 产业"生态圈，提升乡村清洁能源使用率，服务乡村产业绿色发展，促进农村能源生产清洁化、消费电气化、配置智慧化，助力乡村振兴战略全面实施。

第二节　优化管理，健全支撑体系

一、加强规划引领作用

1.加强规划执行管控

加强电网规划管理。坚持规划引领，严格按照国网宁夏电力公司审定的电网规划与各级政府对接，确保重大问题研究结论与公司保持一致、重大项目纳入规划、重大诉求予以体现。刚性管理网架类项目，全面固化配电网目标网架；柔性管理扩展类项目，业扩报装、电源接入类项目打包预留纳入规划项目库。做细电力设施空间布局规划，推动规划成果纳入国土空间规划。建立主变压器容量、廊道间隔等资源管理台账和管控机制，确保电网资源合理配置、最优使用。

统筹各部门要求、各单位发展需求和各类用户接入需求，根据各城市和乡镇特点，差异化规划建设坚强清晰骨干网架，按照规划制定电网建设或改造方案。强化网架类项目的刚性管理，严格独立二次项目审查，严肃项目调整程序和溯源机制，统筹变电站间隔资源管理，坚持一张蓝图绘到底。

2.深化规划评价应用

充分应用信息化手段，规范评价内容，严格评价标准，强化评价结果应用，为各部门、各单位考核和项目安排提供参考依据。健全规划支撑体系。组建高水平专家团队，强化经研体系建设，加强多层级业务技术交流，提升信息化手段对规划全流程的业务支撑能力。

二、推动全过程管理提升

1.健全新要素专业管理体系

将新型储能、微电网、虚拟电厂、负荷聚合商等纳入宁夏公司调度、营销、设备、交易等专业管理体系，明晰新要素的涉网标准及运行维护模式。加强专业协同管理。明确纵向公司至供电所各层级管理职责、横向营配调规数各专业工作界面，健全跨专业协同机制，实现配网各专业问题共知、措施共识、信息共享、资源共用。

2.统筹协调资源配置

强化人才队伍建设。面向"现代智慧配电网"新发展理念、管理方法以及新理论、新技术、新设备，强化一专多能人才培养，提升基层配电网管理人员综合业务承载能力。推动业务数字化转型，依托电网资源业务中台、"网上电网"等信息化系统，推进业务融合、数据贯通，实现数字减负赋能，提升配网基层人员作业效率。

三、强化政企协同联动

1.加强与政府规划衔接

支撑政府开展能源电力规划，明确地区配电网发展目标、电源发展策略、储能优化布局，推动源网荷储协同高效发展。开展电力设施空间布局规划，推动公司电网规划及时、完整、准确纳入国土空间规划等政府规划，从规划源头落实站址、廊道等资源。争取政府政策支持。加强与政府沟通汇报，结合投资到红线、高层住宅小区双电源改造、老旧小区改造等形势任务，积极争取政府基金及财税政策支持。推进政企共担，由政府承担并建设相关供电项目土建工程，打通关键节点电缆通道。

2.建立协同联动机制

推动建立"上下联动，协同推进"的常态机制，结合政府年度下达的城市道路开挖计划，合理有序安排电缆通道建设项目。多方协调共促，及时协调解决配电网建设过程中用地、管廊、拆迁补偿和施工受阻等困难，创造良好的配电网发展环境。

第三节　卓越服务，提升客户体验

一、高质量满足用户需求

1.满足用户需求高可靠性用电需求

（1）提升10kV线路$N-1$通过率。一是统筹轻重载线路治理，通过现有线路负荷切改、调整运行方式解决不满足 $N-1$ 校验线路。二是通过基建项目新增线路解决不满足 $N-1$ 校验线路。三是动态开展线路可开放容量、$N-1$ 测算，引导用户负荷有序均衡接入。

（2）提升核心区域 $N-2$ 通过率。一是梳理市区电力通道，通过调整变电站同塔双回进线方式、母线强联络等方式解决不满足 $N-2$ 校验的问题。二是通过基建项目切换操作倒负荷，解决变电站全停情况下中压侧不满足全停全转的问题。三是开展调度方式测算，优化调整电网运行方式，提升电网抗风险能力。

（3）开展坚强局部电网建设。提升抵御风险能力。强化配电网防灾抗灾韧性，加固提升存量设施。适度超前规划建设，提前布局站址廊道资源，合理增加配电变压器布点，用好存量、做优增量，确保供电能力合理充裕。积极承接国网重点城市坚强局部电网建设任务，落实坚强局部电网规划项目，提升防灾应急能力。加快高层小区双电源供电改造，加速小区老旧设备的更换和改造升级，提升居民供电安全保障能力。

一是加快实施坚强局部电网建设，通过新配出 10kV 线路、优化网架结构方式解决重要用户不具备双电源问题。二是持续提升重要客户差异化服务品质、不断丰富服务内容，实现公司服务保障能力和客户自身安全用电能力双提升。

（4）提升高层小区供电安全保障能力。一是实施高层小区双电源改造，通过新建线路、优化网架结构的方式解决高层小区双电源供电问题。二是加强后续高层小区供电方案审核，切实提升广大高层居民安全用电、可靠用电水平，满足人民群众日益增长的美好用能需求。

（5）加强配电网智能化水平。一是有序推进感知终端部署，坚持台区侧"一个终端、一次采集"，全面实现中压新要素可调可控，分阶段稳步有序推进低压分布式电源可调可控改造。二是加快多元数据融合应用，依托电网资源业务中台和"网上电网"，推进电网全环节数据贯通，实现电网网上规划电网、网上建设电网、网上运营电网。

2. 满足用户新增负荷接入需求

（1）实现城网负荷有序接入。

一是统筹轻重载线路、配电变压器治理，通过负荷切改、配电变压器轮换等措施提升配电网可开放容量，结合变电站配套送出工程满足城网新增负荷接入需求。二是提高区域电网供电能力，满足城网新增多元负荷接入需求。三是动态开展配电网承载能力分析，准确掌握区域电网负荷接纳能力，满足新增负荷接入需求。

（2）满足工业园区负荷快速接入。一是适度超前开展 35kV 及以上配套电网建设，满足园区用户快速接入和负荷发展需求。二是加强与园区管委会相关部门沟通，及时了解招商引资、土地开发规划等情况，科学预测负荷发展需求。

（3）做好农网负荷及时接入。一是统筹轻重载线路、配电变压器治理，通过负荷切改、配电变压器轮换等措施提升配电网可开放容量，满足部分新增煤改电负荷接入需求。二是提高区域电网供电能力，满足新增业扩报装、煤改电等负荷接入需求。三是动态开展配电网承载能力分析，准确掌握区域电网负荷接纳能力，统筹做好规划与补强，与政府协同确定"煤改电"改造区域、规模和时序，推动"以供定改"。

3. 服务用户多元用能需求

开展电力电量平衡分析，充分挖掘动态增容潜力，加强分布式电源和储能设施、电动汽车充电桩等分布式资源并网管理，提升供电区域的"源网荷"匹配度。做好商圈、园区、高速公路等大功率充换电设施配套电网建设改造，支撑构建"源网桩车"多层次互动体系，促进智慧充换电、智慧能源、绿色出行等业务发展。加快形成完善的平台生态体系，对多元负荷用能需求、用能状态进行实时监控、精准预警、快速抢修。推动综合能源服务业务发展，围绕综合能效、多能供应、清洁能源、能源交易等重点领域，构建开放、合作、共赢的综合能源服务生态圈。

二、提升优质供电服务水平

1. 优化营商环境

强化业扩报装规范管理，推行业扩配套工程结算"一键编制"，组织开展业扩配套工程"三零"费用专项审计。持续优化落实电力营商环境措施，打造阳光业扩服务品牌，服务多元主体灵活便捷接入。健全多元负荷管理体系，强化"电网调度＋负荷管理"保供机制，推进各级负荷管理中心实体化运营。强化综合停电管理，做到"一停多用"。

2. 服务新能源市场化交易

充分发挥配电网"链接触达"效应，推动广泛分布的多元利益主体相互链接、友好互动，良性带动能源全链条和全环节产业优势互补、资源共享、高效协同，激发内在动力与发展活力，实现能源互联网产业融合化、集群化、生态化发展。引入储能等新兴市场主体参与分时段交易，积极引导灵活资源参与系统调节。深入开展高比例新能源多直流通道的市场交易机制研究，统筹中长期市场与现货市场衔接、协同省内与省间市场、优化电能量市场与辅助服务市场结构、明晰电能量价值与绿色价值。

第四节　创新发展，驱动低碳转型

一、提升分布式新能源就地消纳能力

一是引导分布式新能源有序发展，科学测算分布式新能源承载能力，引导分布式新能源科学布局、有序开发、就近接入、就地消纳。二是对接政府加强分布式光伏备案审批管理，避免集中式光伏拆分为分布式光伏集中并网，造成分布式光伏向上级电网返送。三是推进储能规模化应用，落实分布式电源储能配置要求，推进分布式新能源按照"新能源＋储能"方式开发，保障新能源高效消纳利用。

二、提升电网灵活调节能力

随着新能源的高比例接入，亟须电网提升灵活调节能力以应对源荷测的冲击，促进源荷有机协调发展。强化应急抢修管理。主动对接政府相关部门，促请将电网防灾减灾纳入城市综合防灾减灾规划，推动建立快速反应高效联动的应急供电保障机制。强化防寒、防冻、防疫、防火措施，以"最高标准、最强组织、最严要求、最实措施、最佳状态"做好各大活动保电和电力设施保护工作。在市、县级应急协调联动机制基础上，建立配网应急保供电网格互助工作机制，提高突发事件处置能力。建设配网应急前置区，常规性开展灾害应急保供电演练。统筹县（区）供电公司抢修队伍资源，建立互援互备应急管理机制，接受国家电网公司和宁夏公司统一调派指挥，满足跨地区应急抢修支援保障需求。加大中低压发电车等装备配置，增强"先复电后抢修"作业能力。统筹应急电源车、支援抢险队伍等资源，建立跨市互援互备调配机制。

一是安全高效的电力供应。应对大规模新能源并网对电网安全稳定运行造成的冲击，将电网故障应急处理时间从分钟级缩短至毫秒级，将停电风险消除在萌芽阶段，提升电力产业链运行效率。二是经济绿色的电力消费。建立传统发电、清洁能源发电、储能设备以及海量社会可中断负荷等多方参与的宁夏电力市场，应用柔性调控，实现清洁能源的全额消纳，促进全社会节能增效。三是互惠互利的电力服务。推动能源流、电力流、数据流高度融合，打通全产业链、供需侧参与的调控体系，建立市场化合作机制，逐步提高发电效益、增强输电效率、降低用电成本。

推进感知终端部署。持续推进中压配电网智能融合终端部署、配电自动化建设力度，持续提升配电自动化有效覆盖率，加快部署中压分布式电源及储能监控终端，按需推进负控终端部署。有序推进充电基础设施物联化接入，加快构建以台区智能融合终端为核心的透明低压配电网，实现对充电桩等设备的融合感知与边缘计算。深化融合终端营配交互，提升低压配电网全景感知水平。

加强终端自动化应用。持续巩固提升终端在线率、遥控成功率、馈线自动化投入和动作正确率等基础指标，推广"做晨操""遥控预警"等实操校验，提高终端在线可用水平。加快推进存量开关设备"三遥"自动化功能建设改造，实现线路分段、联络、分支首端、用户接入点等重要节点的可观、可测、可控。加速更换老旧环网箱及配电自动化改造，实现开关"三遥"覆盖比率提升。

三、引导负荷参与需求侧响应

为强化需求侧响应，需要考虑资源特性、使用习惯、需求意愿，采用理论分析与工程经验相结合的方法，确定不同类型需求侧资源参与削峰、填谷、精准实时负荷控制的比例，引导可调节负荷参与常态化运行调节。

推动虚拟电厂、电动汽车、可中断负荷等用户侧优质调节资源参与电力系统灵活互动，提升用户侧调节能力，促使电能在终端能源消费中逐渐成为主体，助力能源消费低碳转型。推动区县政府制定城市公共充电设施布局规划，做好与配电网规划间的有效衔接。构建以综合能源站为载体的综合能源系统，促进多能融合互补。

提升配电网平衡调节能力。基于台区智能融合终端、配电自动化主站等数字化设备，结合智慧感知终端，实现配电网源网荷储可观、可测、可控。聚合分布式储能、电动汽车、可调节负荷等分布式资源，参与需求侧响应、协同互动调控、辅助服务。全力推进"绿电小镇""绿电园区"新型电力系统试点，推动源网荷储高效互动、协同、平衡发展。鼓励电气冷热氢多能互补等优化整合内部资源，广泛参与电网调节。

四、推进源网荷侧储能发展

为推进源网荷侧储能发展，需要强化顶层设计，将储能纳入能源、电力规划，测算各地区合理的储能建设时序与规模，引导储能有序发展；推进构网型储能与虚拟电厂系统发展，提升储能支撑及调节能力；同时丰富储能发展形势，集中式储能、"新能源＋储能"模式、用户侧储能并重，以满足未来系统调峰、调频、调压等需求。

支持分布式新能源按照"新能源＋储能"方式推进。在关键电网节点引导电网侧独立储能布局建设，稳妥开展电网侧替代性储能示范应用。支持用户侧储能、电动汽车等可调节负荷聚合参与电网互动。鼓励以共享储能方式聚合分散储能资源。

建立自治协同的调控机制。整合调自、配自、负荷管理系统控制功能，开展相关主站升级改造，建立"省—地—配—微（聚合系统）"多级协同兼区域自治的调控机制，推动微电网、虚拟电厂等聚合单元对内自我管理，对外接受调控。通过台区智能融合终端与低压智能开关、充电桩、分布式光伏、储能等设备互联互通，采集配电网分布式资源出力等运行状态信息，应用分布式资源集群调控、电动汽车有序充电及需求侧响应等技术，构建开放互动的源网荷储分层分区调控系统，提升分布式资源与配电网动态协调及管控能力，实现台区内、台区间及跨区域的源网荷储灵活高效互动。

五、加快推动试点示范建设

稳妥开展闽宁"全绿电小镇"等新型电力系统综合示范项目、综合管控平台建设，探索新型电力系统建设、运营模式，为现代智慧配电网建设提供样板、示范。这些项目各有侧重且成效显著，具体介绍如下：

（1）闽宁"全绿电小镇"试点示范。通过区域源网荷储协调发展，实现"全绿电小镇"的绿能全量供应、绿电全量消纳，为区内提供大规模绿色用电示范。

（2）沙坡头现代智慧配电网试点示范。将分布式电源、储能、充电设施及可控负荷通过智能边缘设备纳入电网统一管理，实现源网荷储的有效管理，打造源网荷储智能调控示范。

（3）宁东柳杨堡现代智慧配电网试点示范。通过微电网建设，有效解决农村配电网末端低电压问题，为区内提供智能微网样板示范。

（4）固原和润村现代智慧配电网试点示范。通过数字配电网、中压线路柔性合环控制、低压直流技术应用，打造分布式电源高效配置型源网互济新型配用电系统。

（5）金凤现代智慧配电网试点示范。通过提升网架承载能力，全面提升资源配置能力和清洁消纳能力，构建宁夏"高弹性、高承载、高韧性"城市配电网网架示范样板。

六、助力特色产业低碳转型

以黄河流域生态保护和高质量发展先行区建设为引领，推进沿黄河城市电网智慧化改造，利用源网荷储一体化协同配置，充分挖掘新能源潜力，推动多元负荷协调优化，提升新能源消纳，提升电网智慧化调控水平。推动国网宁夏电力公司各项支持措施落实落地，服务包括清洁能源在内的"六新六特六优"现代产业向高端化、绿色化、智慧化、融合化方向发展，促进经济社会发展全面绿色转型。

第五节　深化研究，激发技术动能

一、深化关键技术研究

研读现代智慧配电网的内涵特征、发展目标、实施路径和建设重点并分解细化落实，研究微电网、新型储能、清洁能源规模化接入、源网荷储一体化等新要素新业态规划设计、运行控制、运营管理关键技术，推动完善制度标准和政策机制。

不断迭代完善现代智慧配电网顶层框架，深化分布式新能源可观可测可控及运营管理、新型储能优化布局及支撑调节、虚拟电厂组织方式及交易模式、多能协同控制及高效利用等关键技术研究，支撑现代智慧配电网发展建设。

二、完善相关技术标准

形成覆盖源网荷储全要素，涵盖规划设计、工程建设、物资采购和生产运行全过程，与现行国家标准、行业标准、团体标准相协调统一的现代智慧配电网标准体系，促进现代智慧配电网各环节和产业链整体协同发展。